11 초등수학교육

개정판

문제해결을 통한
수학적 경험

이대현 · 최승현 지음

KM 경문사

머리말

수학을 공부하는 주된 이유는 수학적으로 사고하는 능력을 기르는데 있고, 수학적으로 사고하는 능력은 수학 문제해결 경험을 통하여 길러질 수 있다. 그리고 수학 문제해결을 통해 길러진 수학적 사고력은 궁극적으로 일상생활에서 부딪치는 여러 가지 문제를 해결할 수 있는 기초가 된다.

지식기반사회로 불리는 21세기의 수학은 우리의 삶과 더욱 밀접한 관계를 맺고 있으며, 여러 영역에서 그 활용 범위와 활용 정도도 더욱 확대·심화되고 있다. 따라서 수학교육은 이러한 추세에 발맞추어 수학의 기본 원리, 법칙을 이해하고, 이를 토대로 정보를 처리하고 교환하는 능력, 실생활에서 문제를 구성하고 해결하는 능력, 미래를 예측하고 추론하는 능력, 자신감을 가지고 유연하고 창의적으로 사고하는 능력 등을 길러주는데 노력을 기울여야 할 것이다. 이러한 여러 능력 중에서도 초등학교 학생들에게 특히 필요한 것은 문제해결 능력이라고 할 수 있다. 문제해결 능력은 학생들이 계속해서 학습을 해 나가는데 필요할 뿐만 아니라, 개인적인 생활을 영위하고 사회에 적극적으로 참여하는 데 있어서도 필수적인 능력이기 때문이다.

최근 들어 OECD 학업성취도 국제비교 연구(PISA)에서 문제해결력 평가 항목이 도입된 것에서도 알 수 있듯이, 여러 분야에서 문제해결에 대한 관심은 더욱 증가하고 있다.

2003년도 PISA결과, 우리나라 학생들이 문제해결력 평가 부문에서 국제적으로 1위를 했음에도 불구하고, 우리나라의 학부모들이나 교사들은 한국 학생들의 문제해결 능력이 부족하다는 생각을 가지고 있다. 그 이유로 여러 가지를 들 수 있겠지만, 학부모들이나 교사들은 실생활에서 접하는 다양한 문제를 해결하기 위하여 수학을 활용할 수 있는 학생들의 능력이 떨어진다고 생각하기 때문이다.

따라서 이 책의 초판에서는 학생들의 문제해결 능력을 길러 줄 수 있는 교육에 필요한 수학 문제해결에 관한 일반적인 지침, 문제해결 지도, 문제해결 전략, 수학적 모델링, 각 수학 내용 영역별 예시 문제, 논술형 문제 등을 중심으로 내용을 제시했었다. 이에 덧붙여 개정판에서는 초판에 나타난 미흡한 부분을 보완했으며, 지속적인 관심의 대상이 되는 수학적 창의력 신장에 초점을 둔 문제를 추가하였다.

지금까지 우리나라에 문제해결에 관한 저서가 없는 것은 아니지만, 일반적으로 주요 내용이 중등학교에서의 문제해결의 유형에 대한 소개와 문제해결 방법의 예를 제시하는데 그치고 있어 초등학교에서 가장 어려운 부분인 문제해결을 정확하게 이해하고 사용하기에 부족하다는 것이 일반적인 평가였다. 이러한 점에 필자들은 인식을 같이 하고, 이 책에서는 문제해결을 좀 더 본질적이고 심도 있게 초등학교 수준에 알맞게 다루고자 하는 목적으로 집필하였다. 독자들은 이 책을 통하여 체계적인 문제해결 능력의 함양에 도움이 되는, 그리하여 궁극적으로는 실생활에서의 문제해결력 향상에 도움이 되는 수학을 경험해 볼 수 있는 기회를 가지게 될 것이다.

이 책이 현장에서 실제로 문제해결 수업을 진행하는 초등학교 선생님들, 유능한 초등학교 선생님들을 배출하기 위해 애쓰는 교육대학교 교수님들, 아이들을 더 능력 있는 문제해결자로 기르려 노심초사하는 학부모님들, 그리고 유능한 문제해결자들로서 앞으로 다가올 미래사회를 이끌어갈 우리의 꿈나무들에게 조금이라도 도움이 되었으면 한다.

끝으로 이 책의 출판을 흔쾌히 허락해 주신 경문사 박문규사장님, 그리고 이 책이 햇빛을 보기까지 진력한 편집부 여러분께 이 자리를 빌려 고마움을 전한다.

2011년 3월 저자

차 례

제1장

문제와 문제해결

1.1 문제의 의미
1.2 문제해결의 의미
1.3 문제해결 강조의 역사
1.4 문제해결의 심리학

일상생활과 학교생활에서 우리는 해결해야 할 많은 문제와 직면하며, 문제를 해결하기 위하여 여러 가지 해결 방안을 모색한다. 우리가 직면하는 문제는 수학 문제만은 아니다. 그렇지만 수학 문제를 해결하는 과정에서 습득한 다양한 문제해결 전략은 일상생활에서 직면하는 여러 가지 문제를 해결할 수 있는 바탕이 된다. 따라서 수학 교사는 문제해결을 강조하여야 하고, 학생들에게 다양한 문제를 제시하며, 문제를 해결하는 방법을 가르쳐 주어야 한다. 문제해결을 강조하는 수학교실에서, 학생들은 문제해결 과정이 중요한 것임을 깨닫게 되고, 해답을 찾는 과정을 중요시하며, 자신들이 체득한 문제해결 경험을 다른 문제에 적용하는 능력을 기르게 된다.

수학의 역사는 수학 문제해결의 역사이며, 수학교육에서 문제해결은 오랜 기간동안 관심의 대상이 되어왔다. 또한, 문제해결은 NCTM의 An Agenda for Action(NCTM, 1980; 문제해결은 1980년대 학교 수학의 중심이 되어야 한다)과 The Curriculum and Evaluation Standards for School Mathematics(NCTM, 1989)에서 수학 교육과정의 핵심 요소로 재확인 되었다. 최근에는 Principles and Standards for School Mathematics(NCTM, 2000)에서 제시한 바와 같이, 단지 교육과정의 한 구성 성분으로서 문제해결에서 새로운 수학적 사고와 기술을 학습하는 수학 교수의 한 방법으로서 문제해결을 강조하고 있다.

이 장에서는 1980년대 이후 수학 교육의 중심이 되어 온 문제해결의 제 측면에 대하여 살펴보고자 한다. 먼저, 문제의 의미와 문제의 유형에 대하여 살펴보고, 문제해결의 의미에 대하여 알아볼 것이다. 또한, 20세기 초부터 수학 교육 전반에 걸쳐 논의되어 온 문제해결의 역사와 우리나라의 교육과정에서의 문제해결의 위치 및 수학교육 심리학적 측면에서 문제해결의 이론적 근거에 대하여 알아볼 것이다.

1.1 문제의 의미

학생들의 문제해결력을 신장시키기 위한 수업에서 가장 중요한 것은 좋은 문제(problem)를 제공하는 것이다. 그러나 문제에 대한 정의는 학자에 따라 다양하게 진술되고 있어 그 의미를 단적으로 진술하기는 쉽지 않다(남승인, 류성림, 2002). 예를 들어 Lester(1978)는 '처음에는 정확한 답에 이르는 길을 알지 못하지만, 해결의 결과가 요구되는 개인이나 단체에 부과된 양적인 장면, 즉 개인이나 집단이 해결하려는 과제로서 해결을 위한 구체적이거나 확실한 방법을 쉽게 얻을 수 없는 어떤 상황'으로 문제를 정의하고 있다. 또한, Krulik과 Rudnick(1984)은 '어떤 해답을 요구하는 상황으로, 그 상황은 물음의 형태로 학생들에게 받아들여져야 하며, 학생들이 곧바로 해에 이르는 올바른 경로를 찾지 못하고 당황하거나 어떤 장벽을 느껴야 하며, 학생들이 새로운 풀이 방법을 고안하여 시행함으로써 탐구하는 과정으로 들어가야 한다.'라고 제시하고 있다. 이용률과 성현경(1997)은 '간단한 알고리즘으로 해결될 수 없는 것, 즉 일련의 사고 활동을 필요로 하는 것으로서 학생이 해결하려는 의욕을 갖는 것'으로 정의하고 있다. 한편, 영어 사전의 어원을 살펴보면, 문제(problem)는 pro(앞으로)와 ballein(던진다)이 합쳐진 단어로, '명료하지 않다. 알고 싶다. 해결하고 있다.' 등의 뜻을 가지고 있다.

일반적으로 문제와 관련하여, 문제(problem), 연습문제(exercise), 질문(question)과 같은 세 가지 용어가 자주 거론되는데, 이들 용어는 다음과 같이 구분할 수 있다.

(1) 문제(problem) : 문제는 전형적인 학교 수학에서 강조되어 온 연습문제(exercise)와 구별되며, 주어진 과제를 해결하기 위하여 학습한 내용을 종합하고 분석하는 주의 깊은 사고와 문제해결 전략이 요구되는 과제이다. 이런 면에서, 문제란 '문제해결자가 주어진 과제를 해결하고자 하는 의지를 가지고 있지만, 즉각적으로 무엇을 해야 할지 모르는 과제'를 가리킨다.

(2) 연습문제(exercise) : 연습문제는 '문제해결의 절차가 이미 알려져 있으며, 한 두 개의 알고리즘을 직접 적용함으로써 쉽게 풀 수 있는 과제'를 의미한다.

(3) 질문(question) : 질문은 '이미 학습한 내용을 회상하도록 요구하는 물음'으로, 학습한 내용을 올바르게 이해하고 기억하고 있는가를 확인하기 위한 목적을 가진다.

각각의 용어는 학생에 따라 상대적인 의미를 가지고 있으며, 학생 자신에게도 그 문제를 다루는 시간에 따라 다른 의미를 가질 수 있다. 즉, 문제란 모든 학생들에게 공통의 척도를 가지고 판정할 수 있는 것이 아니며, 학생들의 수준과 시간에 따라 달라질 수 있다. 어떤 학생에게는 문제로 분류될 수 있는 반면에, 다른 학생에게는 알고리즘의 단순한 적용을 통해 쉽게 해결할 수 있는 연습문제로 인식될 수 있고, 또 다른 학생에게는 단순히 기억하고 있는 사실을 회상해 내기만 하면 되는 질문이 될 수도 있다.

특히, Lenchner(1983)는 문제해결 지도를 위해서 문제와 연습문제를 구별할 필요성을 제기하며, 이 둘을 비교하기 위하여 다음과 같이 문제와 연습문제의 유형을 예로 들고 있다.

> 주머니에 10원 짜리 동전 3개, 50원 짜리 동전 3개, 100원 짜리 동전 2개가 있다.
>
> (1) 주머니에 있는 동전의 수는 몇개인가?
> (2) 주머니에 있는 동전은 전부 얼마인가?
> (3) 주머니에 있는 두 개의 동전을 이용하여 살 수 있는 가장 비싼 물건의 가격과 가장 싼 물건의 가격은 얼마인가?
> (4) 주머니에 있는 한 종류의 동전으로 살 수 있는 물건을 다른 동전을 사용하여 살 수 있는 방법은 몇 가지인가?
> (5) 이 동전을 이용하여 지불할 수 있는 금액은 모두 몇 종류인가?
> (6) 이 동전을 이용하여 지불할 수 있는 방법의 수는 모두 몇 가지인가?

앞의 예에서 (1)~(3)은 알고리즘을 이용한 간단한 계산을 통하여 쉽게 답을 구할 수 있다. 그러나 (4)~(6)은 과제를 해결하기 위하여 직접 실행하기 전에 해결을 위한 적절한 문제해결 전략을 결정하여야 한다. 이 경우에서 앞의 (1)~(3)을 연습문제라고 부르며, 뒤의 (4)~(6)을 문제라고 부른다.

수학 교실에서 다루어지는 대부분의 문제는 교사나 교과서에 의하여 제시된다고 볼 수 있다. 그런데 이러한 문제는 현실 세계를 반영하기보다는, 인위적으로 조작된 가공의 세계를 반영하며, 주로 문제해결의 경로가 정형화되고 문제해결 과정과 결과가 유일하다는 단점을 가지고 있다. 따라서 학생들의 문제해결력을 신장시키기 위하여, 교사들은 선택할 문제가 학생들에게 적합한 문제인지, 학생들의 다양한 사고를 열어줄 수 있는 문제인지를 평가하는 것이 중요하다. 이러한 의미에서 좋은 문제를 선택하기 위한 지침으로 다음과 같은 것을 들 수 있다(Lenchner, 1983).

- 문제해결자가 문제 풀기를 원하도록 충분히 흥미 있고 도전적이어야 한다.
- 다양한 문제해결 전략을 통하여 해결할 수 있어야 한다.
- 제시된 문제는 다른 문제와 관련되어야 하며, 다양한 영역으로 확장 가능해야 한다.
- 문제해결자의 능력에 맞는 적절한 기능 수준에 있어야 한다.
- 문제해결자 스스로 창안한 문제를 이용한다(p. 14).

이러한 지침에 적합한 예로 다음 문제를 살펴보자.

► 예제 ◄

다음 그림과 같이, 각 모서리의 길이가 3㎝인 정육면체의 겉면에 페인트를 칠한 후에 각 면을 1㎝씩 잘라서 27개의 1㎤ 정육면체로 나누었다. 어느 면에도 페인트가 칠해지지 않은 1㎤ 정육면체의 수를 구하여라.

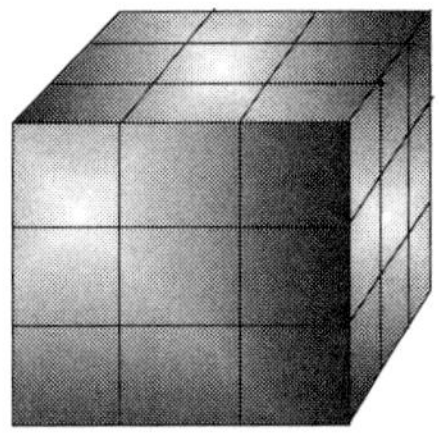

이 문제에서 어느 면에도 페인트가 칠해지지 않은 1㎤ 정육면체는 한 개임을 알 수 있다. 그러면 이 문제를 다음과 같이 확장해 보자.

① 각 모서리가 4㎝인 정육면체의 경우에 이 문제와 같은 조건에서 어느 면에도 페인트가 칠해지지 않은 1㎤ 정육면체의 수를 구하여라.

② 각 모서리가 5㎝인 정육면체의 경우에 이 문제와 같은 조건에서 어느 면에도 페인트가 칠해지지 않은 1㎤ 정육면체의 수를 구하여라.

③ 각 모서리가 n㎝인 정육면체의 경우에 이 문제와 같은 조건에서 어느 면에도 페인트가 칠해지지 않은 1㎤ 정육면체의 수를 구하여라.

다른 한편으로, 주어진 문제에서 한 면에 페인트가 칠해진 1㎤ 정육면체의 개수를 구하여 보자. 마찬가지로 각 모서리의 길이를 늘여 가면서 물음에 답해 보자. 또, 두 면에 페인트가 칠해진 1㎤ 정육면체의 개수는 어떠한가? 마찬가지로, 각 모서리의 길이를 늘여 가면서 물음에 답해 보자. 세 면에 페인트가 칠해진 1㎤ 정육면체의 개수는 어떠한가? 마찬가지로 각 모서리의 길이를 늘여 가면서 문제에 답해 보자.

한편, 주어진 문제에서 정육면체 대신에 다음 그림과 같이 9개의 1㎠ 정사각형으로 구성된 9㎠ 정사각형을 이용하여 위의 문제와 같은 형태를 유지하도록 문제를 변형하면 다음과 같다.

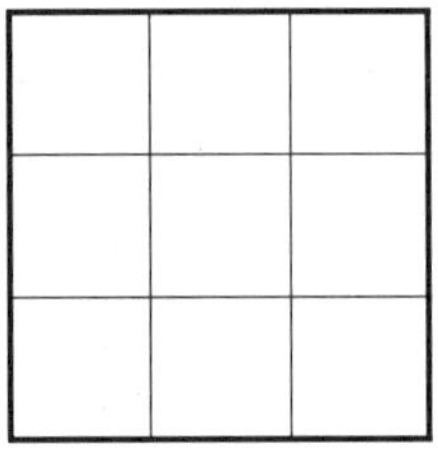

위의 그림과 같이, 네 변이 3㎝인 정사각형의 변에 색을 칠한 후에 각 변을 1㎝씩 잘라서 9개의 1㎠ 정사각형으로 나누었다. 어느 변에도 페인트가 칠해지지 않은 1㎠ 정사각형의 수를 구하여라.

이 문제에서 어느 변에도 페인트가 칠해지지 않은 1㎠ 정사각형은 한 개임을 알 수 있다. 그러면 이 문제를 다음과 같이 확장해 보자.

① 각 변이 4㎝인 정사각형의 경우에 이 문제와 같은 조건에서 어느 변에도 페인트가 칠해지지 않은 1㎠ 정사각형의 수를 구하여라.

② 각 변이 5㎝인 정사각형의 경우에 이 문제와 같은 조건에서 어느 변에도 페인트가 칠해지지 않은 1㎠ 정사각형의 수를 구하여라.

③ 각 변이 n㎝인 정사각형의 경우에 이 문제와 같은 조건에서 어느 변에도 페인트가 칠해지지 않은 1㎠ 정사각형의 수를 구하여라.

다른 한편으로, 주어진 문제에서 한 변에 페인트가 칠해진 1㎠ 정사각형의 개수를 구하여 보자. 마찬가지로, 각 변의 길이를 늘여 가면서 물음에 답해 보자. 또, 두 변에 페인트가 칠해진 1㎠ 정사각형의 개수는 어떠한가? 마찬가지로, 각 변의 길이를 늘여 가면서 물음에 답해 보자.

그렇다면, 주어진 문제에서 대상이 되는 도형을 선분으로 바꾼다면 어떤 조건으로 문제를 구성하여야 하며, 이에 따른 문제를 어떻게 구성할 수 있을까?

문제해결에 대한 논의를 위해서는 지도할 문제의 유형을 살펴볼 필요가 있다. Kantowski(1981)는 문제해결에 있어서 전략의 사용 정도와 방법에 따라 '언어적(verbal) 문제', '비정형적(nonroutine) 문제', '실생활 또는 응용(real-life and applied) 문제'로 그 유형을 구분하였다. 또한, 문제는 분명한 문제 공간이 포함되어 있는가의 여부에 따라 '구조가 분명한 문제(well-structured problem)'와 '구조가 분명하지 않은 문제(ill-structured problem)'로 유형화되기도 한다. 구조가 분명한 문제는 과제 상황의 구조가 잘 정의되어 있어서 문제를 해결하는데 필요한 정보를 갖추고 있고, 일련의 정보 변형을 통해 그 해결 단계가 명확히 보장될 수 있는 문제를 말한다. 구조가 분명하지 않은 문제는 문제를 해결하는데 필요한 정보가 문제 중에 명확하게 포함되지 않은 문제로서, 목표에 도달했는가 여부를 판단하는 기준이 복잡하거나 불분명한 문제를 말한다(강옥기 외, 1985).

이에 반해 Charles와 Lester(1982)는 문제의 유형을 해결 단계와 활용 정도에 따라 다음과 같이 여섯 가지로 구분하였다. 첫째 '반복 문제'는 알고리즘을 사용한 반복 연습의 기회를 주는 문제로 주로 계산력을 신장시키는 데 도움이 된다. 둘째 '간단한 적용 문제'는 문장제를 수식으로 번안하는 것이 필요하나, 하나의 연산을 포함하는 일단계 문제를 말한다. 셋째 '복잡한 적용 문제'는 문제 장면을 수식으로 번안하여 해를 구할 때 2개 이상의 연산이 요구되는 문장제를 말하며, 다단계 문제라고도 한다. 넷째 '과정 문제'는 단계적으로 사고하는 과정이 중시된 문제로서 간단한 연산만으로는 해결할 수 없고 구체적 문제해결 전략을 이용해야만 해결할 수 있는 문제를 의미한다. 다섯째 '응용문제'는 수학적 지식과 사고력을 활용할 기회를 주는 문제로서, 일상생활 문제 장면의 해결에서 수학의 가치와 유용성을 느끼게 한다. 여섯째 '퍼즐 문제'는 오락적인 문제이지만, 사고의 유연성이 중시되며 교육적 게임도 이 문제의 유형에 포함된다.

이와 같이 문제를 분류하는 여러 가지 견해가 있기는 하지만, 가장 보편적인 방법 중의 하나는 '정형 문제'와 '비정형 문제'로 구분하는 것이다. 정형 문제는 이미 제시된 알고리즘을 사용하여, 예를 들어 공식에 나오는 변수에 특정한 수를 대입하여 해결할 수 있는 문제나 전형적인 예제의 풀이 방법을 그대로 적용하여 해결할 수 있는 문제를 말한다. 비정형 문제는 문제를 해결하는 알고리즘이나 답을 얻는 방법을 모르는 상태에서 문제해결 전략이나 독자적인 해결 방법을 구안하여 풀어야 하는 문제를 말한다. 비정형 문제의 해결에서는 문제의 정답을 구했는가 하는 결과뿐만이 아니라, 문제를 해결하는 사고 과정 그 자체가 매우 중요하게 여겨진다.

1.2 문제해결의 의미

많은 사람들은 '문제해결'이라고 하면 삼각형의 넓이를 구하는 공식을 배운 후에 넓이 공식을 적용하여 주어진 삼각형의 넓이를 구하는 것과 같이, 배운 내용을 단순 적용하여 해를 구하는 연습문제를 떠올릴지 모른다. 그러나, 최근 수학교육에서 중요시되는 문제해결은 이미 배운 수학적 사실이나 알고리즘을 단순히 적용하는 수준의 문제해결이 아니다. 진정한 문제는 목표가 분명하지만 그 목표에 이르는 길이 즉각적으로 주어져 있지 않는 것이다. 문제해결에 이르는 알고리즘이나 풀이 방법이 문제해결자에게 이미 주어져 있거나 알려져 있다면 그 문제는 그 문제해결자에게 진정한 의미의 문제라고 보기 어렵기 때문이다.

문제의 의미와 마찬가지로 문제해결의 의미도 학자에 따라 다양하다. Polya(1962)는 문제해결을 '명확하게 인식하고는 있지만, 즉각적으로 성취할 수 없는 목적을 달성하기 위해 적절한 행동을 의식적으로 찾는 것'이라고 정의하고 있다.

신현성과 김경희(1997)는 개인이나 단체가 문제를 풀기 위하여 진행한 과정(process)에 초점을 두고 문제해결을 정의하였으며, 문제해결을 위해서는 개인이 종전에 경험하지 못했던 새로운 수학적 상황을 이해하고, 기존의 수학적 지식과 기능을 활용하고 발견술을 생각하여 주어진 문제를 해결하는 과정이 필요하다고 보았다.

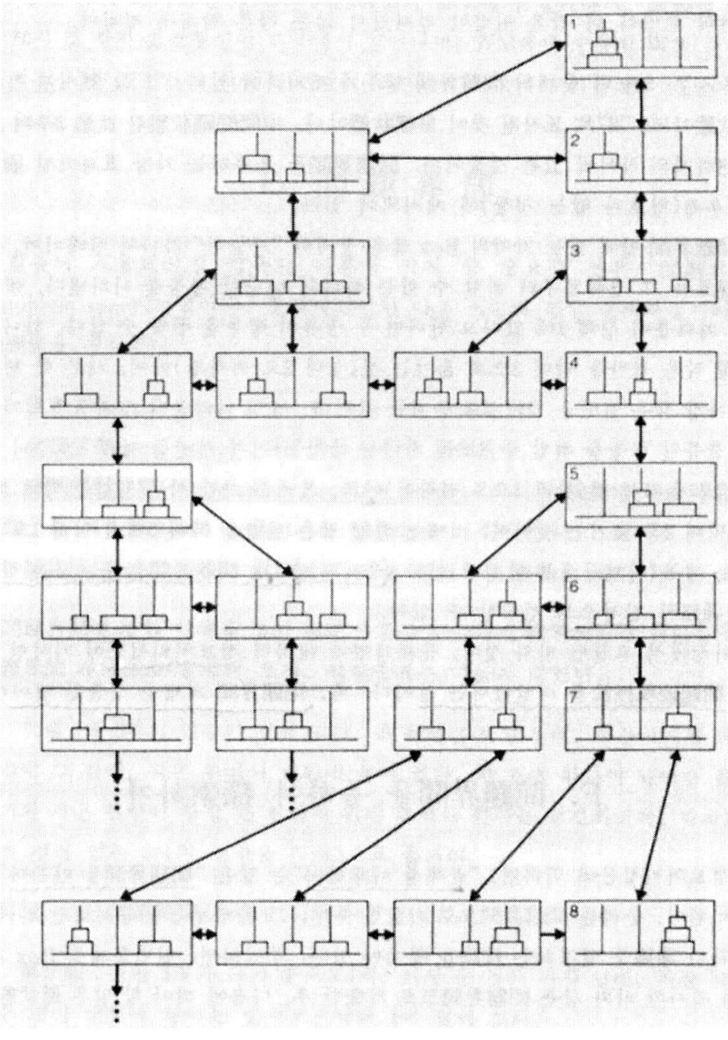

(그림 1) 하노이 탑 문제의 문제해결 과정(김언주, 1991, p. 182)

인간의 사고 과정을 컴퓨터 프로그램에 비유하여 인간의 사고에 대해 많은 이론을 개발한 컴퓨터 시뮬레이션 이론은 '문제공간(問題空間; Problem space)'에 따른 '문제해결(problem solving)'의 개념을 제시하고 있다. 이 이론에 따르면, 문제 공간은 다음과 같은 것들에 대한 문제해결자의 내적 표상을 가리킨다(김언주, 1991).

- 원상태(initial state) : 주어진 조건들이 표상 된다.
- 목표상태(goal state) : 최종 목표 상황이 표상 된다.
- 중간문제상태(intermediate problem states) : 하나의 상태에 하나의 조작자를 적용함으로써 만들어지는 상태들로 이루어진다.
- 조작자(operator) : 한 상태에서 다음 상태로의 이동을 뜻한다.

'하노이 탑' 문제를 예로 들면, 원상태는 원반 3개가 크기 순서대로 한 막대에 걸려 있는 것이고, 목표 상태는 원반 3개가 크기 순서대로 다른 막대에 걸리는 것이다. 또, 조작자는 어떤 한 막대의 맨 위에 걸려 있는 하나의 원반이 더 작은 원반이 걸려 있지 않는 다른 막대에 걸리는 것이다(그림 1).

컴퓨터 시뮬레이션 이론에 따르면, 문제해결은 문제해결자가 하나의 문제를 내적 표상으로 바꾼 후에, 문제의 '원상태'로부터 '목표상태'까지의 범위를 가진 문제공간을 통과하는 하나의 경로(path)를 탐색할 때 일어난다고 한다. 즉, 문제해결이란 '원상태에서 목표상태로 가는 문제공간을 통과하는 정확한 경로의 발견'이라고 할 수 있다.

이와 같이 문제해결은 각기 다르게 정의되고 있으나, 일반적으로 '문제해결자가 주어진 문제 장면에서 부딪치는 장애를 해결하기 위해 기지의 수학적 지식이나 기능, 경험 등을 활용하여 새로운 해결책을 발견하여 해를 산출하는 것'이라고 할 수 있다.

수학교육의 목적을 한 마디로 요약해서 말한다면 '수학적으로 사고하도록 가르치는 것'이다. 그런데 자발적이며 목적 의식이 뚜렷한 의미 있는 대부분의 사고는 어떤 문제를 해결하기 위한 것이다. 이렇게 보면 수학적으로 사고하도록 가르친다는 것은 수학적인 안목으로 문제를 해결하는 능력을 개발한다는 것과 동일시될 수 있다. 다시 말해, 문제를 해결하는 과정에서 수학적 지식이나 기능을 보다 확실히 이해할 수 있으며, 창의적 사고, 비판적 사고, 의사 결정 능력과 같은 고등 정신 기능을 신장할 수 있으므로, 문제해결 능력의 신장을 통해 학생들의 사고력과 실생활에의 응용력을 길러 주는 것은 결국 수학 교육의 궁극적인 목표가 된다고 볼 수 있다.

1.3 문제해결 강조의 역사

문제해결에 대한 관심은 그 동안 학교 수학에서 강조되어 온 학습 내용이나 방법에 대한 반성에서 출발하였다. 즉 학교에서 강조되어 온 수학 내용이 개념이나 기능에 한정되어 있다는 점, 수학교육이 학교에서 배우는 수많은 지식과 기능을 연결시켜 주지 못하고 있다는 점, 수학의 내용이 학생들에게 별로 매력적이지 못하다는 점 등이 문제해결에 관심을 가지게 하였다. 이와 관련하여 남승인과 류성림(2002)은 학교 수학에서 문제해결에 관심을 가지게 된 학교 수학의 실태를 다음과 같이 제시하고 있다.

첫째, 학교 수학에서 개념이나 기능의 숙달이 지나치게 강조되었다. 이는 수학적 개념이나 기능을 지도하면 학생들은 실생활에서 그들이 직면하는 문제들을 해결하는 도구로서 수학적 개념이나 기능을 적절히 사용하게 될 것이라는 믿음에서 출발한다. 그러나 학교 수학에서 배운 수학적 지식이나 기능이 일상에서 직면하는 문제를 해결하는 도구로 곧바로 적용되기는 쉽지 않으며, 일생 생활과 수학적 지식과 기능을 연결하는데 필요한 것이 문제해결인 것이다.

둘째, 학교에서 배우는 수많은 수학적 지식과 기능들이 서로 연결·통합되어 있지 않다. 학교 수학을 통해 배우는 수많은 수학적 지식과 기능들이 서로 분리된 채 단편적인 지식과 기능으로 존재함으로써 도구 교과로서 수학의 가치와 유용성에 대한 믿음이 부족하게 되었는데, 통합교과적인 측면에서 수학적 지식이나 기능들을 연결·통합시켜주는 것이 문제해결이다.

셋째, 교육과정 및 교과서 내용 구성이 수학교육의 궁극적인 목적을 충분히 반영하지 못하고 있다. 수학교육의 궁극적인 목적은 여러 가지 생활 현상을 수학적으로 고찰하는 경험을 통하여 수학의 기초적인 개념, 원리, 법칙과 이들 사이의 관계를 이해하고, 수학적 지식과 기능을 활용하여 생활 주변에서 일어나는 여러 가지 문제를 수학적으로 관찰, 분석, 조직, 사고하여 해결할 수 있으며, 수학에 대한 흥미와 관심을 지속적으로 가지고, 수학적 지식과 기능을 활용하여 여러 가지 문제를 합리적으로 해결하는 태도를 기르는 것이다(교육부, 1997). 그러나 지금까지의 학교 수학은 국소적이고 미시적인 학습목

표에 치중함으로써 수학교육의 본질적인 목적을 충분히 반영하고 있지 못한데, 이러한 문제점을 해결할 수 있는 방안이 문제해결이다.

넷째, 많은 학생들은 학교 수학의 내용에 대해 두려움과 부정적인 태도를 가지고 있다. 이러한 부정적인 태도는 기계적인 학습과 외압적인 기준에 의한 정형화된 학습과 문제 풀이 경험에 의한 것이다. 따라서 학생들은 그들이 가지고 있는 이전의 지식과 경험과 호기심을 바탕으로 문제를 해결해 가는 다양한 경험을 필요로 하는데, 이것은 문제해결을 통한 학습과 다양한 문제해결에 대한 경험을 통하여 가능한 것이다.

다섯째, 교사와 학생들이 문제해결의 본질과 의미를 잘못 이해하고 있다. 문제해결을 가르치는 부적절한 프로그램들은 학생들의 문제해결력을 떨어트리는데 작지 않은 책임이 있다. 예를 들면, 많은 교사들은 교과서에 제시된 문장제를 해결하기 위하여 해당 단원에서 학습한 알고리즘을 적용하여 신속하고 정확하게 해결하도록 하는 것이 문제해결력을 기르는 방법이라고 생각하고 있다. 이로 인해 학생들은 문제 장면을 제대로 파악하지도 않고서 단순히 숫자를 적절히 배합하여 정답만 찾으려고 시도하는 것을 볼 수 있다. 이러한 문제해결에 대한 교사와 학생들의 잘못된 인식을 바꾸는 것은 진정한 문제해결을 통하여 가능하다.

이와 같이 학교 수학에서 문제해결을 강조하게 된 배경에는 우리의 수학교육의 현장에서 그 출발점을 찾을 수 있다. 한편 수학교육에서 시대적 흐름에 따라 문제해결을 강조해 온 문제해결의 역사를 간략히 살펴보면 다음과 같다.

1930년대에 Dewey(1933)는 '반성적 사고'가 학교 교육의 목표나 지도 방법에 있어서 초점이 되어야 한다고 주장하였다. 그는 과학자들이 문제에 접근하는 방법에 기초하여 5단계 – 1)어려움을 감지하는 단계 2)반성 활동을 통해 문제를 더 명백하게 정의하는 단계 3)가능한 해결 대안의 출현 단계 4)가능한 해결책을 분석하는 단계 5)실험을 통해 해결책을 검증하는 단계– 로 반성적 사고 과정을 제시하고 있다.

1940년대에 Dunker는 문제해결의 단계를 (1)방향 설정: 각 개인이 문제를 인식하고 받아들이는 단계 (2)정교화 및 분석: 각 개인이 추가적인 자료를 모으고, 문제의 제 측면을 탐구하는 단계 (3)검증: 가설과 결과를 검증하는 단계로 제시하고 있다.

또한, 브레인스토밍(brainstorming)에서 유도된 Osborn(1963)의 창의적인 문제해결(CPS) 모델은 '사실의 발견, 아이디어의 발견, 해결책의 발견'의 과정을 따르며, 각 단계에는 다음과 같은 활동이 포함된다.

· 사실의 발견 : 문제를 정의하는 활동과 준비하는 활동이 포함된다. 문제를 정의한다는 것은 해결해야 할 문제가 무엇인지를 분명하게 하는 것을 말하며, 준비란 그 문제와 관련 있는 자료를 수집하고 분석하는 것을 말한다.

· 아이디어의 발견 : 문제를 해결하는데 필요한 아이디어를 생각해 내는 단계이다. 이 단계에서는 아이디어의 산출과 산출된 아이디어 중에서 문제해결에 가장 가까운 아이디어를 선택하고, 선택된 아이디어에 따른 아이디어를 덧붙이고 수정하면서 아이디어를 발전시키는 활동이 포함된다.

· 해결책의 발견 : 해결책을 평가하고 채택하는 활동이 포함된다. 해결책이란 창의적인 사고 과정을 통해 산출된 것을 말한다. 평가는 산출물을 검증하는 것이며, 평가된 해결책은 최종안으로 채택되어 사용된다.

1970년대 중반부터 제기되는 문제해결에 대한 논의가 1960년대까지의 논의와 구별되는 점은 문제해결에 대한 구체적인 방법이 고려되었다는 점이다. 이런 면에서 체계적인 문제해결 방법론을 제시하고 있는 Polya의 문제해결에 대한 논의가 1970년대 이후에 부각되었다. Polya(1962)는 지식을 '정보'와 '방법적 지식', 즉 'know that'과 'know how'로 분류하였으며, Scheffler (1965)는 know that은 어떤 명제를 안다는 점에서 '명제적 지식(declarative knowledge)', know how는 어떤 행위의 진행 순서를 안다는 점에서 '절차적 지식(procedural knowledge)'으로 명명하였다.

Polya는 수학 지도에서 명제적 지식뿐만 아니라 방법적 지식도 가르쳐야 한다고 주장하였는데, 여기서의 방법적 지식이란 문제를 풀고 증명을 하고 논증을 비판하며, 수학적 언어를 유창하게 구사하고, 구체적인 상황에서 수학적 개념을 인식하는 능력 등을 말하므로, 거의 문제해결력과 동일시 될 수 있다.

특히 Polya(1957)의 '문제이해-계획수립-계획실행-반성'으로 이어지는 문제해결 4단계 과정은 창의적인 문제해결력을 강조한 학자들의 주장과 유사하다. 또한 제시된 문제가 해결되지 않을 때에는 원래 문제와 관련 있는 문제, 특별한 문제, 유사한 문제, 또는 문제의 일부분부터 해결해 보라는 그의 권고는 문제해결자가 다양한 문제해결 전략을 구사해 감에 따라 문제의 해에 접근해 감으로써, 해를 산출해 낼 수 있다는 것을 암시한다.

전미수학교사협의회(NCTM)가 An Agenda for Action(NCTM, 1980)에서 '문제해결이 1980년대 학교 수학의 초점이 되어야 함'을 선언한 이래 1980년대에는 '문제해결의 시대'라고 할 만큼 문제해결에 대해 다양하고 활발한 논의가 이루어졌다. An Agenda for Action은 1980년대의 10년 동안 수학과 교육과정 개발과 교수학적 강조 사항에 대한 지침을 제공한 문서로, 북미의 수학교육에 많은 영향력을 발휘하였다. 문제해결이 1980년대 학교 수학의 중심이 되어야 한다는 진술은 문제해결에 대한 수학교육자들의 태도에 많은 영향을 미쳤다. 그러나 이 진술은 문제해결에 대한 구체적인 방안에 대해서는 언급하고 있지 않다.

1. 문제해결은 1980년대 학교 수학의 중심이 되어야 한다.
2. 수학에서 기본 계산 기능에 대한 개념은 계산 능력 이상의 것을 포함해야 한다.
3. 수학 프로그램은 모든 학년에서 계산기와 컴퓨터의 이점을 최대한 활용해야 한다.

4. 효율성과 효과성 모두에 대한 엄중한 규준들이 수학 교육에 적용되어야 한다.
5. 수학 프로그램과 학생들의 학습의 성공은 전통적인 시험보다 넓은 범위의 방법에 의해 평가되어야 한다.
6. 모든 학생들에게 보다 많은 학습이 필요하고, 보다 넓은 범위의 선택권을 보유한 융통성 있는 교육과정이 학생들의 다양한 요구를 수용하기 위해 만들어져야 한다.
7. 수학 교사들은 스스로나 동료들에게 높은 수준의 전문성을 요구하여야 한다.
8. 수학 교육을 위한 대중의 지원은 개인과 사회에 대한 수학적 이해의 중요성과 같은 수준으로 높여야 한다.

(그림 2) An Agenda for Action의 권고안(NCTM, 1980)

또한, 1988년에 미국 수학 장학사회(NCSM)에서도 수학을 배우는 중요한 요소로 문제해결을 들고 있다(Reys, Suydam, Lindquist, & Smith, 1998).

1. 문제해결 : 문제해결 학습은 수학을 배우는 첫째 이유이다. 문제해결은 새롭고 익숙하지 않은 상황에 이미 습득한 지식을 적용하는 과정이다. 교과서에 있는 문장제를 푸는 것은 문제해결의 한 형태이지만, 학생들은 또한 교과서 이외의 문제에도 직면해야 한다. 문제해결 전략은 질문하기, 상황 분석, 결과의 예시, 도표 그리기, 시행착오의 사용을 포함하고 있다. 학생들은 문제에 대해 다른 답이 있다는 것을 알아야 한다. 학생들은 하나 이상의 답을 가진 문제를 경험해야 한다.

2. 수학적 아이디어의 의사소통 : 학생들은 수학의 기호와 언어를 배워야 한다. 예를 들면, 학생들은 자리값과 과학적 표기법을 이해해야 한다. 학생들은 듣고, 읽고, 보는 것을 통해 수학적 아이디어를 받아들이도록 배워야 한다. 학생들은 말로, 글로, 그림이나 그래프를 그리는 것으로, 구체적 모델로 나타내는 방법으로 수학적 아이디어를 표

현할 능력이 있어야 한다. 학생들은 수학에 대해 질문하고 토론할 수 있어야 한다.

3. 수학적 추론 : 학생들은 수학적 아이디어를 독자적으로 탐구하도록 배워야 한다. 학생들은 규칙성을 확인하고 확장하며, 가설(잠정적 결론)을 만드는 관찰과 경험을 사용할 수 있어야 한다. 학생들은 가설을 반박할 수 있는 반례를 사용하도록 배워야 하고, 가설을 정당화하기 위해 모델, 알려진 사실, 논증을 사용하도록 배워야 한다. 학생들은 정당한 논증과 정당하지 않은 논증을 구분할 수 있어야 한다.

4. 일상생활에 수학의 응용 : 학생들은 일상생활의 상황을 수학적 표현(그래프, 표, 도표, 수식)으로 바꾸고, 그 수학을 풀어 보고, 처음 상황의 관점에서 결과를 해석해 보아야 한다. 학생들은 비, 비례, 백분율, 정비례, 반비례 문제를 풀 수 있어야 한다. 학생들은 실세계에서 수학이 어떻게 응용되는지를 알아야 할 뿐만 아니라, 학생들 주변의 세계로부터 수학이 어떻게 성장하는지를 관찰할 수 있어야 한다.

5. 결과의 합리성에 대한 인식 : 문제를 해결하는 데 있어서, 학생들은 원래의 문제에 연관해서 가설과 풀이의 합리성에 대해 의문을 가져야 한다. 학생들은 사용한 연산과 원래의 수와 연관해서 계산 결과가 합리적인지를 결정하기 위해 수 감각을 발달시켜야 한다. 사회에서 계산기 사용이 증가함에 따라 이러한 능력은 전보다 더욱 중요해졌다.

6. 어림셈 : 학생들은 암산과 다양한 어림셈 기법을 통해 어림셈을 빠르게 할 수 있어야 한다. 문제를 풀거나 소비 상황에서 계산이 필요할 때,, 어림셈은 합리성이나 가설의 검증, 판단을 하는데 사용될 수 있다. 학생들은 길이, 넓이, 부피, 질량(무게)과 같은 측정을 어림할 수 있는 간단한 기법을 습득하여야 한다. 학생들은 어떤 특정 결과가 목적에 충분히 정확한지를 결정할 수 있어야 한다.

7. **적절한 계산 기능** : 학생들은 영과 자연수, 소수에 대한 덧셈, 뺄셈, 곱셈, 나눗셈의 유용성을 배워야 한다. 길고 복잡한 계산은 계산기와 컴퓨터로 처리되어야 한다. 한 자리 수에 대한 사칙연산 구구는 핵심적이며, 암산을 사용하는 것은 가치 있는 기능이다. 학생들은 계산을 응용하는 학습에서 적절한 계산법(암산, 지필 계산, 계산기)을 선택하는 연습을 해야 한다. 나아가, 일상생활은 분수의 인식과 그것의 간단한 계산을 요구하고 있다. 또한 퍼센트를 인식하고 사용하며, 어림셈은 발전되고 유지되어야 한다.

8. **대수적 사고** : 학생들은 수학적 양과 표현을 나타내기 위해 변수(문자)를 사용하는 것을 배워야 한다. 학생들은 표와 그래프, 그리고 등식을 써서 수학적 함수와 관계를 표현할 수 있어야 한다. 학생들은 양수와 음수, 계산 순서, 공식, 방정식과 부등식을 이해하고 정확히 사용해야 한다. 학생들은 하나의 양이 다른 것과 연관되어 변하는 방법을 인식해야 한다.

9. **측정** : 학생들은 구체적 경험을 통해 측정의 기본 개념을 배워야 한다. 학생들은 거리, 질량(무게), 시간, 들이, 온도, 각도를 측정할 수 있어야 한다. 학생들은 간단한 둘레, 넓이, 부피의 계산을 배워야 한다. 그들은 적절한 도구와 정확도에 따라 전통적 도량형과 미터법으로 측정할 수 있어야 한다.

10. **기하** : 학생들은 삼차원 세계에서 효과적으로 기능하는데 필요한 기하학적 개념을 이해해야 한다. 학생들은 평행, 수직, 합동, 닮음, 대칭과 같은 개념의 지식을 가져야 한다. 학생들은 간단한 평면도형과 입체도형의 성질을 알아야 한다. 학생들은 밀다, 뒤집다, 돌리다와 같은 용어를 사용하여 주변 세계의 물체들이 어떻게 움직이는지를 말하고 시각화해야 한다. 기하학적 개념은 문제해결과 측도를 포함하는 생활에서 탐구되어야 한다.

11. **통계** : 학생들은 일상생활의 문제에 답하기 위해 자료를 모으고 조

직하는 것을 계획하고 수행해야 한다. 학생들은 간단한 표, 지도, 도표, 그리고 그래프로부터 어떻게 구성하고, 읽고, 결론을 이끌어 내는지를 알아야 한다. 학생들은 대표값(평균, 중앙값, 최빈값)과 분산(범위, 편차)의 측정과 같은 수치적 자료에 대한 정보를 표현할 수 있어야 한다. 학생들은 통계적 표현과 추정의 기본적 사용과 오용을 알 수 있어야 한다.

12. **확률** : 학생들은 미래 사건의 가능성을 결정하기 위해 확률의 기본 개념을 이해해야 한다. 학생들은 바로 직전의 경험이 미래 사건의 가능성에 영향을 주지 않는 상황을 가려내야 한다. 학생들은 선거 결과, 경제 전망, 경기 결과 등의 예측을 돕는데 수학이 어떻게 사용되는지 익숙해져야 한다. 학생들은 확률이 연구 결과와 의사결정 과정에 어떻게 적용되는지 알아야 한다.

(그림 3) 미국 수학 장학사회의 핵심 수학 요소

한편 The Curriculum and Evaluation Standards for School Mathematics(NCTM, 1989)에서는 문제해결의 교수-학습에 관한 많은 제안을 하고 있다.

> 문제해결은 수학 교육과정의 주된 초점이 되어야 한다. 문제해결은 모든 수학 수업의 중요한 목적이며, 모든 수학 활동에 내재되어 있다. 문제해결은 개별적인 주제가 아니라, 프로그램 전반에 스며 있으며, 개념과 기능이 학습될 수 있는 상황을 제공하는 하나의 과정이다(NCTM, 1989, p. 23).

그렇지만 이 규준집도 문제해결을 교육과정의 중심으로 만들도록 이끄는 구체적인 프로그램을 제시하지는 못하였다.

1980년 캘리포니아 버클리에서 개최된 제4차 ICME(International Congress on Mathematical Education; 국제 수학교육 협의회) 프로그램에는 소주제로서 문제해결에 관한 단 하나의 회의만 있었으나, 4년 후에 호주의 아델라이드에서 개최된 제5차 ICME에서는 문제해결이 7개 주요 주제 중 하나였고, 계속하여 ICME의 중심 주제가 되었다. 또한 PME(Psychology of Mathematics Education)의 프로시딩에서도 문제해결은 연구의 중요 주제가 되었다(Lester, 1994).

이후에도 문제해결은 학교 수학에서 중요한 요소로 강조되고 있는데, NCTM(2000)은 여전히 학교 수학에서 강조할 중요한 사항으로 문제해결을 제시하고 있다. 이 규준집에 따르면, 문제해결은 모든 수학 학습의 통합된 부분이어야 하며, 수학 교수 프로그램은 수학을 이해하는 중요한 요소로서 문제해결에 초점을 맞추어 모든 학생들이 다음과 같이 하도록 해야 한다.

· 문제해결을 통하여 새로운 수학적 지식을 형성한다.
· 수학 내·외의 상황에서 제기되는 문제를 해결한다.
· 문제해결을 위한 다양한 전략을 적용하고 적응시킨다.
· 수학 문제해결 과정을 모니터하고 반성한다(p.52).

1980년대 이후의 학교 수학에서 문제해결에 대한 강조에도 불구하고, 문제해결에 대한 연구는 여러 가지 이유로 미진하였다고 Lester(1994)는 지적하고 있다. Lester는 이에 대한 이유로 의사소통·추론·연결성과 같은 이슈들이 문제해결에 대한 관심을 후퇴시켰고, 연구자들이 문제해결에 대한 모든 것을 이미 알고 있다고 생각하며, 구성주의가 수학교육 연구를 이끄는 혁신적인 이데올로기로서 문제해결을 대신하고 있고, 문제해결은 우리가 생각하고 있는 것보다 복잡하다는 것 등을 들고 있다. 그리고 1970년에서 1994년까지 이루어진 문제해결에 대한 연구의 역사에서 강조된 내용과 연구에 이용된 방법을 다음 표와 같이 개괄하고 있다.

년도	문제해결 연구의 강조점	사용된 연구 방법론
1970 ~ 1982	문제를 어렵게 하는 결정 요인의 분리;성공적인 문제해결자들의 특성 확인; 발견술 훈련	통계적 회귀 분석; 초기에는 교수 실험
1978 ~ 1985	성공적인 문제해결자와 비성공적인 문제해결자의 비교; 전략 훈련	사례연구; 생각한 것을 말하기 (think aloud) 프로토콜 분석
1982 ~ 1990	메타인지; 문제해결에 대한 정서/신념의 관계; 메타인지의 훈련	사례연구; 생각한 것을 말하기 (think aloud) 프로토콜 분석
1990 ~ 1994	사회적 영향; 문맥(문제해결 상황에 놓인)속에서 문제해결	민족학적 방법

(표 1) 문제해결의 역사[1](Lester, 1994, p. 664)

이러한 문제해결의 조류는 우리나라 수학 교육과정에도 서서히 등장하였다. 제3차 교육과정에서 급격하게 도입되었던 수학교육 현대화의 내용이 제4차 교육과정 개정에서 경감되고 정선되면서, 지나치게 어려운 내용보다는 수학의 기초적 기능을 배양하고 문제해결력을 신장시키는 일에 관심을 갖게 되었다. 이어 제5차 수학과 교육과정에서 수학 내용을 정선하면서 문제해결력의 신장을 강조하였으며, 제6차 교육과정에서는 문제해결력의 신장을 위한 지도 내용, 전략, 방법 등을 구체적으로 제시하여, 문제해결력의 지도가 보다 적극성을 띠게 되었다(황혜정 외 5, 2001). 제7차 수학과 교육과정에서도 지속적으로 문제해결을 강조하면서 교수-학습 방법에 문제해결 과정과 문제해결 전략에 관한 내용을 제시하였다. 이후에도 문제해결은 수학과 교육과정에 지속적으로 강조되어 오면서 2009 개정 수학과 교육과정에서는 수학적 과정의 하나로, 2015개정 수학과 교육과정에서는 6가지 교과 역량의 하나로 제시되고 있다.

특히 2015 개정 수학과 교육과정에서 문제해결은 해결 방법을 알고 있지 않은 문제 상황에서 수학의 지식과 기능을 활용하여 해결 전략을 탐색하고 최적의 해결 방안을 선택하여 주어진 문제를 해결하는 것을 의미한다(교육부,

1) 제시된 연도는 대략적이지만, 연대의 순서는 정확하다.

2015). 그리고 이에 대한 하위 요소로 문제 이해 및 전략 탐색, 계획 실행 및 반성, 협력적 문제해결, 수학적 모델링, 문제 만들기를 제시하고 있다.

1.4 문제해결의 심리학

수학의 역사에서 문제해결에 대한 관심과 논의는 계속 있어 왔다. 플라톤의 대화편 'Menon'에는 Socrates가 사동에게 '주어진 정사각형 넓이의 두 배가 되는 넓이를 갖는 정사각형을 구하는 수학 문제'의 풀이 과정을 발견하도록 안내하는 대화법이 제시되어 있다. 이 문답식 대화는 기록에 남아 있는 역사상 최초의 수학 수업으로 오늘날 수학 문제해결 교육에 시사하는 바가 크다.

Socrates와 사동과의 대화는 학습이 상기이며, 학습은 보통 정도의 지적인 능력, 곧 이성을 소유한 사람이라면 누구나 가능하다는 것을 보여주는 것으로, 수학적인 원리를 대화법을 통해 상기, 곧 발견할 수 있다고 본 것이다. 이러한 Socrates의 산파법에 따르는 수학 학습 지도의 방법은 대화법이어야 하며, 학생들에게 질문을 던져 학생들 자신의 의견을 개진하게 한 다음, 그것을 논박하여 무지와 곤혹감을 야기함으로써 알고자 하는 마음을 유발하여 대화를 통해 원리를 발견시키는 방법이어야 한다는 것이다(우정호, 2000).

소크라테스 :	지금의 경우에도 이 사람에게는, 마치 꿈에서처럼, 이들 의견들이 일깨워진 것일세. 그러나 누군가가 그에게 같은 것들을 여러 차례에 걸쳐 여러 가지 방식으로 질문하게 되면, 그는 마침내 이것들에 관해서 어느 누구 못지않게 정확하게 인식하게 될 것이라는 걸 자넨 알고 있네.
메　　논 :	그럴 것 같군요.
소크라테스 :	그러니까 아무도 가르쳐 주는 일 없이 다만 질문만 할 뿐인데도, 그 자신이 스스로부터 지식을 되찾게 됨으로써 인식하게 되는 거겠지?
메　　논 :	예.

> 소크라테스 : 스스로 자신 속에 있는 지식을 되찾는다는 것은 상기하게 되는 것이 아니겠나?
>
> 메 논 : 물론입니다(박종현, 1997, p.129).

수학적 발견에 관한 자성적 기록에서, Poincaré(1908)는 수학 문제를 해결하려는 의식적인 노력에 뒤따르는 무의식적 사고의 존재를 입증하는 여러 가지 경험을 기술하고 있다. 이러한 예로 Poincaré는 자신이 어떻게 해서 Fuchsienne 함수에 대한 최초의 논문을 쓰게 되었는가를 자신의 경험에 비추어 설명하고 있다.

> 나는 15일간 Fuchsienne 함수라고 명명한 함수와 유사한 함수는 존재할 수 없다는 것을 증명하려 했다. 그만큼 나는 어리석기 짝이 없었던 것이다. 매일 수많은 조합을 만들어 보았지만 아무런 결과도 얻지 못하였다. 어느 날 밤, 나는 전에 없이 블랙 커피를 마신 탓으로 잠을 이룰 수가 없었다. 많은 생각이 떠오르고 서로 충돌하는 가운데, 그 중의 두 개가 서로 밀착하여 안정된 조합을 이루는 것 같은 느낌이 들었다. 마침내, 다음날 아침까지는 초기하급수로부터 유도되는 Fuchsienne 함수의 한 부류가 존재함을 증명하기에 이르렀고, 나머지 결과는 단지 몇 시간 안에 써 내려갔을 뿐이다(김형보, 오병승 (역), 1982, pp. 33-34).

Poincaré는 자신의 일화를 예시로 수학적 발견 과정에서 무의식적 활동이 중요한 역할을 한다고 설명하고 있다. 이것은 풀리지 않는 문제에 대한 오랜 기간의 숙고 뒤에 잠시 중단하고 휴식을 취하는 것이 정신에 새로운 힘을 주어 유용한 결합을 산출할 수 있게 하기 때문이다. 유용한 결합이 무의식적 활동에서 쉽게 산출된다는 것은 무의식적 자아가 수학적 발견의 역사에서 중요한 역할을 해 왔음을 의미한다. 무의식적 자아는 단순히 자동적인 것이 아니라, 식별력이 있고 선택할 수 있는 통찰력도 갖는다. 의식적 자아가 실패하는 경우에도 무의식적 자아는 성공할 수 있는 것을 보면, 의식적 자아보다 무의식적 자아가 더 강한 것이다.

Poincaré(1908)는 수학적 발견의 과정에서 무의식적 활동과 더불어 의식적 활동의 중요성도 강조하고 있다. 그는 무의식적 활동이 의식적 활동과 같이 진행하거나, 무의식적 활동이 의식적 활동의 뒤를 따를 때에 창의적인 발견이 가능하다고 한다. 또한 문제에 대한 해결책이 떠오른 후에 의식적 활동이 필요하다고 한다. 이것은 발현된 해결책을 이용하여 문제의 해를 이끌어내고, 이것을 정돈하여 증명을 해야 하기 때문이다. 이러한 증명 과정을 거쳐서 검증된 사실이 수학적 진리로 받아들여진다.

Poincaré의 일화를 바탕으로 Wallas(1926)는 창의적인 문제해결 과정을 준비(preparation), 부화(incubation), 발현(illumination), 검증(verification)의 4단계로 나누어 제시하고 있다.

- 준비 : 해결하고자 하는 문제의 특징을 파악하고 심사숙고하여 관련된 표상의 결합을 의식적으로 시도한다.
- 부화 : 의식적인 탐색 노력이 포기되고 무의식적인 사고 활동이 이루어진다.
- 발현 : 돌연히 해결의 실마리가 떠올라 '아하!'를 경험하는 통찰의 순간이다.
- 검증 : 의식적 사고를 통해 문제를 완전히 해결하고 결과를 명확히 정리한다.

연합주의자(connectionist)들은 '모든 지식은 아무리 복잡하더라도 자극-반응의 단순한 결합으로 이루어져 있으므로 학습은 필요한 본드를 구성하여 강화시키면 된다'고 주장한다(Thorndike, 1922). 이런 입장에서 문제해결 과정은 자극과 그에 대한 여러 가지 반응의 시행착오적인 적용 과정이라고 할 수 있다. 이 관점에 따르면, 교사는 주의 깊은 과제 분석을 거쳐 적절한 반응에 적절한 강화 계획을 제공함으로써 학생들이 문제해결에 이르는 자극-반응의 본드를 형성할 수 있도록 해야 한다. 연합주의 이론은 표준화된 알고리즘을 적용하는 재생적 사고가 중심을 이루는 초보적인 수학 문제해결에 대해서는 설명이 가능하지만, 창의적인 사고가 요구되는 문제해결 과정에 대한 설명으로는 불충분하다는 한계가 있다.

연합주의 이론은 학습 활동의 결과로서 본드가 형성되고, 축적된 본드에 따라 학습과 문제해결이 촉진된다. 이러한 의미에서 연합주의 이론은 본드의 형성이 중요한 의미를 가지며, 문제해결자에게 본드가 얼마만큼 강하게 형성되어 있는가에 따라 문제해결력의 정도가 결정된다. 연합주의 이론에서는 본드의 형성과 강화와 관련하여 '결합의 법칙', '효과의 법칙', '연습의 법칙'을 들고 있다.

결합의 법칙은 어떤 자극에 대하여 어떤 반응이 일어날 때 그에 대한 보상이 따르면 자극과 반응 사이에 본드가 형성된다는 것이고, 효과의 법칙은 형성된 본드는 보상을 받을수록 그 결합은 강화된다는 것으로 보상이 따르는 연습이 효과적임을 알 수 있다. 마지막으로 연습의 법칙은 적절한 훈련과 연습에서 중요한 본드는 자주 연습을 시키고 중요하지 않은 본드는 덜 연습시키도록 하는 프로그램화된 연습이 필요하다는 것이다.

형태심리학은 '의식의 전체성'을 중시하여, 인간의 지각이나 사고의 전체적인 형태를 보려는 경향이 있다. 이들은 관련 요소의 재조직으로부터 비롯되는 통찰이 문제해결에 결정적인 역할을 하며, 통찰은 문제를 전체로 이해하고 전체와 부분들 간의 관계의 파악으로부터 이루어진다고 한다.

형태심리학의 기본 개념은 도형에 대한 인식이 주위의 상황에 따라 어떻게 변하는가를 통해 쉽게 알 수 있다. 다음 그림에서, 어떤 사람들은 영양을 보기도 하고, 다른 사람들은 영양을 보지 못하기도 한다(Hanson, 1958).

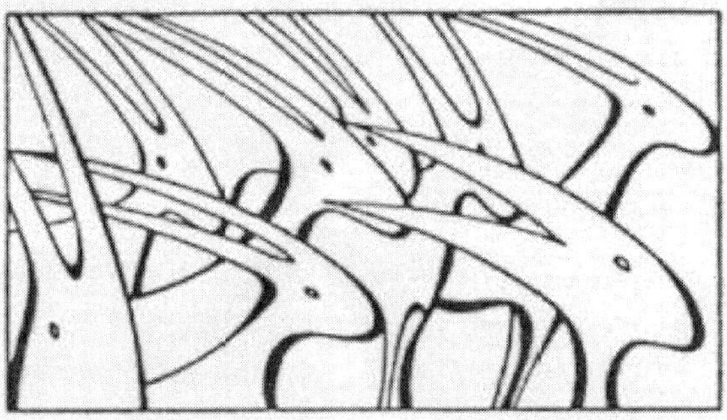

(그림 4) 전체적인 지각에 의한 인식

이것은 시각 영역 안의 요소들이 결합하여 어떤 형태로 인식되는 것이 아니라, 전체적인 지각을 통해 새로운 형태로 인식되기 때문이다.

형태심리학의 대표자인 Wertheimer(1945)에 따르면, '생산적 사고(productive thinking)' 과정은 구조의 개선적 변화가 일어나 구조적 혼란이 해소되고 간격이 메워짐으로써 의미 있는 형태로 바뀌는 순간에 일어나는 통찰에 의한 과정이다. 그가 제시하고 있는 평행사변형의 넓이를 구하는 문제나 1부터 n 까지의 자연수의 합을 구하는 문제에 대한 논의는 문제해결에 대한 통찰이 문제의 내적인 구조적 관련성이 파악되면서 일어남을 보여주고 있다.

Wertheimer는 문제해결에서 통찰이 일어나는 생산적 사고의 예로 수학자 Gauss의 일화를 들고 있다. 다음은 Gauss가 1부터 100까지의 자연수의 합을 구하는 문제에 접하였을 때 가졌을 거라고 Wertheimer가 가상한, 1에서 19까지의 합을 구하는 예시이다.

집의 벽을 따라 계단이 만들어지고 있다. 그것은 19개의 계단으로 이루어져 있다. 벽 맞은 편 쪽 계단의 밑에는 계단의 높이와 폭에 맞도록 같은 정사각형 모양의 판지를 붙이기로 하였다. 목수는 조수에게 가게에 가서 판지를 사오라고 하였다. 조수는 "판지를 몇 개나 사올까요?"라고 물으니, 목수는 "너 스스로 알아내도록 해"라고 대답하였다. 조수는 1+2=3; +3=6; +4=10; +5=… 등과 같이 헤아리기 시작하였다. 목수는 "너는 왜 머리를 쓰지 않니? 그것들을 일일이 헤아려야만 하니?"라고 비웃었다.

독자 여러분, 여러분이 조수라면 어떻게 하시겠습니까? 여러분이 좋은 방법을 찾아 내지 못하였다면, 나는 "계단이 벽을 따라 양쪽에 정사각형의 판지가 필요하다면 어떻게 되겠습니까? 종이를 잘라 계단 양쪽의 패턴을 생각해 보라고 권유를 하면 도움이 되겠습니까?"라고 질문을 할 것입니다(Wertheimer, 1945; 矢田部達郎 (역), 1952, p. 119).

Wertheimer는 계단 널판지의 모양을 큰 도형의 반으로 시각화하도록 제안하고 있다. 계단의 한 면에 똑같은 다른 조각을 맞추면 직사각형이 된다. 따라서 문제는 $(19 \times 20) \div 2 = 190$ 으로 간단히 해결된다.

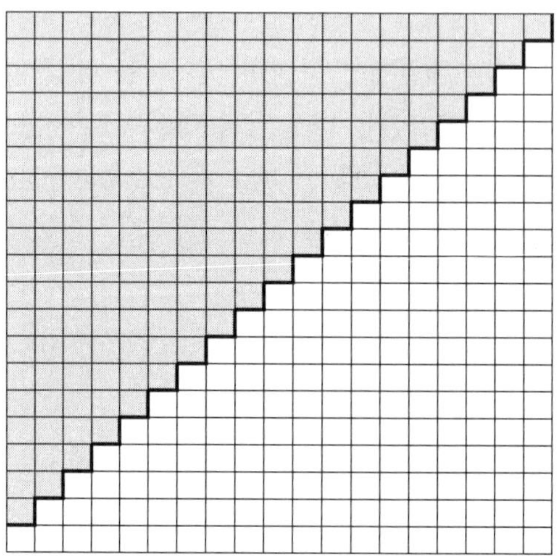

(그림 5) 자연수 합에 대한 시각화

Wertheimer는 '생산적 사고' 과정이 수학의 구조에 대한 이해를 통해 일어나는 지적 과정으로 기술하고 있지만, 그러한 사고 과정을 유발시킬 수 있는 구체적인 교육적 조처는 제시하고 있지 않다.

문제해결과 관련하여 형태심리학자들의 주요 공헌 중의 하나는 문제해결에서의 '기능적 고착화(functional fixedness)'현상을 제시한 것이다. 이것은 과거의 습관이나 경험이 새로운 문제를 해결하는데 부정적인 영향을 미칠 수 있다는 것으로 Dunker에 의한 기능적 고착화(functional fixedness), Luchins에 의한 문제해결 태세(problem solving set), Bartlett에 의한 부정적 전이(negative transfer) 등으로 불리어져 왔다.

Dunker는 대상의 새로운 이용법을 방해하는 정신적 장애로 기능적 고착화를 정의하였다. 그는 여러 물건들의 기능이 이전에 사용하던 한 가지 기능으로 고착화 되는 것을 실험으로 입증하였다. Luchins는 과거의 습관적 태도가 문제에 대한 맹목적 태도를 유발하며, 과거에 사용했던 방법을 새로운 상황에 기계적으로 적용하도록 한다고 제시하고 있다. Bartlett도 'DONALD+GERALD=ROBERT'에서 D=5이고 각 문자가 0~9까지의 상이한 수를 가질 때 각 문자에 부여된 숫자를 결정하라는 문제에서, 피험자들은 오른쪽에서 왼쪽으로 진행하는 사칙연산에 대한 경험으로 인해 두 번째 L과 R에 대한 정보를 찾으려고 애쓰다가 실패한다는 것을 목격하였다고 한다(김언주, 1991). 이전의 모든 문제해결의 경험들이 문제해결에 방해가 되는 것은 아니다. 그럼에도 불구하고 문제해결자가 지나치게 과거의 문제해결 경험에 얽매이게 되면 창의적인 사고가 불가능하며 과거의 경험이 장애로 작용할 수 있다는 것은 당연하다.

예를 들면, 다음 (그림 6)의 왼쪽 그림에서 $\overline{AC}$의 길이는 직각삼각형의 빗변의 길이이기 때문에 $\overline{AC}$의 길이를 구하고자 할 때 직각삼각형 ABC를 표상하게 되고, (그림 6)의 오른쪽 그림에서와 같이 $\overline{AC}$가 $\overline{OB}$와 같이 직사각형의 대각선의 길이(원의 반지름의 길이)가 된다는 것을 쉽게 알지 못하게 된다.

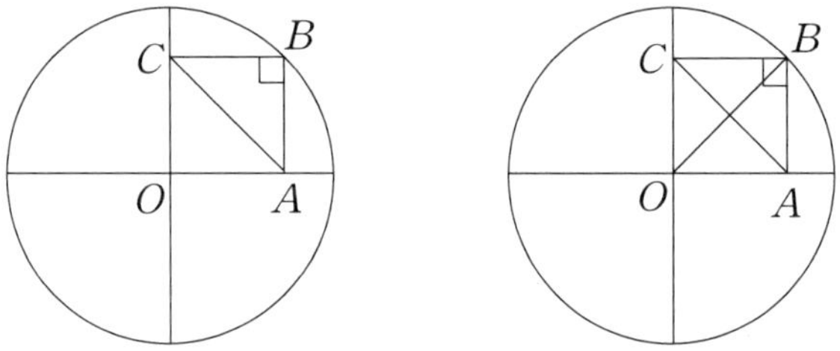

(그림 6) 기능적 고착화 현상의 예

기능적 고착화에 의한 판단을 당연한 것으로 여긴다는 것은 흥미 있는 사실이다. 사람들은 객관적인 분석에 의하기보다 어떤 통제되지 않은 특이한 특징에 의해 판단하는 것을 당연하게 생각한다. 다른 말로 하면, 사람들은 어떤 판단의 상황에서 자신의 사고 안에 형성되어 있는 독특한 범주 안에 있는 판단의 근거를 우선시하여 주어진 조건을 해석하는 경향이 있다. 이러한 판단은 문제해결 과정에서 즉각적인 해를 생산하기 위한 메카니즘을 형성한다. 이 경우에 선택을 결정하는 것은 객관적인 자료보다 몇 개의 주관적인 요인에 의한 것이며, 기능적 고착화 현상은 객관적인 자료보다 더 강하게 문제해결자에게 영향을 끼칠 수 있다.

형태심리학자로 Wertheimer의 제자인 Dunker는 사고 과정을 '주어진 자료와 목표 사이의 갈등의 해결 과정'으로 보고, 자료의 기능적 가치를 중요시하였다. 그는 문제해결에 이용될 수 있는 발견적 방법으로 해의 발견에 결정적인 기능을 하는 숨겨진 원리를 찾기 위해 전제 조건을 분석해 보는 것이 수학 문제해결에서 매우 일반적인 사고 양식이라고 한다. 이를테면, '$abcabc$꼴의 6자리 수가 13의 배수임을 보여라'는 문제는 쉽지 않은 문제로 여겨지지만, 조건에 주목함으로써

$$\begin{aligned} abcabc &= 10^5 a + 10^4 b + 10^3 c + 10^2 a + 10 b + c \\ &= 100100 a + 10010 b + 1001 c \\ &= 1001(100 a + 10 b + c) \end{aligned}$$

와 같이 분석되어, 1001의 배수, 따라서 13의 배수임이 바로 드러나게 된다. 특수화 역시 매우 자연스러운 사고 양식이며, 위의 문제의 특수한 경우를 생각해 보면

$$\begin{aligned} 357357 &= 357 \cdot 1000 + 357 \\ &= 357 \cdot 1001 \end{aligned}$$

이 되므로 *abcabc*꼴의 수는 일반적으로 13의 배수가 됨을 알 수 있게 된다(우정호, 1998).

Polya의 문제해결 교육론의 핵심은 수학적 발견술(heuristics)에 있다고 할 수 있다. 이 때 발견술이란 문제해결에서 전형적으로 유용한 발견과 발명의 방법과 규칙, 전략과 전술을 말한다. Polya는 훌륭한 교육은 학생들에게 독자적인 발견의 기회를 체계적으로 제공하는 것이라고 보고, '수학적인 발견이 어떻게 이루어지며 문제는 어떻게 해결되는가?'라는 문제를 연구하였다. 그 결과, 발견과 발명의 방법과 그 교육 방법을 체계적으로 설명한 '어떻게 문제를 풀 것인가(How to solve it)'를 출간하였다.

발견술은 역사적으로 Pappus, Descartes, Leibniz 등에 걸쳐 연구되어 왔다. 수학적 발견술 가운데 가장 강력하고도 오래된 것은 분석법인데, 분석법을 처음 체계적으로 정리한 사람은 기원전 3세기경의 그리스의 수학자 Pappus이다. 이어 Descartes는 모든 문제를 해결할 수 있는 보편적인 방법을 찾으려는 시도를 하였으며, ① 어떤 문제이든 수학 문제로 바꾼다, ② 어떤 수학 문제이든 대수 문제로 바꾼다, ③ 어떤 대수 문제이든 방정식의 풀이로 바꾼다는 구체적인 단계를 세우기도 하였다. 해석기하학은 이러한 패턴에 따른 연구로, 유클리드적인 전통에 도전하여 대수적 방법을 우선함으로써 현대 수학과 과학 발전에 결정적인 역할을 하였다. 이어 Leibniz는 모든 문제를 해결할 수 있는 일반적인 알고리즘을 찾으려고 하였으며, 그러한 노력의 소산인 미적분학이 모든 문제를 기호의 조작으로 기계적으로 해결할 수 있을

것이라고 보았다.

Polya는 Pappus, Descartes, Leibniz 등에 의해 연구되어 온 발견술에 대한 기록을 정리하고, 문제해결에 전형적으로 유용한 사고 조작을 추출하여 이를 상식적인 질문과 권고 형태의 대화체로 표현하여 적절한 순서로 배열하였다. 그는 '완성된 수학'은 연역적 과학이고, '발생 과정의 수학'은 실험적이고 귀납적인 과학이라고 보았다. 그리고 수학적 사고 과정에서 먼저 귀납, 유추, 추측이 있은 다음 증명이 뒤따라야 하며, 따라서 수학자의 창조적인 연구의 결과는 연역적 추론, 즉 증명이지만, 그 증명은 개연적 추론과 추측에 의해 발견된다고 보았다.

Polya는 귀납과 유추에 의한 추측을 통한 발견적 사고와 문제해결 교육의 중요성을 강조하고 그 실제적인 지도 방법론을 제시하였다. 발견·발명의 방법과 규칙, 문제해결 전략은 방법적 지식이며, 이는 시범, 모방과 실행, 질문과 권고로 이루어진 언어의 미묘한 구사, 즉 대화법의 도움으로 습득될 수 있다고 보았다. 이러한 아이디어는 'How to solve it'에서 모방과 실천을 통한 발견술의 동화를 시도하는 수학 학습-지도 방법으로 구체화되었다.

Polya(1957)는 문제를 해결하는 사고 과정을 관념의 연상에 의한 관련된 지식의 동원 과정으로 설명하기도 하고, 문제와 관련된 요소를 재조직화하는 과정으로 설명하기도 하는데, 이것은 연합주의 심리학과 형태심리학의 입장을 모두 수용하고 있는 것으로 해석된다(우정호, 1998). 그는 문제해결자로 하여금 문제의 목표를 생각하여, 이전에 풀었던 유사한 문제를 기억하고, 문제에 제시된 자료를 분석하도록 지도해야 한다고 제안하고 있다. 이러한 제안은 통찰을 일으키는데 유용한 문제의 재구성과 목표의 분석을 증진시키는데 도움을 줄 수 있다.

이런 면에서 Polya의 현대적인 발견술은 문제와 관련된 요소와 자료가 재조직되어 전체와의 관련성과 기능이 파악되어 문제의 구조적 관계에 대한 통찰이 일어날 수 있도록 도와주는 질문과 권고로 이루어진 대화술로 볼 수 있다.

제2장

문제해결의 지도

학교 수학에서 학생들의 문제해결 능력의 계발이 최우선 목표가 되지 않은 적은 없었을 것이다. 수학 교사는 성공적인 문제해결 지도를 위하여 학생들의 이전의 경험, 지식, 유용한 조합을 이루도록 이끄는 직관, 자신의 사고 과정을 되돌아보는 메타인지적 활동, 문제해결에 대한 긍정적인 신념 등을 겸비하도록 이끌어 주어야 한다.

이 장에서는 수학 문제해결 지도와 관련하여 Polya의 문제해결 4단계 과정과 그에 따른 발문과 권고에 대하여 알아본다. 다음으로는 문제해결을 통한 교수 방법과 Schoenfeld의 문제해결 행동의 구성요소, 문제해결과 관련된 메타인지, 모델링, 시각화 등에 대하여 알아본다. 마지막으로 수학 문제해결에서 문제설정의 방법과 문제설정이 문제해결에 미치는 영향, 그리고 문제해결에 대한 평가 방법 등에 대하여 알아본다.

2.1 Polya의 문제해결 4단계

Polya는 수학적 사고에 관한 유용한 연구 결과를 많이 발표하였다. 그는 학습자가 문제에 도전하여 독자적인 탐구 과정을 통해 스스로 발견할 기회를 가지도록 하는 것이 훌륭한 교육이라고 언급하고, 수학 교수-학습이 증명하는 것을 가르치는 것도 중요하지만 추측하는 것도 가르쳐야 한다고 주장하였다. 그는 효과적인 문제해결 지도를 위하여 문제해결 과정에서 사고를 유발시키는 질문과 권고를 체계적으로 제공해야 한다고 제시하고 있다.

Polya는 특히, 저서 'How to solve it'에서 모방과 실천을 통한 발견술의 습득을 위한 수학 학습-지도 방법을 구체적으로 제시함으로써, 수학 문제해결 교육에 많은 영향을 끼쳤다. Polya의 현대적 발견술은 다음과 같이 문제이해, 계획수립, 계획실행, 반성으로 구성되며, 각 단계에 필요한 질문과 권고 형태의 대화체로 이루어져 있다.

문제 이해	⇒	계획 수립	⇒	계획 실행	⇒	반성

학생들은 이러한 문제해결 과정을 스스로 경험하는 가운데 자율적인 문제해결자가 되어야 한다. 그러나 교사가 아무 도움도 주지 않고 학생 혼자 문제를 풀게 한다면 학생은 문제해결 과정에 큰 진전을 이루기 어려울 것이다. 한편, 교사가 지나치게 많은 도움을 준다면, 이를테면 결정적인 단서나 풀이 방법을 제시해 준다면 학생은 스스로 할 것이 거의 없게 될 것이다. 학생들의 문제해결 활동을 효과적으로 자연스럽게 돕기 위해서, 교사는 학생의 사고를 자극하고 이끌어 주는 적절한 수준의 발문과 권고를 사용해야 한다. 문제해결의 각 단계에서 교사가 사용할 수 있는 발문과 권고에는 다음과 같은 것이 있다.

문제 이해 단계(understanding the problem)

문제를 이해하는 단계로 문제에서 구하려는 것과 주어진 것을 알고, 용어의 뜻을 파악하며, 문제를 분석하는 것이 이 단계에 해당한다. 특히 이 단계에서는 문제에 포함된 언어와 관련된 장애를 확인하고 이를 교정해야 한다.

· 미지인 것은 무엇인가?
· 주어진 것은 무엇인가?
· 자료는 무엇인가?
· 조건은 무엇인가?
· 조건은 만족될 수 있는가?
· 조건은 미지의 것을 결정하기에 충분한가, 불충분한가, 아니면 과다한가?
· 그림을 그려보아라.
· 적절한 기호를 붙여라.
· 조건을 여러 부분으로 분해해 보아라.

계획 수립 단계(devising a plan)

문제에서 주어진 것과 구하려는 것 사이의 관계를 파악하는 단계로 여러 가지 문제해결 전략(problem solving strategy)을 이용하게 된다. 주어진 것과 구하려는 것 사이의 관련성을 즉각적으로 발견할 수 없을 때에는 보조 문제를 고려해야 한다.

· 전에 그 문제를 본 적이 있는가?
· 약간 다른 형태로 된 같은 문제를 본 적이 있는가?
· 관련된 문제를 알고 있는가?
· 도움이 될 것 같은 어떤 사실이나 정리를 알고 있는가?
· 미지인 것을 잘 살펴보아라.
· 친숙한 문제 중에 미지인 것이 같거나 유사한 문제를 생각해 보아라.
· 관련된 문제로 전에 풀어 본 적이 있는 문제가 있는데, 이 문제를 푸는 데 활용할 수 없을까?
· 문제를 달리 진술할 수 있을까? 좀 더 다르게 진술할 수 있을까?
· 정의로 되돌아가 보자. 이 용어의 정의가 무엇이었는가?
· 이 문제를 풀 수 없다면 이 문제와 관련된 문제를 먼저 풀어 보아라.
· 보다 쉬운 관련된 문제를 생각해 낼 수 있을까?
· 문제를 보다 일반적인 형태로 변형할 수 있을까?
· 문제를 보다 특수한 문제로 변형할 수 있을까?
· 유사한 문제는?
· 문제를 부분적으로 풀 수 있는가?
· 조건 가운데 일부분만 남기고 다른 것은 버려 보아라. 그렇게 하면 미지인 것은 어느 정도까지 정해지는가?
· 자료로부터 무언가 유용한 것을 이끌어 낼 수 있을까?
· 미지인 것을 결정하는 데 적절한 다른 자료를 생각해 볼 수 있을까?
· 새로운 미지의 것과 새로운 자료가 서로 더 가깝게 되도록 미지의 것이나 자료를 변형할 수 있을까?
· 자료는 모두 사용했는가?
· 조건을 모두 사용했는가?
· 문제에 포함된 핵심적인 개념을 모두 고려했는가?

계획 실행 단계(carrying out the plan)

해결 계획에 따라 실행하는 단계이다. 계획의 실행 중에도 교사는 계속하여 문제해결자에게 도움과 안내를 제시해야 하며, 계획된 문제해결 전략이 옳지 않은 경우에는 전략을 수정하도록 해야 한다.

· 풀이의 각 단계를 조심스럽게 실행하도록 하여라.
· 각 단계가 올바른지 명확히 알 수 있는가?
· 그것이 옳다는 것을 설명할 수 있는가?

반성 단계(looking back)

문제를 해결한 과정을 처음부터 검토해 보고, 다른 방법으로 해결할 수는 없는지를 알아보고, 혹시 다른 방법이 있으면 어느 방법이 더 나은지를 생각해 본다. 또한 주어진 문제의 확장 가능성을 고려해야 한다.

· 결과를 점검할 수 있는가?
· 풀이 과정을 점검할 수 있는가?
· 결과를 다른 방법으로 이끌어 낼 수 있는가?
· 결과나 방법을 어떤 다른 문제에 활용할 수 있는가?

반성은 자신의 사고 과정을 대상으로 하는 인식 활동이라는 점에서 메타인지(metacognition)적인 사고라고 할 수 있다. Schoenfeld(1985)와 Silver(1982)는 문제해결 과정에서 메타인지적인 측면에 대한 고려가 필수적이라고 보았다. 메타인지는 자신의 사고 과정에 대한 인지로서, 메타인지의 예로는 자신의 사고 과정을 모니터하거나 조절하는 정신적 활동을 들 수 있다. 문제해결의 과정에서 수행하는 모든 활동에 대해서 각각을 모니터하고 조절하는 것이 필요하다는 측면에서 메타인지는 문제해결의 4단계에 모두 영향을 미치지만 가장 밀접한 관련을 갖는 것은 반성 단계라고 할 수 있다. 즉 반성 단계에서 이루어지는 결과와 풀이 과정의 점검, 다양한 방법의 모색, 다른 문제에의 일반화, 우아한 해법의 추구 등은 대표적인 메타인지 활동이라고 할 수 있다.

한편, Polya의 문제해결 4단계에서 제시한 발문과 달리 구체적인 힌트를 제공하는 발문이나 권고를 사용하는 경우가 많을 것이다. 문제의 해결에 이르는 길을 이미 알고 있는 교사는 자신이 알고 있는 그 길을 학생들에게 빨리 알려주고 싶은 충동을 느낄 수 있다. 그러나 이러한 발문은 다음과 같은 한계를 가진다. 따라서 지나치게 구체적이고 특수한 발문이나 지나치게 일반적인 발문과 권고는 가급적 사용하지 않는 것이 바람직할 것이다.

· 학생이 제시된 문제를 거의 해결할 단계에 와 있으면 학생은 이러한 발문에 함의된 암시를 이해할 수도 있다. 그러나 그렇지 못한 경우라면 학생은 그 발문이 무엇을 이끌어 내고자 하는지를 전혀 알지 못할 것이다.

· 학생이 이러한 발문이나 권고를 이해한다고 해도, 이러한 발문이나 권고는 모든 비밀을 교사가 다 벗겨 버림으로써 학생들이 해야 할 것을 거의 남겨 놓지 않는다.

· 이러한 발문이나 권고는 지나치게 구체적이고 특수한 것이다. 학생들이 당면한 문제는 이러한 발문과 권고를 이용하여 해결할 수 있을지 모른다. 그러나 이러한 발문으로 문제를 해결한 경험은 미래에 다른 문제를 해결하는 데는 별 도움이 되지 못한다. 그 때는 또 그 문제에 대한 구체적이고 특수한 발문과 권고를 교사가 제시해 주는 것을 필요로 할 것이기 때문이다.

· 학생이 이러한 발문과 권고를 이해하였다고 하더라도 학생은 교사가 어떻게 그와 같은 발문을 하고자 한 생각에 도달하게 되었는지를 거의 이해할 수 없다. 그 결과, 학생은 스스로 이러한 발문을 할 수 있는 능력을 갖추지 못하게 된다.

Polya의 발문과 권고들이 수학 문제해결 과정에서 효과적으로 이용될 수 있도록 지도되기 위해서는, 교사 자신이 문제해결 과정에서 이러한 단계에 따라 발문과 권고가 자연스럽게 떠오르도록 숙달되어야 할 것이다. 다음은

Polya의 문제해결 4단계에 따른 문제해결 과정에 대한 사례이다.

► 예제 ◄

경민이는 생일 파티에 친구 5명을 초대하였다. 경민이를 포함한 6명의 어린이가 서로 악수를 한다면 모두 몇 번의 악수를 할 수 있겠는가?

☞ 문제이해 : 미지의 것은 무엇인가? 악수의 수
자료는 무엇인가? 6명의 생일 파티 참석자
조건을 그림으로 그려보아라.
여러 부분으로 조건을 분해하여라.

☞ 계획수립 : 관련된 문제를 본적이 있는가?
미지의 것을 살펴보아라.
문제를 달리 진술할 수 있는가?
특수한 문제는? 두 명, 세 명, … 으로 확장한다.
어떤 문제해결 전략을 이용할 것인가? 패턴을 찾아보자.

☞ 계획실행 : 패턴 찾기에 따라 문제를 해결한다.

사람의 수	2	3	4	5	6
악수의 수	1	3	6	10	15

☞ 반　　성 : 결과를 점검할 수 있는가? 일정한 패턴을 확인한다.
결과를 다른 방법으로 이끌어 낼 수 있는가? 그림을 그려 해결한다.

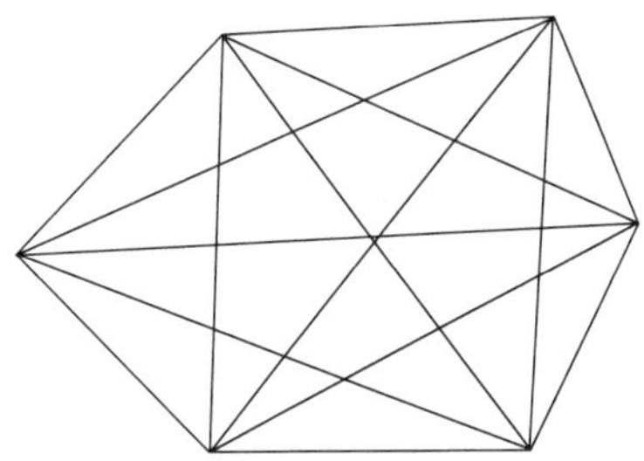

주어진 문제의 확장 가능성을 고려한다. 사람의 수가 더 많은 경우를 생각한다. 1, 3, 6, 10, 15, … 의 수열을 이룬다.

2.2 문제해결을 통한 교수 방법

수학 교사들이 문제해결 지도를 통해 얻고자 하는 교육 목표는 문제해결 지도를 어떤 관점에서 접근하는가에 따라 달라질 수 있다. 이에 Schroeder와 Lester(1989)는 문제해결 수업을 특징지을 수 있는 관점을 문제해결에 대한 교수(teaching about problem solving), 문제해결을 위한 교수(teaching for problem solving), 문제해결을 통한 교수(teaching via problem solving)로 제시하고 있는데, 이를 간단히 살펴보면 다음과 같다.

첫째는 문제해결에 대한 교수이다. 문제해결에 대하여 가르치는 교사는 Polya의 문제해결 4단계 과정에 따른 문제에 대한 이해, 계획의 수립, 계획의 실행, 반성으로 이어지는 문제해결 4단계 과정을 강조하며, 학생들이 Polya의 문제해결 4단계 과정을 익히고 사용할 수 있도록 지도한다. 문제해결에 대한 교수는 문제를 푸는 경험을 포함하지만, 문제가 어떻게 풀렸는지에 대한 토론과 교수도 포함한다.

둘째는 문제해결을 위한 교수이다. 문제해결을 위한 교수를 강조하는 교사는 정형적인 문제나 비정형적인 문제의 풀이에 수학을 적용할 수 있도록 가르치는 방안에 관심을 둔다. 따라서 이 관점을 가진 수학 교사는 수학 학습에서 수학적 지식의 획득을 강조한다 할지라도, 수학 학습의 근본적인 목적을 수학을 사용할 수 있게 하는 것으로 설정한다. 그리고 학생들에게 교수–학습 중인 수학적 개념과 구조에 대한 많은 예를 제시하고, 문제해결에 수학을 적용할 수 있는 풍부한 기회를 제공한다. 또한 이 관점의 교사는 학습된 내용을 한 가지 문제 상황에서 다른 문제 상황으로 전이하는 능력에 관심을 가지며, 수학을 학습하는 주된 목적이 문제를 해결하기 위하여 획득한 지식을 사용할 수 있게 하는 것이라 믿는다.

셋째는 문제해결을 통한 교수이다. 문제해결을 통한 교수에서 문제는 수학 학습을 위한 목적으로서 뿐만이 아니라, 수학을 행하는 주요 수단이 된다. 수학적 주제의 교수는 주제의 중요한 측면이 구체화되어 있는 문제 상황으로부터 시작된다. 즉, 수학적 주제가 구체화되어 있는 문제 상황을 제시하고, 문제해결자의 기존 지식을 바탕으로 새로운 수학적 개념을 획득하게 하는 매개체로 문제를 이용한다. 이 방법으로 수학을 학습하는 것은 구체적인 것(실세계 문제)으로부터 추상적인 것(기호적인 표현과 조작)으로의 이동으로 볼 수 있다.

문제해결을 통한 교수의 예를 위한 상황은 '평면도형의 넓이와 둘레의 길이와의 관계'에 대한 개념을 가르치는 초등학교 5학년 교실의 수업에서 볼 수 있다. 교사는 같은 크기의 작은 정사각형 36개를 나누어주고 학생들에게 정사각형의 한 변에 한 명이 앉을 수 있을 때, 36개의 정사각형을 이용하여 만든 직사각형 모양의 식탁에 얼마나 많은 사람들이 앉을 수 있는가를 결정하도록 요구한다. 이러한 문제 상황은 학생들이 넓이와 둘레의 길이, 그리고 그들 사이의 관계에 대하여 탐구할 수 있는 환경을 제공하며, 문제해결을 통해 수학의 중요한 주제를 발견하게 하는데 유용하다. 즉, 문제에 대한 탐구를 통하여 문제해결을 위한 전략을 학습할 뿐만이 아니라, 측정에 관련된 두 가지 속성 사이의 관계에 대한 중요한 개념을 이해하게 되는 것이다.

문제해결을 통한 교수는 수학 교사들에 의해 상대적으로 채택되어지지 않은 관점이지만, 수학 교수에서 고찰하고 평가하고 고려해야 할 대상이다. 더욱이, 이 관점은 (1)수학의 개념과 기능은 문제해결의 상황에서 가르쳐져야 한다. (2)고등 사고 수준 과정의 계발은 문제해결 경험을 통하여 촉진되어진다. (3)수학 교수는 탐구 중심의 문제해결 상황에서 일어난다는 NCTM(1989, 2000)의 권고와도 일치한다.

특히, 수학 교사들이 학생들의 이해력 증진을 교수의 주된 목표로 설정할 때, 수학은 문제를 해결하는 단순한 도구가 아니라, 학생들의 경험을 조직하는 사고 방법을 제공하는 도구로 해석된다. 따라서 문제해결의 역할은 어떤 개념이나 기능을 익힌 후에 전념하게 되는 활동으로부터, 새로운 수학적 지식의 획득의 수단이거나 앞서 배운 수학적 사실을 새로운 문제 상황에 적용하는 과정으로 변화되어져야 한다. 이러한 문제해결의 역할의 변화는 학생들이 단지 수학적 사실이나 개념을 배우는 것뿐만이 아니라, 새로운 지식의 적용을 어떻게 관리하고 조절하는가를 알게 된다는 것을 의미한다.

한편, 문제해결 학습에서 교사의 역할은 중요하다. 교사는 학생들의 문제해결력 신장을 위하여 의미 있는 문제를 학생들에게 제공하고, 학생들이 문제에 도전할 수 있도록 호기심과 아이디어를 자극할 수 있는 발문을 하며, 문제를 해결하는 동안 조력자로서 역할을 하고, 문제를 해결한 후에는 학생들의 문제해결 전략이나 풀이 과정을 듣고 학생 모두가 아이디어를 공유하고 확장시킬 수 있는 기회를 체계적으로 제공하여야 한다.

문제해결 학습에서 교사의 역할의 중요성을 강조하며, 남승인과 류성림(2002)은 문제해결 활동이 이루어지기 전, 문제해결 활동 중, 문제해결 활동 후로 나누어 교사의 역할을 다음과 같이 제시하고 있다.

(1) 문제해결 활동이 이루어지기 전 교사의 역할

· 학생들에게 문제나 과제를 제시하기 전에 교사가 먼저 해결해 보아야 한다.

· 문제나 과제를 명확히 이해하기 위한 발문 준비를 해야 한다.

· 상호협력 학습의 기회를 제공한다.

· 브레인스토밍(brainstorming)을 하게 한다.

(2) 문제해결 활동 중 교사의 역할

· 학생들의 활동 계획을 보조한다.
· 적절한 힌트를 제공한다.
· 아이디어를 검토하게 한다.
· 주의해서 칭찬한다.

(3) 문제해결 활동 후 교사의 역할

· 문제해결 과정과 전략을 공유하도록 한다.
· 문제를 확장한다.
· 대안적인 전략을 찾는다.

문제해결 학습에서 교사의 역할은 문제를 제시하고, 학생들의 문제해결 결과에 대한 정·오를 판단하는 역할에서 벗어나야 한다. 문제해결을 통해 수학을 가르치는 교사는 문제해결의 전반적인 과정에서 주도적인 역할을 수행하며, 학생들이 성공적인 문제해결자가 되도록 지도와 조언을 계속적으로 제공해야 한다. 이를 위해 교사 자신이 문제해결을 경험하고 성공적인 문제해결자가 되도록 노력하며, 이런 과정을 학생들이 보고 느끼도록 해야 한다.

2.3 문제해결 행동의 구성 요소

Schoenfeld(1985)는 수학교육의 근본적인 목표가 수학적 사고를 훈련시키는 것이라고 들고, 이를 위해 수학 문제해결을 강조하였다. 그리고 수학 문제해결 과정을 분석하여 수학적 사고의 메커니즘을 밝혀 이를 수학 학습 지도에 반영하였다.

Schoenfeld는 수학 문제해결과 같은 복잡하고 높은 수준의 수학적 활동을 분석하기 위하여, 문제해결 행동과 관련된 요인으로 네 가지 요소—인지적 자원(cognitive resource), 발견술(heuristics), 제어(control), 신념체계(belief system)—를 들고 있다.

(1) 인지적 자원

인지적 자원은 문제를 해결하기 위해 개인이 사용할 수 있는 도구와 기법으로, 수학 문제해결자 스스로 소유하고 있으면서 현재 주어진 문제를 해결하기 위하여 필요하다고 생각되는 전반적인 지식을 가리킨다. 개인이 문제를 해결할 수 있게 하는 인지적 자원의 요소로는 다음과 같은 것을 들 수 있다.

- 영역에 대한 직관적이고 비정형적인 지식
- 사실
- 알고리즘적인 과정
- 정형화된 비알고리즘적 과정
- 영역에서 학습하기 위해 합의된 공식에 관한 이해(명제적 지식)

(2) 발견술

발견술은 효과적인 문제해결을 위한 전략이나 기술로, 그림 그리기, 적절한 표기 도입, 관련된 문제 탐구하기, 문제를 재구성하기, 거꾸로 풀기, 과정을 검사하고 확인하기 등이 포함된다.

(3) 제어

제어는 인지적 자원과 전략의 선택과 수행에 관한 전반적인 결정을 내리는 활동과 관련 있다. 제어에는 계획하기, 모니터링과 평가, 의사 결정, 의식적인 메타인지 행위 등이 포함된다. 학생들은 문제를 해결하는데 필요한 지식을 소유하고 있으면서도 해결에 실패하는 경우가 많다. 이를 극복하기 위하여 학생들은 알고 있는 것을 어떻게 이용할 것인가를 조절해야 하기 때문에 제어는 문제해결 과정에서 중요한 역할을 한다.

(4) 신념 체계

신념 체계는 개인의 수학관과 수학에 대한 선입관으로 인지적 자원이나 발견술 이상으로 문제해결에 큰 영향을 끼친다. 이것은 자기 자신에 대한, 환경에 대한, 주제에 대한, 수학에 대한 개개인의 행동의 결정에 영향을 준다.

성공적인 문제해결을 위하여, 학생들은 많은 수학 문제들이 여러 개의 답을 가질 수 있으며, 첫 번째 시도가 틀렸을 경우에 다른 방법을 찾으면 반드시 풀린다는 것과 같은 긍정적인 신념을 가져야 한다. 그러나 많은 학생들은 문제해결과 관련하여 다음과 같은 수학 문제해결에 대한 부정적인 신념을 가지고 있다.

- · 답을 얻기 위한 단 한 가지 방법만이 있다.
- · 모든 문제는 한 단계씩 풀어 나가면 해결된다.
- · 수학 유전 인자가 있으며, 어떤 사람은 가지고 있고 다른 사람은 그렇지 않다.
- · 수학은 어렵다 – 너무 어려워서 많은 사람들이 수학을 배울 수 없다.
- · 수학 문제를 푸는데 5~10분이 소요되면, 그 문제를 풀 수 없다.
- · 수학은 많은 부분이 암기하는 것이다.
- · 단지 천재들만이 공식이나 방정식을 창안하고 풀 수 있다.

이와 같은 학생들이 가지고 있는 수학에 대한, 수학 문제해결에 대한 부정적인 생각들은 문제해결 과정에 많은 영향을 끼칠 수 있다. 따라서 학생들에게 수학에 대한 자신감을 심어주고, 그들 스스로 수학에 성공적인 문제해결자가 될 수 있다는 기회를 제공하여야 한다. 이를 위해 학생들의 성취 정도를 파악하고, 그들 수준에 맞는 문제를 제시하여야 한다. 또한, 문제해결의 결과에 대하여 적절한 보상을 통하여 문제해결자 자신이 문제를 해결해 보고자 하는 의지를 항상 느끼도록 격려하여야 한다.

2.4 문제해결과 메타인지

메타인지에 대한 연구는 스스로의 기억에 대한 지식과 자각인 메타기억에 대한 연구로 시작되었다. 1970년대에 접어들면서 Flavell, Brown 등이 메타에 관한 문제를 기억에만 제한하지 않고, 주의 집중을 조절하는 메타 주의와 이해를 조절하는 메타 이해 등으로 발전시켰다. 그리하여 이러한 개념들을 포괄하는 형태로 메타인지에 대한 연구가 성행하게 되었다(이대현, 이봉주, 2002).

수학교육에서 메타인지가 주목받기 시작한 것은 1980년대에 Schoenfeld, Garofalo, Lester 등의 문제해결에 대한 연구와 관련이 있다. 이것은 문제해결이라는 상황이 학습자의 메타인지적 활동을 활발하게 이루어질 수 있게 하고, 동시에 성공적인 문제해결을 위해서는 메타인지적 활동이 중요한 역할을 수행한다고 생각했기 때문이다.

Garofalo와 Lester(1985)는 문제해결에서의 메타인지를 Flavell과 Brown 등의 연구를 기초로 하여, 인지에 대한 지식(메타인지적 지식)과 인지에 대한 조절(메타인지적 기능)로 분류하고 있다. 인지에 대한 지식(메타인지적 지식)은 한 개인이 특별한 인지적 과제의 수행과 관련하여 자신의 인지적 능력·과정·자원에 대해 아는 것과 관계가 있으며, 인지의 조절 측면(메타인지적 기능)은 인지적 과제를 해결하는 과정에서 나타나는 여러 가지 결정이나 전략적 행동과 관계가 있다.

메타인지적 지식은 인간의 지식, 수학적 과제 지식, 수학적 전략 지식을 포함한다. 인간의 지식은 인지적 처리자로서의 자기 자신과 타인의 성질에 대해서 가지는 생각 전체를 포함한다. 수학적 과제 지식은 과제의 본질이 그 과제의 수행에 어떻게 영향을 주는가에 대한 지식을 의미한다. 또한 과제에 있어서 내용, 정황, 구조, 계통적 배열 등과 같은 과제의 외형적 특징의 효과에 대한 인식도 포함한다. 수학적 전략 지식은 알고리즘과 발견술에 대한 지식을 포함한다. 또한 문제를 이해하고, 정보 또는 자료를 조직하고, 풀이를 계획하고, 계획을 실행하고, 결과를 검증하는 데 이용할 수 있는 전략에 대한 개인의 인식도 포함한다. 이들 세 변인은 실제 수학적 문제해결 장면에서 상호 관련되어 나타나고, 그러한 상호작용은 자기 자신의 행동을 제어하기 위한 의지의 결정에도 영향을 준다.

메타인지적 기능은 개인이 인지적 과제 또는 문제와 씨름하는 사이에 행하는 다양한 결정과 전략적 활동과 관계가 깊다. 이러한 활동은 문제의 특성을 이해하는데 필요한 전략의 선택, 활동 절차의 계획, 계획을 실행하기 위한 적절한 전략의 선택, 전략을 수행하는 활동에 대한 감시, 전략과 계획의 결과에 대한 평가, 필요성에 따라 부적절한 전략과 계획의 수정과 삭제 등을 포함한다.

특히 메타인지적 기능은 문제해결과 같은 수학적 수행에 있어서 결정적인 요소이며, 메타인지적 기능의 요인으로서는 감시, 자기평가, 제어를 들 수 있다. 감시는 메타인지적 지식을 분명하게 알고, 자신의 인지활동의 진행 상태를 스스로 감시하는 것을 말한다. 자기 평가는 활동의 목적과 메타인지적 지식을 분명하게 알고, 자신의 인지활동 성과를 스스로 평가하는 것이다. 제어는 자기 평가의 결과와 메타인지적 지식을 분명하게 알면서, 자신의 인지활동에 지시를 하고 그 후의 활동을 통제하거나 수정하는 것을 포함한다.

이러한 측면에서, Davidson과 Sternberg(1998)는 메타인지가 문제해결자로 하여금 문제의 세 가지 측면, 즉 주어진 조건, 목표, 방해 요인을 명확하게 인식하게 하여 전략적으로 다루도록 기회를 제공한다고 하였다. 다시 말하면, 메타인지적 기술을 사용함으로써 학생들은 문제의 특성을 전략적으로 부호화하여 문제의 요소에 대한 정신적 모델이나 표상을 형성하게 되고, 목표를 달성하기 위해 적절한 계획과 전략을 선택하게 되며, 진행을 방해하는 장애를 극복하게 된다.

2.5 문제해결과 모델링

수학적 모델링은 비수학적 대상에서 수학적 표상을 찾는 것으로, 대상이나 체계 또는 과정의 중요한 특징을 조정하는 수학적 구조나 이론을 세우는 것을 말하며(Dreyfus, 1991), 어떤 현상에 관한 문제를 해결하기 위하여 원래의 문제 상황을 수학적으로 표현하고 번안(translation)하는 수학화를 중시한다.

특히, 한 체계에서의 개념이나 문제 상황을 다른 체계로 번안하여 내면화하거나 해결해 가는 과정은 모델링 과정이 전이를 쉽게 일어나도록 할 수 있음을 의미한다. 또한, 수학적 모델링은 수학과 다른 과목 또는 일상생활과의 연결성을 강조한다. 이것은 수학 학습이 완결된 지식의 획득이 아닌 지속적인 모델의 구안과 수정을 통해 원래 개념의 이해에 초점이 맞추어져야 함을 의미한다.

일상에서의 경험이 모델링 과정을 통해 수학적으로 재조직 될수록 한 체계에서 다른 체계로 쉽게 전이되어 요소들 사이의 관계 구조의 파악이 용이하고, 이를 바탕으로 실세계에 비추어 제기된 문제를 해결 할 수 있다. 수학적으로 의미 있는 모델을 구성하는 모델링 과정은 4단계의 순환 과정으로 구성되며, 이를 도표로 나타내면 (그림 7)과 같다(NCTM, 1989).

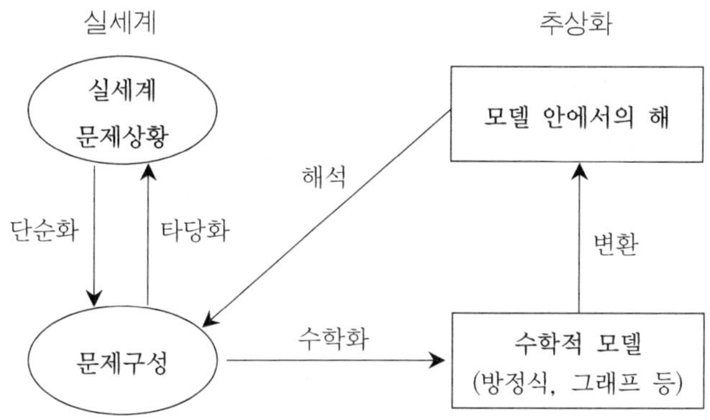

(그림 7) 수학적 모델링 과정(NCTM, 1989, p. 138)

먼저, 실세계의 문제 상황으로부터 문제에 영향을 주는 여러 요인을 확인하고 단순화 과정을 거쳐 원래의 상황과 관련된 문제를 구성한다. 그런 다음, 실세계의 현상을 번안할 수 있는 요인들의 관계를 추측하고 그 관계들을 수학적으로 해석하는 수학화를 거쳐 수학적 모델을 구안한다. 다음으로는 구안된 수학적 모델을 분석하고 변환하여 결론에 도달하는 해를 이끄는 과정을 거친다. 산출된 해는 실세계 상황에 되돌리기 위해 단순화된 문제로 해석하는 과정을 거쳐 원래 문제에 적절한가를 검증해 보는 타당화 과정을 거친다.

결론적으로, 수학적 모델링은 실세계의 여러 현상을 수학적인 수단에 의해 정리하고 조직하는 활동으로, 문제를 해결하기 위하여 여러 가지 수학적 표현으로 변환하면서 현상에 내재된 수학적 개념을 파악하고 문제를 해결하여 실세계의 문제 상황에 적용할 수 있도록 조장하는 활동 과정이다.

이러한 수학적 모델링 과정을 통한 수학학습은 새로운 수학적 개념을 도입하거나 개발된 수학적 개념을 새로운 상황에 적용하는데 유용하여, 중요한 수학적 아이디어와 문제해결 과정에 강력한 수단이 된다(English & Watters, 2004). 이에 수학적 모델링을 통하여 수학교육에서 다음과 같은 목적을 달성할 수 있다(Niss, 1989).

- 새로운 수학적 개념과 방법을 이해한다.
- 실생활 또는 다른 교과에서의 수학의 응용과 모델링의 실제를 이해한다.
- 창의적 사고와 문제해결 태도, 활동, 능력을 기른다.
- 수학을 활용하여 실생활 또는 다른 교과와 연결된 맥락을 비판적이고 합리적으로 사고하려는 태도를 기른다.
- 수학이 이미 완성된 산물이 아니라, 인간 활동의 결과로 만들어진 것임을 이해한다.

한편 모델링되고 있는 대상이나 과정의 행동을 연구하기 위하여 모델을 이용할 수 있는데, 수학적 모델은 현실 상황을 정리하고 조직하고 분석하기 위해 만들어진 수학적 구안물을 의미한다. 이러한 모델은 특별한 문제 상황을 기술하기 위해 사용되는 하나의 간단한 문장에서 표나 그래프, 수식, 다이어그램, 구체물, 은유, 시뮬레이션 도구와 같은 다면적이고 복잡한 체계를 포함하며, 수학적 관행에 맞도록 구안된 표현 체계를 의미한다.

2.6 문제해결과 시각화

수학적 표현은 수학의 핵심적인 내용이며, 동시에 수학적 활동에 연관된 인지의 핵심이라고 할 수 있다. 즉, 수학적 표현은 수학적 모델링을 통해 현실 상황의 문제를 해결하도록 하는데 중요한 요소이며, 학생들이 수학적 개념이나 관계를 이해하도록 도와주고, 여러 가지 수학적인 주제에 대해 의사소통이 가능하도록 하며, 수학적 개념들 간의 연결성을 형성해 준다.

여기에서 표현이라는 용어는 수학적인 개념이나 관계를 파악하는 행동이나 형태 그 자체를 모두 일컬으며, 외적으로 관찰 가능한 과정과 산물뿐만이 아니라, 수학을 하는 사람들의 정신 속에서 내적으로 일어나는 과정과 산물 모두를 의미한다.

Skemp(1986)는 수학에서 이용되는 기호 체계를 이분화 하여, 언어-대수적 기호와 시각적 기호로 나누어 제시하고 있다. 그는 모든 종류의 다이어그램이나 기하학적 도형을 시각적 기호의 예로 제시하고, 이것이 직관적 사고에 유용하다고 진술하고 있다.

Skemp에 의해 시각적 기호로 제시되고 있는 시각적 표현은 수학적 사실을 즉각적으로 이해하도록 도와주며, 문제해결 과정에서도 유용한 단서나 해결책을 제공해 주는 도구이다. 시각적 표현은 단지 그림을 통한 수학적 사실이나 문제의 표현만을 의미하지는 않으며, 수학적 사실과 문제해결에 통찰과 의미를 부여해 준다. 예를 들어 다음과 같은 문제에서 시각적 표현에 의한 문제해결은 문제에 대한 즉각적 이해와 문제해결 과정에서 나타날 수 있는 오류를 교정할 수 있는 방안이 될 수 있다.

► 문제 ◄

15m인 직선 길의 양 끝에서부터 3m마다 한 그루씩 나무를 심으려고 합니다. 몇 그루의 나무를 심을 수 있는지 구하시오.

수학 문제해결과 관련하여 학생들은 주어진 문제 상황을 시각적 표현으로 재구성함으로써 문제해결에 옳은 경로를 발견할 수 있다. 이러한 측면에서, 다음에 제시된 몇 가지 문제들은 시각적 표현을 이용하여 직관적으로 문제해결의 단서나 해결책을 구할 수 있는 예시이다.

► 예시 1 ◄

$0 < a < 1,\ 0 < b < 1$ 일 때, $ab+1 > a+b$를 증명하여라.

▶풀이

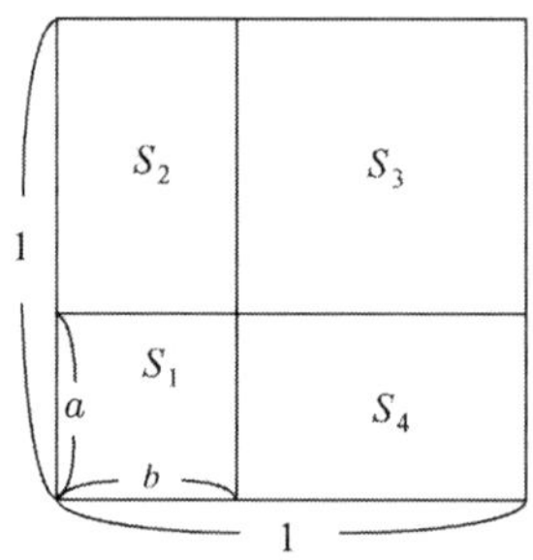

$$a+b-ab=(S_1+S_4)+(S_1+S_2)-S_1$$
$$=S_1+S_4+S_2<1$$

► 예시 2 ◄

$\sum_{k=1}^{n}(2k-1)=n^2$을 증명하여라.

▶풀이

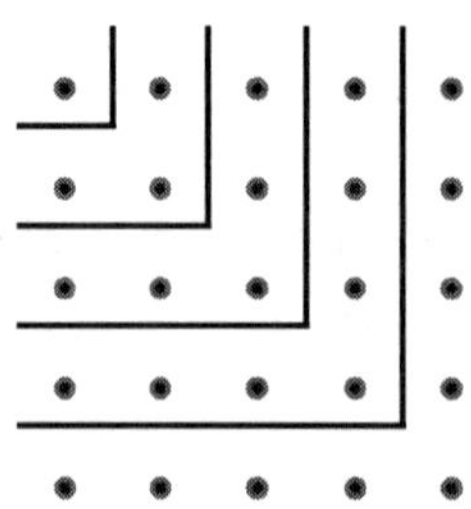

► **예시 3** ◄

$\dfrac{a}{b} < \dfrac{c}{d} \Rightarrow \dfrac{a}{b} < \dfrac{a+c}{b+d} < \dfrac{c}{d}$를 증명하여라.

▶**풀이**

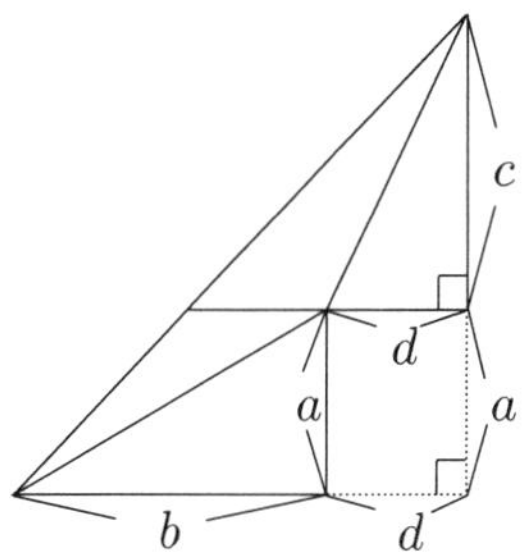

► **예시 4** ◄

$\dfrac{1}{2} + \dfrac{1}{4} + \dfrac{1}{8} + \dfrac{1}{16} + \dfrac{1}{32} + \cdots = 1$을 증명하여라.

▶**풀이**

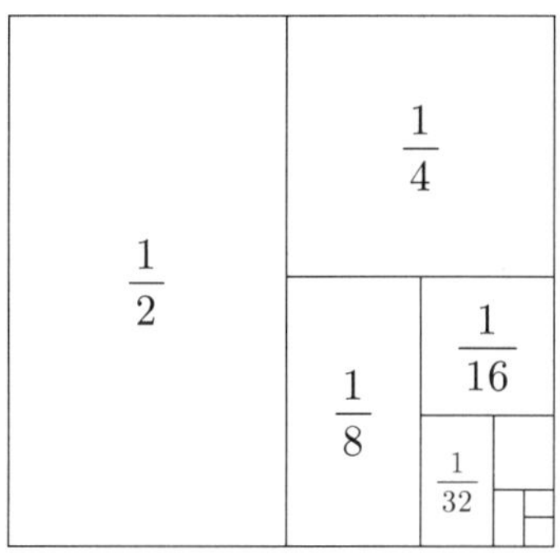

2.7 문제해결과 문제설정

문제설정은 '문제나 정리를 학생 스스로 만들어 가는 것'을 의미하며, 일반적으로 문제설정이 문제해결 교육에 많은 영향을 줄 것이라고 이해되고 있다. 문제설정은 학생들을 더욱 훌륭한 문제해결자가 되도록 도울 수 있는 잠재성을 가지고 있기 때문에 교육과정과 교수의 관심사로 부각되고 있는데, NCTM(1989)은 문제설정과 문제해결의 중요성을 교육과정 상의 목표와 관련지어 설명하였다.

문제설정은 어떤 내용을 이전과는 전혀 다른 새로운 관점에서 볼 수 있게 해 줄뿐만 아니라, 새로운 생각을 하는 데에도 도움이 되며, 수학에 대한 불안감을 해소시키는 역할을 하기도 한다. 교사가 제시한 문제에 대한 해답을 찾는 것으로 이루어진 문제해결 수업에서는 학생들이 틀린 답을 말하지 않을까 하는 두려움이 있을 수 있으나, 문제를 설정하는 문제해결 수업에서는 단 하나의 정답만이 존재하는 것은 아니기 때문에 누구나 마음 놓고 대답할 수 있고, 수학이 덜 '위협적'인 과목이 될 수 있다. 또한 문제설정은 학생들 서로 간의 경쟁심을 갖게 하는 것이 아니라 공동 학습을 촉진시키는 역할을 할 수 있다. 특히, 문제설정은 학생들을 수동적인 문제해결자에서 능동적인 문제해결자로 변화시키고, 수학적 발견의 경험을 제공하는 장점이 있다.

이러한 장점을 가지는 문제설정은 문제해결 과정에서 2개의 단계와 밀접한 관련을 맺고 있다. 첫째는 '사전효과'라 불리는 것으로, 문제를 해결한 후가 아니라 우선 문제를 풀기 위해 논리적으로 새로운 의문이나 다른 문제를 설정하는 것이다. 둘째는 '사후효과'로서, 문제를 풀고 난 후 많은 의문들이 있을 수 있다. 그렇게 문제를 풀게 된 이유나 폭넓은 일반화, 형태에 대한 통찰을 필요로 하는 이유들을 묻는 의문들은 특정 결론이 왜 의미 있는가에 대한 이해를 도와 줄 수 있다.

또한 학생들은 다음과 같은 과정을 통하여 문제설정을 잘 할 수 있다.

· 자유로우며 폭넓고 다양하게 생각하기
· 문제를 만들 수 있다는 자신을 갖고 여러 가지 시행착오 경험하기
· 선행 학습경험 및 지식에서 얻은 유사한 문제 등과 연결시키기
· 여러 면에 많은 의문을 품기
· 주위의 가까운 것에 대하여 생각하기
· 자신의 생각을 모두 기록, 또는 발표하기
· 새롭고 발전적인 문제를 만들려고 노력하기
· 상황 및 속성과 숫자 등을 변경하고, 역으로도 생각하기
· 처음에는 자기가 풀 수 있는 문제 만들기
· 일반화하거나 특수화하기
· 차원을 확대 및 축소하기
· 다른 도형을 생각해 보기
· 다른 연산을 생각해 보기
· 다른 단원 및 교과와 연결지어 생각해 보기

학생들은 문제로부터 시작하고 사고하게 되며, 그것을 이해하려는 활동에 참여하게 됨으로써 문제설정에 대한 계획을 세우고 시도하고, 이 과정 속에서 그 문제를 더 잘 이해할 필요성을 느낄 수도 있다. 이와 같이 학생들이 자신의 생각을 통하여 문제해결 활동에 능동적이고 적극적으로 참여한다면 효과적인 문제설정 활동이 가능할 것이다. 또한 각 소집단으로 구성된 학생들이 문제를 해결한 후 결과를 전체 학생들에게 발표하고 토론함으로써 더 좋은 해결방안을 찾을 수 있다.

한편, Brown과 Walter(1983)는 문제설정의 중요성을 강조하며, 체계적으로 문제를 만드는 방법으로 What If Not전략을 제안했는데, 그 단계는 다음과 같다.

① 속성을 열거하기 : 문제를 구성하고 있는 요소나 속성을 모두 열거해 본다.
② What If Not의 수행하기(속성 부정하기) : 전 단계에서 열거한 속

성이 '만약, 그렇지 않다면 어떻게 될 것인가'라는 의문을 가져 본다.

③ 문제설정하기 : 전 단계에서 생각한 의문을 기초로 새로운 문제를 만든다.

④ 설정된 문제 분석하기 : 새로 만든 문제를 분석하거나 해를 구한다.

다음의 예는 피보나치 수열을 가지고 What If Not전략을 사용한 것이다. 다음 수열을 살펴보자.

1, 1, 2, 3, 5, 8, 13, 21, 34, 55, ⋯

이 수열은 13세기의 이탈리아 수학자 피보나치(Fibonacci)에 의해 제시된 흥미로운 수열로 수학뿐만이 아니라 다른 영역에서도 많이 이용된다. 예를 들어 다음의 현상들은 피보나치 수열과 관련 있다.

· 그리스의 파르테논 신전의 높이와 폭의 비
· 미켈란젤로의 다비드 상의 배꼽의 위치
· 눈금 없는 자와 컴퍼스를 이용한 정오각형의 작도
· 솔방울의 비늘의 수
· 이상적인 토끼의 번식

피보나치 수열에서 인접한 항 사이의 비를 관찰하면, 그 비의 극한이 $\frac{\sqrt{5}+1}{2}$에 가까워지는데, 이 수를 황금비(golden ratio)라 한다. 이 수열을 이용하여 What If Not전략을 사용한 문제 설정 단계를 다음과 같이 제시할 수 있다.

첫 단계 : 속성을 열거하기

① 두 개의 주어진 수에서 시작한다.

② 시작하는 두 수는 같고, 두 수는 모두 1이다.

③ 어떤 연속적인 두 수에 무엇을 한다면 다음 항을 얻을 수 있다.

④ 우리가 하는 것은 연산이며, 그 연산은 덧셈이다.

두 번째 단계: What If Not의 수행하기(속성 부정하기)

어느 한 속성을 부정하는 것인데 첫 단계의 ②를 부정해 보자. 예를 들어 10과 7을 선택해 보자. 그러면 얻을 수 있는 수열은 다음과 같다.

10, 7, 17, 24, 41, 65, 106, 171,⋯

세 번째 단계: 문제설정하기

변형된 수열에 대해 몇 가지 의문을 제기하고 문제를 설정한다.

'연속된 항의 비에 대한 극한은 어떤 값을 갖는가?'

네 번째 단계: 설정된 문제 분석하기

마지막으로 이 질문을 분석해 봄으로써 흥미 있는 사실을 알게 된다. $\frac{7}{10} \fallingdotseq 0.7$, $\frac{17}{7} \fallingdotseq 2.43$, $\frac{24}{17} \fallingdotseq 1.41$, ⋯ 을 계속해 보면 $\frac{171}{106} \fallingdotseq 1.61$을 얻을 수 있는데, 비의 값들이 황금비에 근접하고 있다고 추측하는 것이 타당하다. 원래의 피보나치 수열의 비가 황금비에 접근하는 이유를 분석해 보면 새로운 수열도 그러함을 알 수 있다. 뿐만 아니라 첫 번째 항과 두 번째 항을 바꾸어도 관계없는 이유를 안다면 새로운 관점으로 황금비를 알 수 있을 것이다.

수학교육에서 문제설정과 관련된 교수-학습 방법은 그 중요성이 날로 강조되고 있으며, 수학적 지식을 학생 스스로 구성해가도록 해야 한다는 구성주의 학습 원리나 수학은 추측과 반박을 통한 발명의 과정을 강조하는 준경험

주의 수리 철학관과도 밀접한 관련이 있다.

일반적으로 수학 교수-학습에서 문제설정의 의의와 역할, 중요성을 다음과 같이 정리할 수 있다.

① 창의적 능력이나 특별한 수학적 능력의 발현에 도움을 준다.
② 탐구 지향적인 학습 태도를 길러 준다.
③ 학생들의 수학에 대한 이해 정도를 파악할 수 있는 수단이 된다.
④ 학생들에게 이미 배운 지식을 종합적으로 이용할 수 있는 기회를 제공한다.
⑤ 학력 수준이 낮은 학생들에게도 의미 있는 수학 학습 활동을 제공한다.
⑥ 수학에 대한 성향을 향상시키는 수단이 된다.

2.8 문제해결의 평가

문제해결의 평가는 단편적인 지식 영역에서 하나의 정답에 대한 진위 여부의 결과에 관심을 두었던 방식에서 벗어나, 수업 목표와 잘 연계되어 수업에 통합되어야 하고, 학습자에게 학습의 의미를 실생활과 연계된 과정으로 인식하게 하며, 학습에 대한 동기를 자극하여 학교 수학의 목표를 달성하는데 역할을 하도록 변화되어야 한다. 이러한 평가에 있어서 관점의 변화는 (표 2)에 제시된 평가의 실제에서의 주요 변화에 제시되어 있다.

평가의 실제에서의 주요 변화	
증가하는 내용	· 학생들의 수학적 힘을 평가하는 것 · 학생들의 성취를 주어진 평가 준거와 비교하는 것 · 교사들을 뒷받침하고 그들의 정보를 바탕으로 하는 판단에 근거를 제공해 주는 것 · 평가의 과정을 공개적이고 참여적이며, 역동적으로 만드는 것 · 학생들에게 자신들의 수학적 힘을 증명할 다양한 기회를 제공하는 것 · 무엇을 평가하고 어떻게 평가하는 것에 대한 공유된 시각을 계발하는 것 · 모든 학생들이 그들의 잠재성을 계발할 기회를 가지는 것을 보장하기 위해 평가 결과를 이용하는 것 · 평가를 교육과정 및 수업과 일관성을 가지도록 하는 것 · 다양한 자료를 바탕으로 추론하는 것 · 평가를 연속적이고 재귀적인 과정으로 보는 것 · 학습과정과 관련된 모든 것을 평가 결과에 책임 있는 것으로 보는 것
감소하는 내용	· 학생들이 가지고 있는 특수한 사실과 고립된 기능만을 평가하는 것 · 학생들의 성취도를 다른 학생들의 성취도와 비교하는 것 · 교사와 무관한 평가체계를 고안하는 것 · 평가 과정을 비밀로, 배타적으로, 고정적인 것으로 보는 것 · 수학적 지식을 증명하는 단일한 방법에 학생들을 고정시키는 것 · 평가에 대한 일부의 시각만을 바탕으로 하는 것 · 수학을 학습하는 기회를 제한하는 과정으로 평가를 간주하는 것 · 평가를 교육과정과 수업과는 별개의 것으로 보는 것 · 제한된 자료를 바탕으로 추론하는 것 · 학생을 평가의 대상으로 보는 것 · 평가를 산발적이고 결론적으로 간주하는 것 · 학습과정에서의 몇 가지만을 평가 결과와 관련시키는 것

(표 2) 평가의 실제에서의 주요 변화(NCTM, 1995, p.83)

평가를 하고자 할 때, 가장 먼저 고려해야 할 것은 '어떤 목적으로 평가를 할 것인가'를 결정하는 일이다. 수업에 대한 피드백을 얻기 위한 목적으로 평가를 실시한다면 진단평가나 형성평가를, 학생들의 성취 정도의 등급을 결정하는 것이 목적이라면 총괄평가를 실시할 수 있다. 이처럼 평가의 목적에 따라 평가 내용, 방법, 시기 등 진행되는 평가의 전체적인 모습이 달라지게 된다.

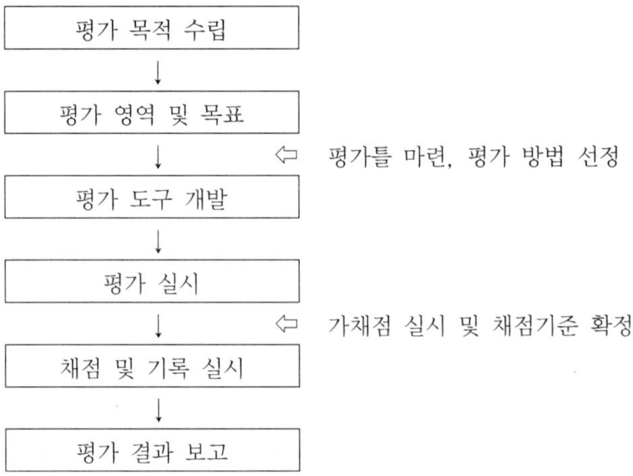

(그림 8) 수학과 평가 절차

두 번째 단계는 첫 번째 단계에서 결정한 평가 목적에 따라 평가 영역을 설정하고, 해당 영역의 주요 교육 목표가 무엇인지 확인하여야 한다.

세 번째 단계는 실제적으로 평가에 사용되는 평가도구를 개발하는 것인데, 여기서 중요한 것은 일관된 틀 안에서 효율적으로 평가하기 위해 평가틀을 개발하는 것이다. 평가틀은 평가영역의 교육 목표를 분석하여 이를 잘 반영할 수 있도록 설정된 행동 영역과 내용 영역, 성취 기준, 평가에 활용될 문항 유형, 그리고 각 요소별 문항 출제 비율 등을 포괄적으로 포함한다. 그 밖에 평가도구 개발시에 문항의 양호도, 검사시행의 소요시간 등을 고려하여 문항을 개발하고 그에 따른 모범답안 및 채점기준을 개발해야 한다.

네 번째 단계에서는 평가를 실시하고, 평가를 실시한 후에는 가채점을 통하여 사전에 준비한 채점기준 및 예상답안의 적절성을 검토하여 이를 수정 · 보완 한 후, 이를 참고로 하여 실제적인 채점에 임하도록 한다.

그리고 마지막 단계에서는 평가목적에 따라 적절한 방법으로 기록하여 그 결과를 보고하도록 한다(황혜정 외, 2001).

평가틀은 평가도구 개발 및 평가의 전 과정에서 평가 방향과 평가 관련 항목을 선택하거나 결정할 때 판단의 준거가 되는 지침이다. 평가틀은 협의의 의미로 '평가도구의 개발 과정'에서 고려해야 할 제반 항목에 대한 지침, 안내, 준거가 되는 사항들을 말하며, 광의의 의미로는 '평가의 전 과정'에서 고려해야 할 제반 항목에 대한 지침, 안내, 및 준거가 되는 사항들을 말한다.

수학과에서의 평가틀은 수학 교육 목표를 분석하여 이를 잘 반영할 수 있도록 설정된 행동 영역과 내용 영역, 성취 기준, 평가 문항 유형, 그리고 행동 또는 내용 영역 등의 각 요소별 문항 출제 비율 등을 포함한다. 이러한 평가틀의 설정은 평가에 관한 보다 체계적이고 포괄적인 구조를 설명할 수 있다는 장점과 더불어 평가 문항과 내용 및 행동 영역의 적합성을 판정하고 설명을 용이하게 한다.

수학과 평가틀의 구조는 세 축으로 수학적 내용과 이를 기초로 하는 인지적 행동 영역, 그리고 정의적 행동 영역으로 나눌 수 있다. 그러나 평가틀의 삼차원 구조(내용 영역, 인지적 행동 영역, 정의적 행동 영역)는 실제로 평가를 진행하고 실시하는데 있어서 상당히 복잡하고 많은 어려움이 따르므로, 별도의 평가 방법이나 결과 해석이 가능한 정의적 행동 영역은 배제하고 내용 영역과 인지적 행동 영역으로 구성된 이차원 구조를 제안하면 다음과 같다(황혜정 외 2001).

행동영역 / 내용영역	계산	이해	추론	문제해결	의사소통
수와 연산					
도형					
측정					
확률과 통계					
규칙성과 문제해결					

(표 3) 수학과 평가틀

이 평가틀은 내용 영역으로 2007 개정 수학과 교육과정에 의거하여 수와 연산, 도형, 측정, 확률과 통계, 규칙성과 문제해결 영역을, (인지적)행동 영역으로 계산, 이해, 추론, 문제해결, 의사소통의 5개 영역을 두었다.

문제해결 평가의 채점 방법은 크게 전체적(holistic) 채점법과 분석적(analystic) 채점법으로 나누어진다. 평가의 목적이 선발이나 배치인 경우, 피험자의 순위를 필요로 하는 경우에는 일반적으로 전체적 채점법을 쓰며, 개인이나 집단의 진단이나 최소한의 숙련 정도를 파악하는 경우에는 주로 분석적 채점법을 사용한다. 그러나 실제로는 전체적 채점법과 분석적 채점법을 함께 사용하는 경우가 많다(국립교육평가원, 1996).

전체적 채점법은 학생의 활동 예를 전체적으로 보았을 때의 종합적인 인상을 바탕으로 채점하는 것으로, 학생이 문제를 해결한 것에 대하여 하나의 수치를 만들어 내는 것으로, 대규모 평가에서처럼 비교적 빠르면서도 일관된 채점 방법이 요구될 때 이용된다(류희찬 외 3인, 1998).

장경윤 등(1998)은 전체적 채점법의 장점으로 학생들의 답안에 대하여 비교적 신속하게 평가를 할 수 있다는 점, 해답뿐만이 아니라 과정을 중시할 수 있다는 점, 답안을 채점하는 구체적인 기준을 제공한다는 점, 학생들의 수행에 대하여 하나의 수치를 만들어 낸다는 점을 들고 있다. 또한, 단점으로는 학생들의 특정한 장점과 단점을 날카롭게 지적할 수 없다는 점, 일부 학생의 답안은 사고 과정에 대하여 충분한 정보를 주지 못하기 때문에 교사가 확신을 가지고 채점할 수 없다는 점, 문제해결의 사고 과정 대하여 다른 가중치를 적용할 수 없다는 점을 제시하고 있다.

분석적 채점법은 각 학생들의 활동에서 서로 다른 특징과 측면에 대하여 따로 채점하는 방법이다. 강조하고자 하는 특징이 구체적인 것이라면 이런 방법은 주요 특징 채점하기라고 부른다.

분석적 채점법은 전체적 채점법보다 더 많은 시간이 소요되지만 더 자세한 정보를 제공한다. 이런 이유로 분석적 채점법은 진단 평가나 학생들의 강점과 약점에 대한 구체적인 피드백(feedback)이 필요할 때 이용된다. 분석적 채점법은 교육과정이나 수업 프로그램의 평가에도 이용되며, 향상이 필요한 분야를 정확하게 가려내는 데에도 이용된다.

장경윤 등(1998)은 분석적 채점법의 장점으로 단순한 답이 아닌, 문제해결의 여러 과정을 고려한다는 점, 학생들의 답에 대하여 점수를 배정하는 수단을 제공한다는 점, 교사가 특정한 영역에 있어서의 학생들의 강점과 약점을 지적하는데 유익하다는 점, 다양한 지도 활동의 효율성에 대하여 구체적인 정보를 준다는 점, 등급을 구성하는 범주에 대하여 차별화된 가중치를 줄 수 있다는 점을 들고 있다. 또한, 단점으로는 어떠한 경우에는 학생의 답이 개개인의 사고 과정 대하여 충분한 정보를 주지 못하므로 교사가 확신을 가지고 한두 개의 범주에 대하여 점수를 배정할 수 없다는 점, 학생들의 점수가 조심스럽게 비교되어야 한다는 점 등을 들고 있다.

■ **4점 : 훌륭한 반응** 다음의 모든 특징들이 포함되어 있다. – 올바른 답을 제시했다. – 설명이 명확하고 완전하다. – 문제와 직접적이고 올바르게 관련된 정보를 제공하고 있다.
■ **3점 : 좋은 반응** 다음의 특징들 중 한가지만이 포함되어 있다. – 올바르지 않은 답을 제시했다. – 설명의 명확성이 부족하다. – 설명이 완전하지 못하다. – 문제와 직접적으로 올바르게 관련된 정보를 제공하는 정보가 없다.
■ **2점 : 부적절한 반응** 다음의 모든 특징들이 포함되어있다. – 올바르지 않은 답을 제시했다. – 설명의 명확성이 부족하거나 완전하지는 못하지만 조금은 올바르고 적절한 추론이 포함되어 있다. – 문제와 직접적으로 올바르게 관련된 정보를 제공하지 못하고 있다.

■ 1점 : 형편없는 반응 다음의 모든 특징들이 포함되어 있다. – 올바르지 않은 답을 제시 했다. – 설명에 적절하지 못한 주장을 이용했다 – 문제의 설명에 제시된 자료를 다시 쓴 것 이외의 어떤 해결 노력도 제시되어 있지 않다. – 문제와 직접적으로 올바르게 관련된 정보를 제공하지 않고 있다.
■ 0점 : 무반응 – 답지가 비어 있거나 문제와 관련이 없는 것들로만 채워져 있는 경우

(표 4) 전체적 채점법의 예시

문제해결 단계	채 점 기 준	배점
문제 이해	· 문제를 완전히 이해하지 못한 경우	0점
	· 문제를 부분적으로 이해하지 못한 경우	1점
	· 문제를 완전히 이해한 경우	2점
풀이 계획	· 시도를 하지 않거나 완전히 잘못된 경우	0점
	· 문제에 대하여 일부 올바르게 해석한 바에 따라 부분적으로 옳은 계획을 세운 경우	1점
	· 적절하게 실행된다면 올바른 답을 도출할 수 있는 계획을 세웠을 경우	2점
해답 도출	· 답을 구하지 않았거나 오답인 경우	0점
	· 옮겨 적는데 있어서의 오류, 계산상의 오류, 다단계 문제에서 일부만 정답인 경우	1점
	· 정확한 답과 답에 대한 정확한 이유를 붙인 경우	2점

(표 5) 분석적 채점법의 예시

제3장

문제해결 전략

3.1 거꾸로 풀기
3.2 그림이나 도표 그리기
3.3 규칙성 찾기
3.4 조직화된 목록 만들기
3.5 표 만들기
3.6 좀 더 간단한 문제나 특수한 문제 풀기
3.7 시행착오(예상하고 확인하기)
3.8 실제로 해보기
3.9 식 세우기
3.10 관점 바꾸기

문제해결 전략이란 문제를 해결하기 위한 기술로서, 문제해결에 도움이 되는 절차나 해법의 단서가 되는 생각, 발견의 단서를 얻도록 하는 기술을 일컫는다. 학생들이 문제를 해결해 나가기 위해서는 특별한 문제해결 전략을 필요로 한다. 일반적으로 수학 문제해결에서 이용되는 문제해결 전략으로는 다음과 같은 것이 있다.

· 거꾸로 풀기
· 규칙성 찾기
· 표 만들기
· 시행착오
· 식 세우기
· 그림이나 도표 그리기
· 조직화된 목록 만들기
· 좀 더 간단한 문제나 특수한 문제를 풀기
· 실제로 해보기
· 관점 바꾸기

이러한 문제해결 전략은 한 문제에 대하여 단 하나의 전략만이 유용한 것은 아니다. 또한 하나의 문제는 여러 가지 전략으로 각각 해결 가능하기도 하고, 한 문제를 해결하기 위하여 두 개 이상의 문제해결 전략이 필요한 경우도 있다.

수학 문제해결에서는 문제해결자가 '무엇을 알고 있는가'보다 '그것을 어떻게 활용하는가' 하는 것이 더 중요하다. 문제해결자가 어떤 것을 알고 있다 할지라도 그것을 적절하게 활용하지 못하면 문제해결에서 실패하게 되는 것이다. 따라서 문제해결 전략의 지도는 기지의 지식을 이용하여 문제를 합리적이고 효율적으로 해결할 수 있는 타당한 전략을 선택하고 적용할 수 있도록 하는데 관심을 두어야 한다. 잘못 선택된 문제해결 전략은 문제해결에 실패를 초래한다. 그러나 다양한 문제해결 전략을 구사할 수 있는 문제해결자는 잘못 선택된 문제해결 전략을 포기하고 새로운 전략을 선택하고 적용하여 문제해결을 다시 시도하여 성공적으로 문제를 해결 할 수 있다.

이 장에서는 문제에 직면했을 때 이용할 수 있는 문제해결 전략을 알아보고, 각 전략에 적절한 문제를 예시한다.

3.1 거꾸로 풀기

거꾸로 풀기 전략은 문제의 마지막 상태가 주어져 있고, 문제의 처음 조건을 결정하도록 요구하는 문제에 적용하는 전략으로 종점에서 출발하여 행동을 거꾸로 실행하는 것이다. 이와 같이 주어진 문제의 풀이 방법을 발견하기 위한 발견술 가운데 거꾸로 풀기 전략으로 해를 구하는 방법인 분석법(analysis)이 있다. 분석법은 기원전 3세기경의 수학자 Pappus에 의해 체계적으로 정리되었다. 분석법은 구하고 있는 것을 이미 찾은 것처럼, 증명해야 할 것을 참인 것처럼 가정하고 그로부터 선행하는 어떤 것으로부터 바라는 결과가 유도될 수 있는가를 묻고, 다시 그 선행자의 선행자는 무엇인지 묻기를 계속하여, 결국 이미 알려져 있거나 참인 것으로 가정되는 것에 이르게 하는 발견술을 말한다(우정호, 2000).

이와는 반대로, 분석법의 과정을 거꾸로 하여 이미 알려져 있거나 참인 것으로 가정된 명제로부터 출발하여 분석 과정을 거꾸로 되밟아 감으로써 마지막에 요구하는 명제에 도달하는 연역 과정을 종합법이라고 한다. 즉, 분석법은 풀이 계획을 발견하는 과정이고, 종합법은 그 계획을 실행하는 과정이다.

▸ 예시문제 ◂ 〈돈 나누기〉

상민이는 경민이와 현환이에게 그들이 가지고 있는 돈만큼을 각각 주었다. 그러고 나서 경민이는 상민이와 현환이에게 그들이 가지고 있는 돈만큼을 각각 주었다. 그리고 현환이는 상민이와 경민이에게 그들이 가지고 있는 돈만큼을 각각 주었다. 그랬더니 세 사람이 가진 돈은 똑같이 2400원이 되었다. 세 사람이 처음에 가지고 있던 돈이 얼마인지 구하여라.

이 문제는 다음의 네 단계로 구성되어 있다.

1단계 – 상민이는 경민이와 현환이에게 그들이 가지고 있는 돈만큼을 각각 주었다.
2단계 – 경민이는 상민이와 현환이에게 그들이 가지고 있는 돈만큼을 각각 주었다.
3단계 – 현환이는 상민이와 경민이에게 그들이 가지고 있는 돈만큼을 각각 주었다.
4단계 – 세 사람이 가진 돈은 똑같이 2400원이 되었다.

주어진 문제에서 알 수 있는 돈의 양은 마지막 실행 단계인 오직 4단계의 조건뿐이다. 따라서 이 문제를 풀기 위하여 마지막 단계에서 시작하여 각 단계에서 각각의 사람들이 가지고 있는 돈이 얼마인가를 구해 보자.

단계	내 용	상민	경민	현환
4	세 사람이 가진 돈은 똑같이 2400원이 되었다.	2400	2400	2400
3	현환이는 상민이와 경민이에게 그들이 가지고 있는 돈만큼을 각각 주었다.	1200	1200	4800
2	경민이는 상민이와 현환이에게 그들이 가지고 있는 돈만큼을 각각 주었다.	600	4200	2400
1	상민이는 경민이와 현환이에게 그들이 가지고 있는 돈만큼을 각각 주었다.	3900	2100	1200

따라서 상민이가 3900원, 경민이가 2100원, 현환이가 1200원을 가지고 있었음을 알 수 있다.

문 제

1. 다음의 순서도에서 처음에 시작한 수를 구하여라.

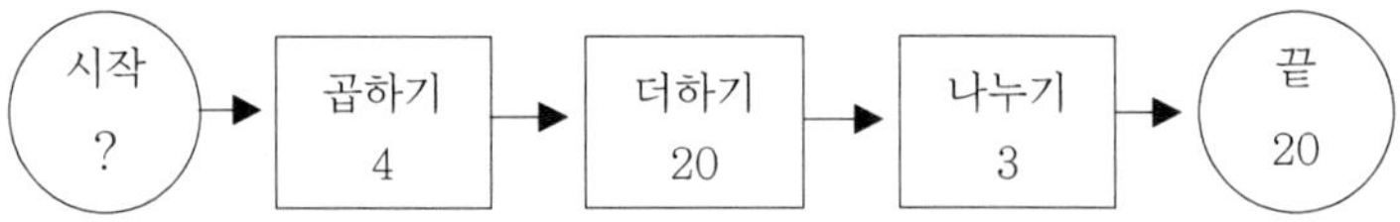

2. 놀이터에서 돌아 온 수현이가 가지고 있는 구슬은 17개였다. 처음에 집을 나설 때 몇 개의 구슬을 가지고 있었는지는 모르지만, 처음 만난 친구에게 14개를 빌려주고 12개를 돌려받았다. 그리고 다음에 만난 친구에게 11개를 빌려 주었다. 수현이가 처음 집을 나설 때 가지고 있던 구슬의 수를 구하여라.

3. 지우는 얼마의 돈을 가지고 문구점에 가서, 가지고 있는 돈의 반을 쓰고, 2000원을 더 썼다. 그리고 제과점에 가서 남은 돈의 반을 쓰고 2000원을 더 썼다. 그랬더니 남은 돈이 하나도 없었다. 지우가 처음 가지고 있던 돈을 구하여라.

4. 서윤이는 엄마에게서 몇 개의 사탕을 받아, 받은 사탕 전체의 반을 먹고, 세 개를 동생에게 주었다. 그리고 나서, 나머지 사탕의 반을 먹고, 다시 세 개를 동생에게 주었다. 그랬더니 남은 사탕이 하나도 없었다. 처음에 서윤이가 엄마한테 받은 사탕의 수를 구하여라.

5. 경민이는 몇 개의 귤을 가지고 있다. 경민이는 가지고 있는 귤의 전체의 반과 $\frac{1}{2}$개의 귤을 먹었다. 그리고 민지에게 남은 귤의 반과 $\frac{1}{2}$개의 귤을 주었다. 그리고 지윤이에게 남은 귤의 반과 $\frac{1}{2}$개의 귤을 주었다. 그러자, 경민이에게 남은 귤은 하나도 없었다. 처음에 경민이가 가지고 있던 귤의 수를 구하여라.

3.2 그림이나 도표 그리기

우리는 복잡한 도로가 있는 시내에서 길을 안내해야 할 때 약도를 그린다. 마찬가지로, 그림이나 도표 그리기 전략은 문제 상황을 그림이나 도표로 나타내어 문제에 주어진 정보들을 명확히 파악하는 방법을 제공한다. 이 전략을 이용할 때에는 자세한 그림보다 문제에 포함된 정보를 정확하게 표현하는 필수적인 정보들을 그리도록 지도해야 한다.

► 예시문제 ◄ 〈우표판매〉

같은 우표 3장을 우체국에서 살 때, 우표 판매원이 우표전지에서 3장의 우표를 낱장으로 떨어진 것이 없도록 연결되게 하여 우표를 찢어 줄 수 있는 방법의 수를 구하여라.

이 문제를 푸는 방법으로는 3장의 우표를 그림으로 표현하여 보는 것이 유용하다. 즉, 다음 그림과 같이 우표 판매원은 우표를 낱장으로 떨어진 것이 없도록 연결되게 하여 찢어 줄 수 있다.

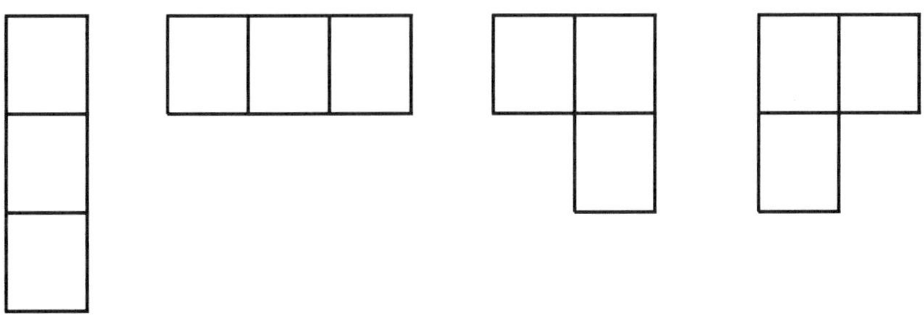

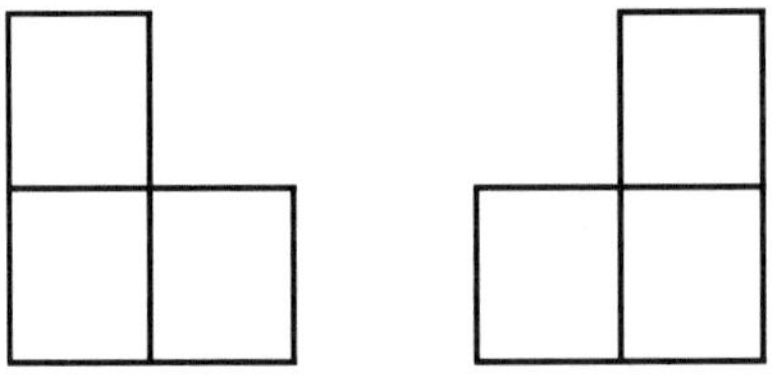

따라서 같은 우표 3장을 낱장으로 떨어진 것이 없도록 연결되게 하여 찢어 줄 수 있는 방법의 수는 6가지이다.

문 제

1. 6cm, 9cm, 11cm인 막대를 이용하여 14cm를 측정하려고 한다. 측정할 수 있는 방법을 구하여라.

2. 1, 2, 3, 4의 숫자가 쓰여 있는 4장의 카드를 이용하여 만들 수 있는 네 자리 수의 개수를 구하여라.

3. 15개 팀이 참가한 농구 대회에서 토너먼트 방식으로 경기를 치른다고 한다. 우승 팀을 결정하기 위해 치러야 할 모든 경기 수를 구하여라.

4. 6개 팀이 참가한 농구 대회에서 리그전 방식으로 경기를 치른다고 한다. 우승 팀을 결정하기 위해 치러야 할 모든 경기 수를 구하여라.

5. 170원짜리 우표 2장과 260원짜리 우표 3장을 나란히 배열하는 방법의 수를 구하여라.

6. 같은 우표 4장을 우체국에서 살 때, 우표 판매원이 우표전지로부터 낱장으로 떨어진 것이 없도록 연결되게 하여 우표를 찢어 줄 수 있는 방법의 수를 구하여라.

7. 같은 우표 4장을 우체국에서 살 때, 우표 판매원이 우표전지로부터 낱장으로 분리된 것이 없도록 연결되게 하거나, 모두 분리하거나, 또는 연결된 것과 분리된 것을 병행하여 준다고 한다. 우표 판매원이 우표를 줄 수 있는 모든 방법의 수를 구하여라.

3.3 규칙성 찾기

규칙성을 찾는 전략은 수학 문제해결 과정에서 많이 이용되는 전략 중의 하나이다. 이 전략은 규칙성을 발견하거나, 규칙성을 확장하는 경우를 포함한다. 이 전략은 표를 만들고 난 후에 그 표에서 규칙을 찾는 것과 같이 다른 문제해결 전략과 자주 병행하여 이용되기도 한다. 다음 예시는 국제교육성취도 평가학회(IEA; International Association for the Evaluation of Educational Achievement)에서 주관한 제3차 수학·과학 성취도 국제 비교 연구(TIMSS)[2)]의 수행평가 문항으로 제시된 계산기를 이용한 초등학생용 규칙성 관련 문제이다.

(1) 계산기를 이용하여 다음 곱셈의 답을 구하여 아래에 써라.
$34 \times 34=$ $334 \times 334=$ $3334 \times 3334=$

(2) 답의 패턴과 곱셈에 관하여 무엇을 알게 되었는가?

(3) 계산기를 사용하지 않고, 앞에서 발견한 패턴을 이용하여, 다음 곱셈의 답을 아래에 써라.
$33334 \times 33334=$

(4) 아래 곱셈의 답을 써라.
$333334 \times 333334=$

(5) (3)과 (4)의 답을 어떻게 구했는가?

---

2) TIMSS(The Third International Mathematics and Science Study)는 국제 수준에서 합의된 교육과정 내용을 토대로 연구 참여국 학생들의 수학과 과학 성취도 수준을 평가하기 위한 국제 비교 연구이다.

이 문제의 평가 목적은 학생들이 계산 결과의 패턴을 관찰하고, 이 관찰을 통해 더 복잡한 곱셈 결과를 예측하는 것이다. 이 문제를 통하여, 학생들의 올바른 계산기 사용 능력, 자료를 분석하고 패턴을 인지하는 능력, 인지된 패턴을 근거로 예측하는 능력, 수 감각의 사용 능력, 자릿값의 이해와 곱셈 알고리즘의 이해를 나타내는 능력을 평가하고자 하였다.

▸ 예시문제 ◂ 〈원숭이 조련하기〉

조련사는 원숭이가 10개의 계단까지 오를 수 있도록 훈련시키고 있다. 그런데 이 원숭이는 한번에 1개나 2개의 계단만을 오를 수 있다고 한다. 이 원숭이가 10개의 계단까지 오를 수 있는 방법의 수를 구하여라.

이 문제에서 문제해결자가 원숭이가 10개의 계단까지 오를 수 있는 방법의 수를 발견하기는 쉽지 않다. 이 경우에 원숭이가 올라야 하는 계단의 수를 1에서부터 시작하여 각각의 계단까지 오를 수 있는 방법의 수에 대한 규칙성을 발견하는 것이 유용한 전략이다.

먼저, 첫 번째 계단에 오를 수 있는 방법은 한 가지임이 분명하다. 두 번째 계단까지 오를 수 있는 방법의 수는 한 계단씩 오르거나 두 계단을 한 번에 오르는 방법인 1-1, 2로 두 가지 방법이 있다. 마찬가지로 세 번째 계단까지 오를 수 있는 방법의 수는 1-1-1, 2-1, 1-2로 세 가지 방법이 있다. 각 계단까지 오를 수 있는 방법의 수를 표로 나타내면 다음과 같다.

계단의 수	방법의 수	가능한 방법
1	1	1
2	2	1-1, 2
3	3	1-1-1, 2-1, 1-2

4	5	1-1-1-1, 2-1-1, 1-2-1, 1-1-2, 2-2
5	8	1-1-1-1-1, 2-1-1-1, 1-2-1-1, 1-1-2-1, 1-1-1-2, 2-2-1, 2-1-2, 1-2-2
6	13	
7	21	
8	34	
9	55	
10	89	

위의 표에서 앞의 두 계단까지 오를 수 있는 방법의 합이 그 계단까지 오를 수 있는 방법의 수(각각의 가능한 방법의 수는 피보나치 수열을 이룬다)임을 알 수 있다. 이 문제의 중요한 목적은 학생들이 주어진 문제의 해를 얻기 위하여 주어진 자료를 분석하고 추론하는 능력을 기르도록 하는 것이다.

문 제

1. 1cm, 2cm짜리 수 막대만을 이용해서 4cm에서 10cm까지의 수 막대를 만들 수 있는 방법의 수를 아래 주어진 표에 구하여라.

cm	1	2	3	4	5	6	7	8	9	10
방법의 수	1	2	3							

2-1. 아래 그림과 같이 규칙적으로 점들이 배열되어 있다. 이때 10번째 그림에 있는 모든 점의 수를 구하여라.

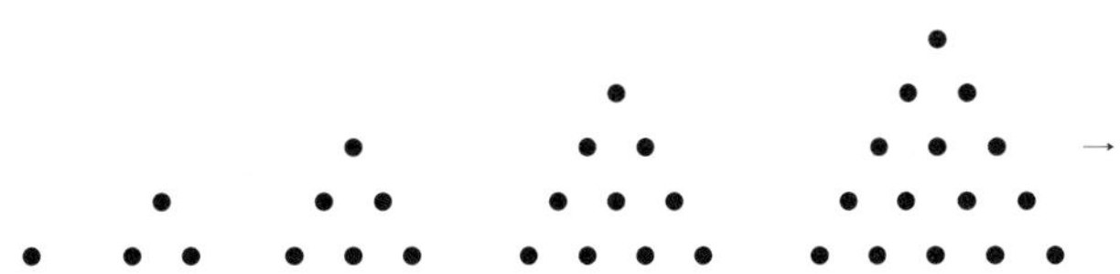

‖ **참고** ‖

위의 그림과 같이, 삼각형의 모양으로 배열된 점들의 수 1, 3, 6, 10, … 을 삼각수라고 한다.

2-2. 아래 그림과 같이 규칙적으로 점들이 배열되어 있다. 이때 10번째 그림에 있는 모든 점의 수를 구하여라.

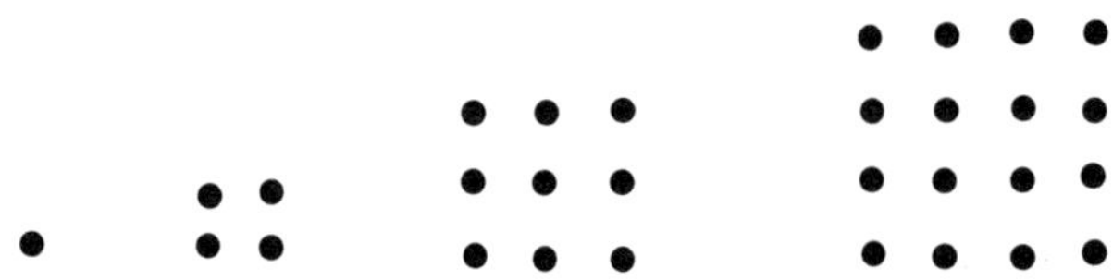

‖ **참고** ‖

위의 그림과 같이, 정사각형의 모양으로 배열된 점들의 수 1, 4, 9, 16, … 을 제곱수라고 한다.

3. 아래 그림에 주어진 각각의 도형에서 '가'에서 '나'로 가는 길은 오직 오른쪽과 아래 방향의 길을 따라서 가야만 한다. 이때, 20번째 도형에서 '가'에서 '나'로 갈 수 있는 길의 수를 구하여라.

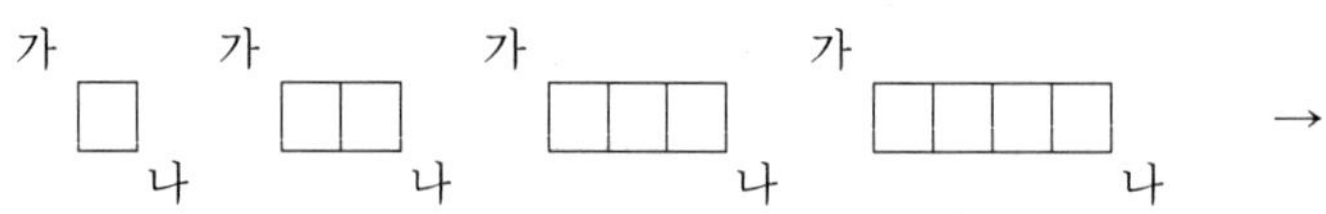

4. 아래 그림에서 첫번째에 주어진 도형은 정사각형의 한 변이 한 개의 성냥개비로 만들어졌다. 15번째 모양에 이용된 모든 성냥개비의 수를 구하여라.

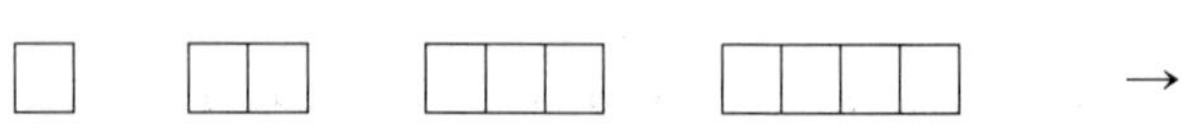

5. 아래 그림과 같이 직선을 이용하여 원을 최대한 많은 부분으로 나누려고 한다. 10개의 직선으로 최대한 많이 나눌 수 있는 부분의 수를 구하여라.

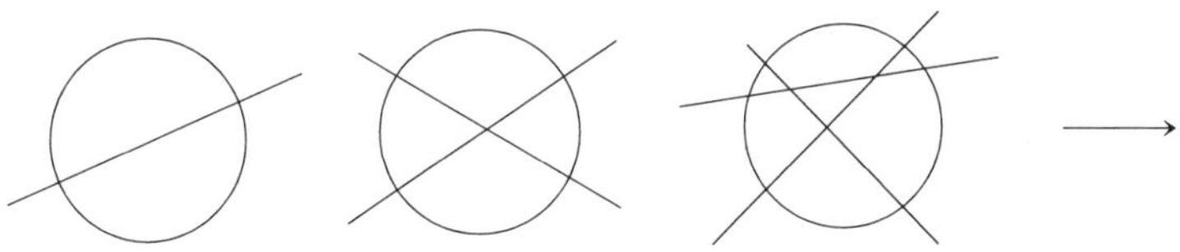

6. 크기가 같은 두 개의 원이 겹쳐져서 만들 수 있는 부분의 개수는 최대한 3개이고, 크기가 같은 3개의 원이 겹쳐져서 만들 수 있는 부분의 개수는 최대한 7개이다. 크기가 같은 8개의 원을 겹쳐서 만들 수 있는 부분의 개수는 최대한 몇 개인가?

3.4 조직화된 목록 만들기

조직화된 목록 만들기 전략은 체계적인 방법으로 일어날 수 있는 모든 가능성을 확인하는 전략이다. 학생들은 여러 가지 가능성을 범주화하여 가능한 모든 방법의 수를 체계적으로 확인함으로써 가능한 경우를 누락시키거나 불필요한 반복을 피할 수 있다. 특히, 이 전략은 문제에 적합한 답을 산출하기 위하여 많은 경우의 가능성을 고려해야 할 때, 모든 가능성을 확인하고 불필요한 반복을 피하도록 도와준다.

▸ **예시문제** ◂ 〈다트 던지기〉

아래 그림과 같은 다트판에 세 개의 다트를 던져 그 합을 구하여 보자. 세 개의 다트로 얻을 수 있는 점수의 합을 각각 구하여라. 또, 가장 얻기 쉬운 합과 가장 얻기 어려운 합을 구하여라.

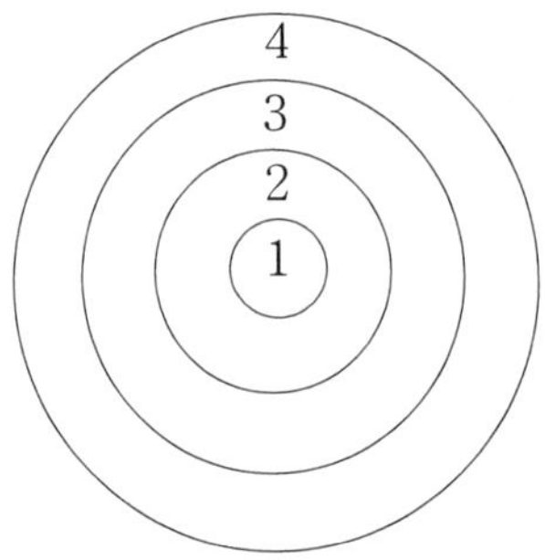

이 문제를 해결하기 위하여, 세 개의 다트를 던져서 나올 수 있는 수를 세 개의 숫자가 같을 때, 두 개의 숫자만 같을 때, 모든 숫자가 다를 때로 나누어 그 경우를 구해 보면 다음과 같다.

세 개의 숫자가 같을 때	(4, 4, 4)	(3, 3, 3)	(2, 2, 2)	(1, 1, 1)
두 개의 숫자만 같을 때	(4, 4, 3)	(3, 3, 2)	(2, 2, 1)	(1, 1, 2)
	(4, 4, 2)	(3, 3, 1)	(2, 2, 3)	(1, 1, 3)
	(4, 4, 1)	(3, 3, 4)	(2, 2, 4)	(1, 1, 4)
모든 숫자가 다를 때	(1, 2, 3)	(1, 2, 4)	(1, 3, 4)	(2, 3, 4)

이상이 나올 수 있는 모든 경우이다. 여기서 알 수 있듯이 얻을 수 있는 점수의 합은 3, 4, 5, 6, 7, 8, 9, 10, 11, 12이고, 가장 쉽게 얻을 수 있는 합은 6, 7, 8, 9이고, 가장 얻기 어려운 합은 3, 4, 11, 12이다.

문 제

1. 주머니 속에 2, 3, 5, 7, 10의 숫자가 쓰여 있는 구슬이 있다. 구슬을 3개 뽑아서 그 숫자들을 더했을 때 그 합이 19이거나 그 이상이 되는 방법의 수를 구하여라.(단, 한 번 뽑힌 구슬은 다시 넣지 않는다.)

2. 3cm, 5cm, 6cm, 8cm, 10cm 길이의 나무 막대 중에서 세 개만을 사용하여, 각 나무막대의 끝을 연결하여 길이를 측정할 수 있는 도구를 만들려고 한다. 만들어진 도구로 측정할 수 있는 길이를 모두 구하여라.

3. 다음 식에서 A, B, C는 0이 아닌 서로 다른 수를 나타내고 있다. 이 식을 만족시키도록 A, B, C에 해당되는 숫자를 구하여라.

```
   A
   B
 + C
 ----
  AB
```

4. 다음 그림과 같은 무늬의 그림에 3가지 색을 모두 이용하여 칠할 수 있는 방법의 수를 구하여라. 단, 인접한 지역은 다른 색으로 칠해야 한다.

(1)

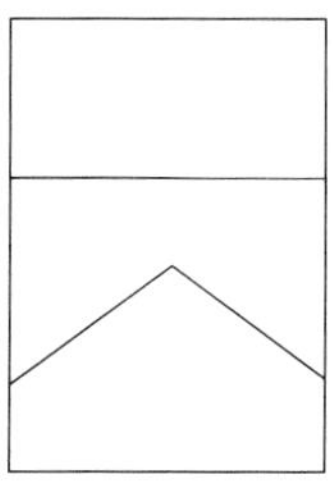

(2)

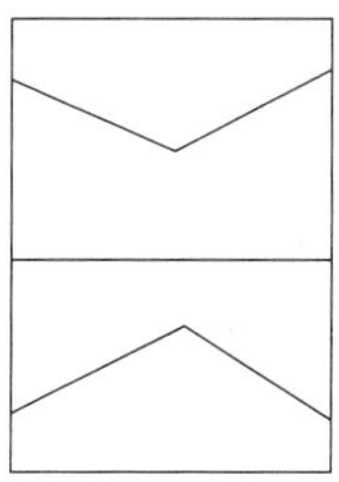

(3)

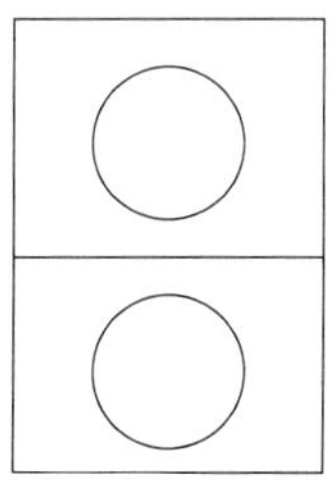

3.5 표 만들기

표 만들기 전략은 문제에 주어진 정보나 자료의 수가 많을 때 표를 이용하여 정보나 자료를 분류하여 질서 있게 배열하는 방법이다. 표는 정보나 자료에서 규칙을 쉽게 발견하도록 해 주고, 빠트린 정보를 확인할 수 있게 해 준다. 자료가 문제에 주어져 있지 않고 문제해결자 스스로 자료를 산출해야 할 때, 표는 문제해결자가 수행한 것을 기록하도록 도와주며, 불필요한 반복을 피하게 해 준다. 특히, 표 만들기는 패턴을 발견하는 데에도 용이하다.

▸ 예시문제 ◂ 〈서커스 공연〉

서커스 공연에 두 발 자전거와 세 발 자전거가 모두 10대 있고, 모든 바퀴의 수는 26개였다. 두 발 자전거와 세 발 자전거의 수를 구하여라.

10대의 자전거가 있을 수 있는 경우를 나타내기 위하여 표로 만들어 보자. 이 표를 이용하여 두 발 자전거와 세 발 자전거의 수에 따라 바퀴의 수를 계산할 수 있다.

두 발 자전거의 수	1	2	3	4	5	…	9
세 발 자전거의 수	9	8	7	6	5	…	1
모든 바퀴의 수	29	28	27	26	25	…	21

위의 표를 조사하면 규칙이 나타나는데, 두 발 자전거의 수가 1씩 증가함에 따라 바퀴의 수가 1씩 감소함을 알 수 있다. 그리고 표에서 조건에 맞는 두 발 자전거와 세 발 자전거의 수는 각각 4, 6임을 알 수 있다.

문 제

1. 민이네 집에서는 돼지와 닭을 기르고 있다. 돼지와 닭은 모두 10마리이고, 모든 다리의 수는 34이다. 민이네 집에서 기르고 있는 돼지와 닭의 수를 각각 구하여라.

2. 농장에는 토끼와 닭이 있다. 토끼와 닭은 모두 17마리이고, 모든 다리의 수는 42이다. 토끼와 닭의 수를 각각 구하여라.

3. 경민이는 공원에서 비둘기와 사슴을 보았다. 비둘기와 사슴은 모두 22마리였고, 다리의 수는 68이었다. 비둘기와 사슴의 수를 각각 구하여라.

4. 사육장에 토끼와 닭이 25마리가 있는데, 이들 다리의 수는 80이었다. 토끼와 닭의 수를 각각 구하여라.

5. 어떤 가구점에 3개 다리의 의자와 4개 다리의 의자가 전시되어 있다. 이 가구점에 있는 의자 다리의 수는 모두 29개이다. 전시되어 있는 3개 다리와 4개 다리를 가진 의자의 가능한 모든 수를 각각 구하여라.

6. 직사각형의 넓이가 48㎠이고, 세로의 길이가 가로의 길이보다 2㎝ 짧다고 한다. 이 직사각형의 가로와 세로의 길이를 각각 구하여라.

7. 처음 카페트는 세로의 길이가 가로의 길이의 2배였는데, 이 카페트를 가로의 길이는 1m 길게 하고 세로의 길이는 1m 짧게 하였더니, 나중 카페트의 넓이가 처음 카페트 넓이보다 2㎡ 커졌다고 한다. 처음 카페트의 가로와 세로의 길이를 각각 구하여라.

3.6 좀 더 간단한 문제나 특수한 문제 풀기

좀 더 간단한 문제나 특수한 문제를 풀어보는 전략은 문제에 너무 큰 수나 복잡한 패턴이 포함되어 문제해결을 위한 방법이 쉽게 떠오르지 않을 때, 간단한 조건을 가지는 문제나 주어진 조건을 특수한 상황으로 설정한 문제를 푸는 전략이다. 이 전략은 더 어려운 문제에 대한 해를 유도해 주기도 하고, 원래의 문제를 해결하기 위한 패턴을 제공하기도 한다.

► 예시문제 ◄ 〈원의 넓이〉

다음 그림에서 동심원인 두 원 중 작은 원의 접선 $\overline{AB}$는 큰 원의 현이다. $\overline{AB}$ = 8㎝일 때, 빗금 친 부분의 넓이를 구하여라.

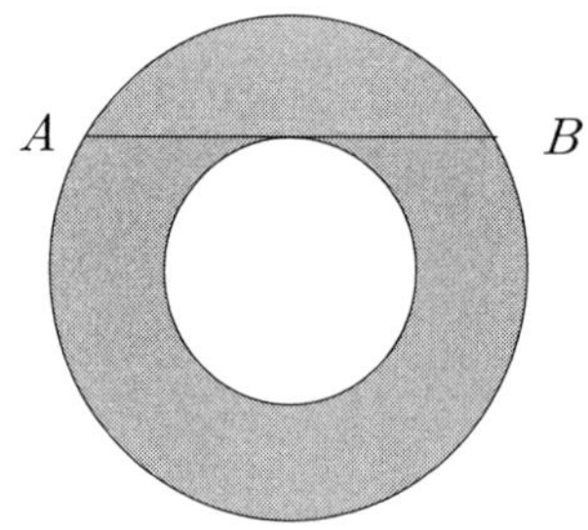

이 문제에서 빗금 친 영역의 넓이는 $\pi R^2 - \pi r^2 = \pi(R^2 - r^2)$이고, $(R+r)(R-r) = 4 \times 4 = 16$이므로 빗금 친 영역의 넓이는 16π㎠이다.

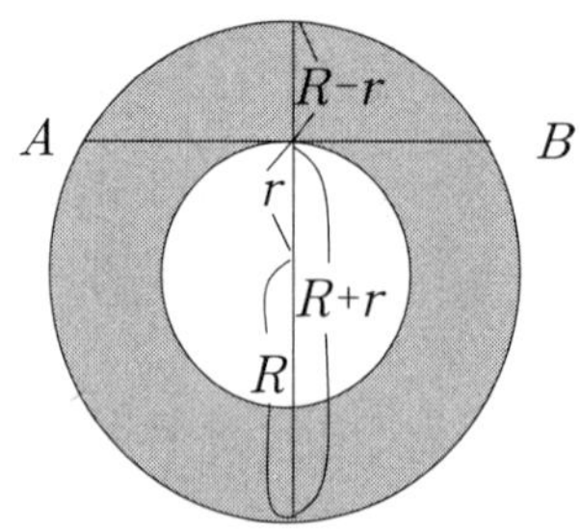

다른 방법으로 문제를 풀기 위하여 안에 있는 작은 원을 작게 만들어 보자. 작은 원이 아주 작게 되어 점으로 변한다면 큰 원의 현인 작은 원의 접선 $\overline{AB}$는 큰 원의 지름이 된다. 따라서 큰 원의 반지름은 4가 되므로, 빗금 친 영역의 넓이는 16π㎠ 이다(Posamentier, 1996).

문 제

1. 다음 별 모양의 도형에서 다섯 개의 정점 부분의 각의 합을 구하여라.

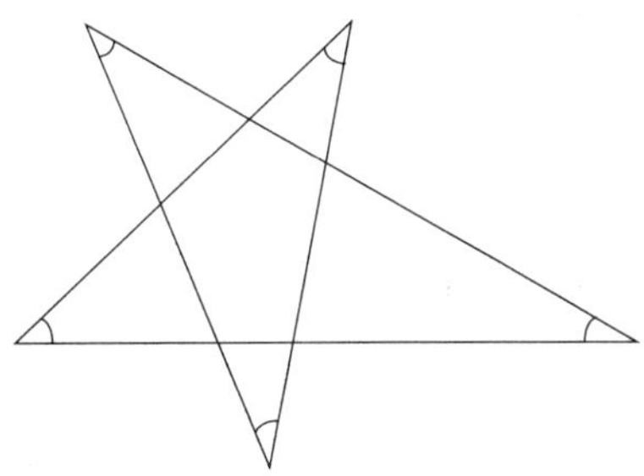

2. 동심원인 두 원 사이의 거리가 10㎝일 때, 두 원의 원주 차이를 구하여라.

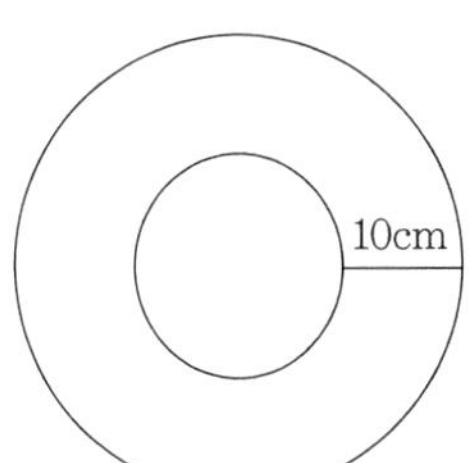

3. 1에서 100까지의 수들 중에서 홀수의 합을 구하여라.

4. 7을 100번 곱했을 때 일의 자리 수를 구하여라.

5. 5를 100번 곱한 수를 7로 나눈 나머지를 구하여라.

6. 1에서 150까지의 수들 중에서 7을 가지고 있는 수의 개수를 구하여라.

7. 1에서 150까지의 수들 중에서 4를 가지고 있는 수의 개수를 구하여라.

8. 1에서 150까지의 수들 중에서 1을 가지고 있는 수의 개수를 구하여라.

3.7 시행착오(예상하고 확인하기)

시행착오 전략은 답에 대한 합리적인 추측을 한 다음에 추측이 문제의 조건에 맞는지 체계적으로 확인하는 전략이다. 여기에서 추측이란 맹목적이고 막연한 추측이 아니라, 문제해결자들이 이전의 경험이나 기지의 지식을 기초로 하여 문제와 관계있는 것을 신중하게 선택한 것이다. 문제해결자들은 문제에 성공하기 전에 몇 번의 시행착오를 하게 될지도 모른다. 그러나 추측이 잘못된 것으로 밝혀진다면, 정답을 이끌어 낼 수 있는 다른 정보를 얻기 위하여 이미 시도한 추측을 제거해 가게 된다는 점에서 학생들의 문제해결 접근은 성공하게 될 것이다.

▸예시문제◂ 〈삼각형에서의 합〉

각 원에 1에서 6까지의 수를 한 번씩만 사용하여 삼각형의 각 변에 있는 수들의 합이 같게 하여라.

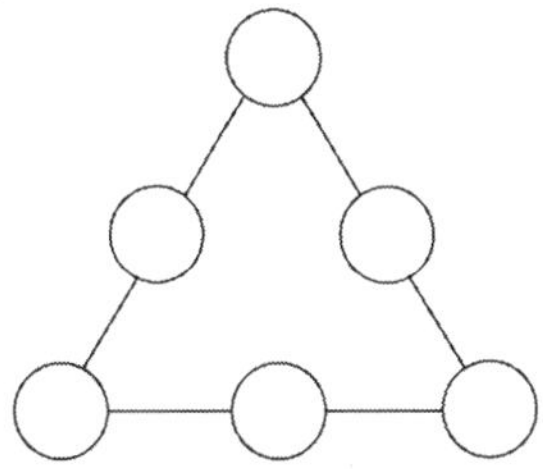

1에서 6까지의 수를 원에 넣어서 각 변에 있는 수들의 합이 10이 되도록 할 수 있다. 몇 번의 시도를 통하여 각 변에 있는 수들의 합이 10이 되는 방법은 1+3+6, 1+4+5, 2+3+5밖에 없다는 것을 알 수 있다. 이들의 합에서 1, 3, 5는 두 번씩 이용되었으므로 이 수들은 삼각형의 꼭지점에 위치해야 한다. 그리고 나머지 수 2, 4, 6은 각 변에 적절히 배열시키면 된다.

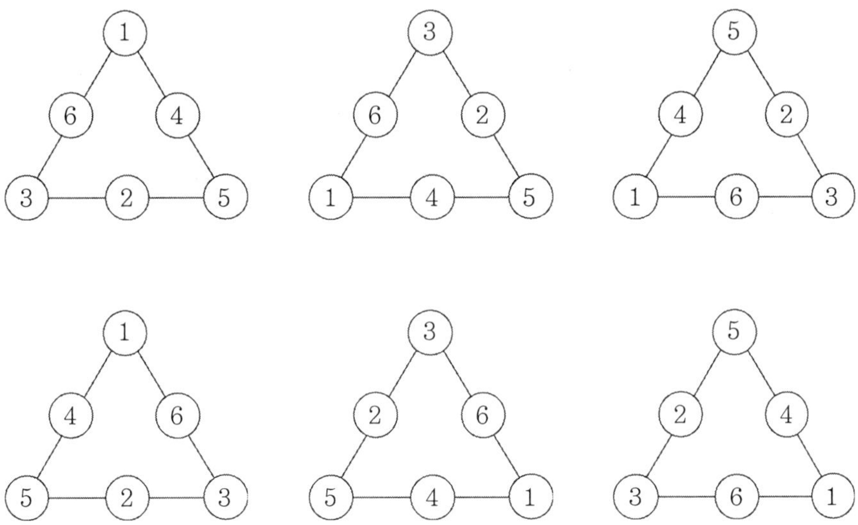

앞에 제시한 방법 외에도 1에서 6까지의 수를 원에 넣어서 각 변에 있는 수들의 합이 11이 되도록 할 수 있다. 마찬가지로 각 변에 있는 수들의 합이 11이 되는 방법은 2+5+4, 2+3+6, 4+1+6 밖에 없다는 것을 알 수 있다. 이들의 합에서도 2, 4, 6이 두 번 씩 이용되었으므로 이 수들을 삼각형의 꼭지점에 배열하여 여러 경우를 찾을 수 있다. 그 외에 어떤 방법이 있을까?

문 제

1. 1에서 7까지의 숫자를 아래 그림의 각 원에 한 숫자씩 채워서 각 열을 이루고 있는 세 수의 합이 같게 하여라.

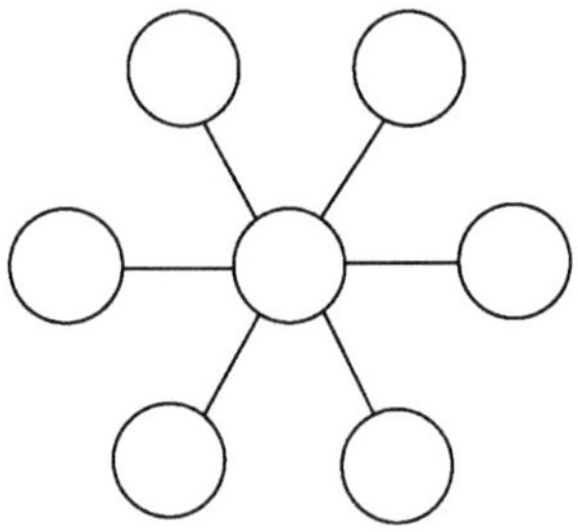

2. 다음 도형의 빈 칸에 3, 5, 6, 8, 9를 넣어서, 가로와 세로에 해당하는 열의 세 수의 합이 같게 하여라.

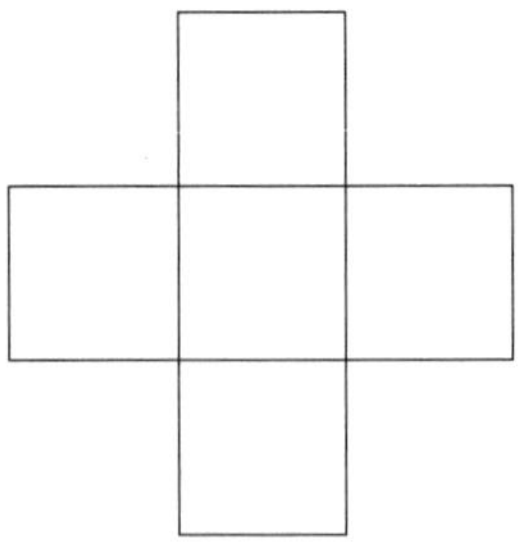

3. 네 개의 4와 연산 기호를 이용하여 1을 만들어라.

4. 네 개의 4와 연산 기호를 이용하여 9를 만들어라.

5. 1 + 2 + 3 □ 4 □ 5 □ 6 □ 7 □ 8 □ 9 = 100이 성립하도록 □안에 알맞은 연산 기호를 넣어라.

3.8 실제로 해보기

실제로 해보기 전략은 문제가 기하학적인 도형이나 공간적인 관계를 포함할 때, 문제 상황을 재현하는 조작 가능한 물리적 모델을 이용하여 실제로 해보는 전략이다.

► 예시문제 ◄ 〈성냥개비 움직이기〉

다음 그림과 같이 12개의 성냥개비가 놓여있다. 2개의 성냥개비를 제거하여, 3개의 사각형만 남게 하여라.

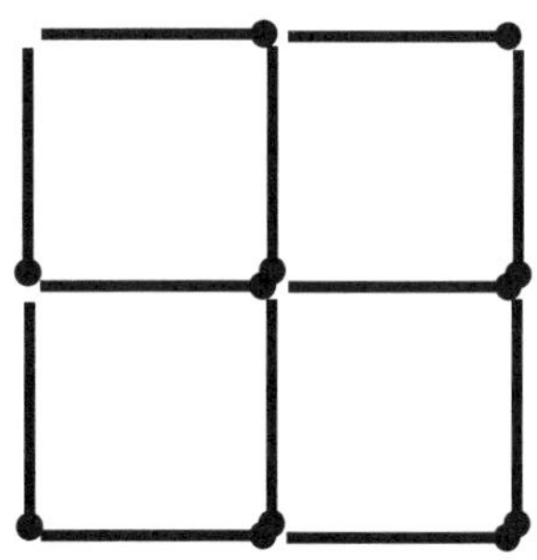

이 문제는 주어진 도형을 재배열해야 한다. 이 경우에 12개의 성냥개비를 가지고 직접 재배열해 보는 것이 효율적인 문제해결 전략이다.

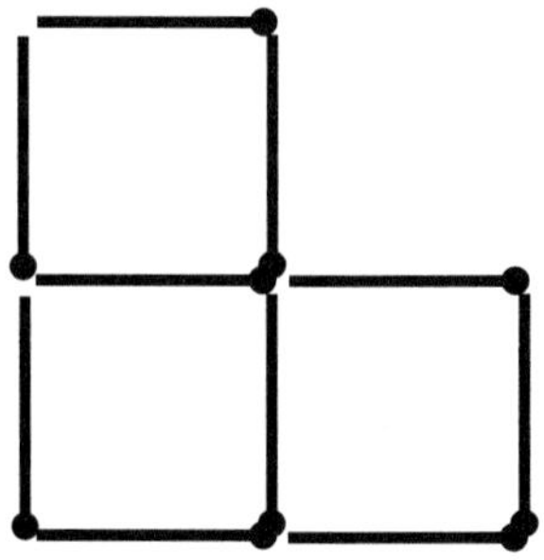

문 제

1. 주머니 안에 500원, 100원, 50원, 10원짜리 동전이 9개 있다. 이들 동전의 합이 1200원일 때, 각 동전은 얼마짜리인지를 구하여라(단, 모든 종류의 동전이 들어 있지 않아도 된다).

2. 다음 그림과 같은 볼링 핀의 배열에서 3개의 핀을 움직여서 역삼각형의 꼴로 만들어라.

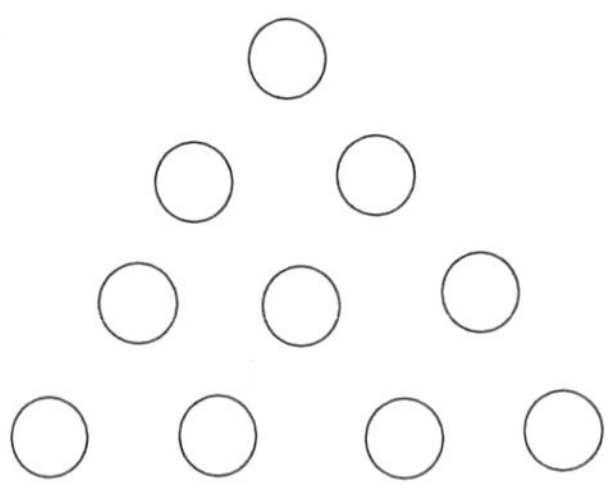

3. 다음과 같은 칠교판의 작은 4개의 조각을 이용하여 직사각형을 만들어라.

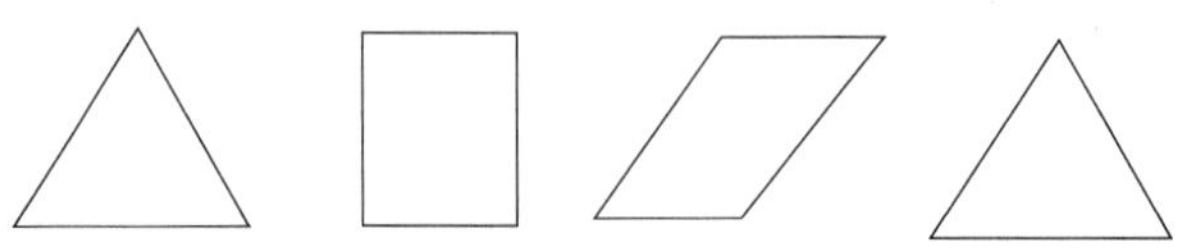

4. 흰 바둑돌을 빈 칸의 위치로 옮기는데 필요한 최소한의 움직임의 수를 구하여라. 단, 흰색 바둑돌과 검은색 바둑돌은 위-아래, 좌-우로만 움직일 수 있으며, 대각선 방향으로는 곧바로 움직일 수 없다.

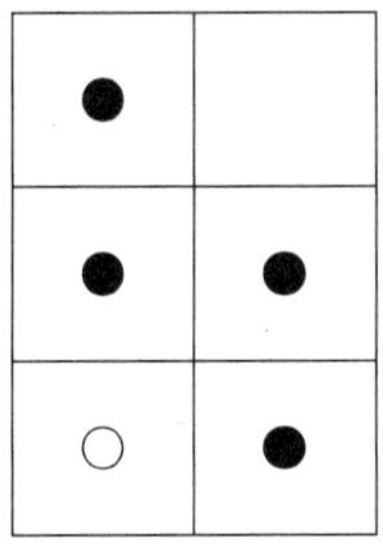

5. 다음 그림과 같이 9개의 정사각형 격자 안에 7개의 검은색 바둑돌과 1개의 흰색 바둑돌이 있다. 흰색 바둑돌을 반대편 빈 칸으로 옮기려고 한다. 바둑돌은 비어있는 인접한 공간의 위, 아래, 옆으로만 움직일 수 있고 대각선으로는 움직일 수 없다. 흰색 바둑돌을 반대편 빈 칸으로 이동시키는데 필요한 최소한의 움직임의 수를 구하여라.

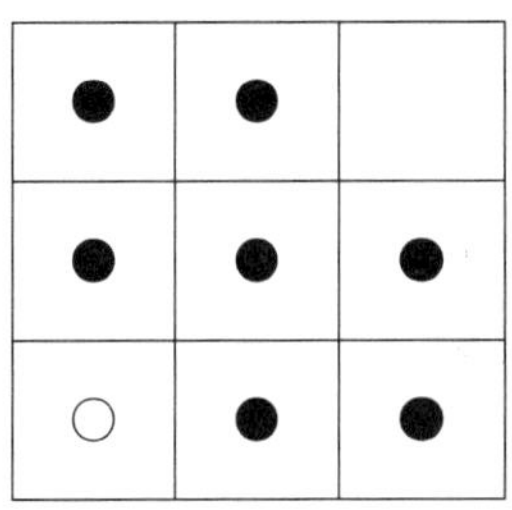

3.9 식 세우기

식 세우기 전략은 문제 상황을 식으로 번안하여 문제를 해결하는 전략이다. 수학에서 식의 이용은 양적인 수학적 대상 사이의 관계를 나타내는데 효과적인 방법이다. 일반적으로 미지의 양을 나타내기 위하여 영어의 알파벳을 주로 이용하며, 문제에 주어진 조건을 방정식이나 부등식으로 표현한다. 그리고 방정식이나 부등식의 성질을 이용하여 순차적으로 식을 변형하면 문제의 해에 이를 수 있다. 학생들은 식을 세우기 위하여 먼저 주어진 정보와 구하고자 하는 정보 사이의 관계를 알아야 하며, 문제해결을 위해 여러 개의 식이 세워질 수 있음도 알아야 한다.

▸ 예시문제 ◂ 〈경민이의 나이〉

경민이는 16년 후에 지금 나이의 3배가 된다. 경민이의 현재 나이를 구하여라.

문제에서 경민이의 나이를 알 수 없으므로, 경민이의 현재 나이를 x라고 하면 주어진 문제는 다음과 같은 하나의 방정식으로 바꿀 수 있다.

(16년 후의 나이) = (현재 나이의 3배)

$$x + 16 = 3x$$

이 방정식을 풀면,

$$x + 16 - x = 3x - x$$

$$16 = 2x$$

$$\frac{16}{2} = \frac{2x}{2}$$

$$x = 8$$

따라서 현재 경민이의 나이는 8살이 된다.

문 제

1. 25년 후에 민주 나이는 현재 나이의 3배보다 5가 많다고 한다. 민주의 현재 나이를 구하여라.

2. 어떤 수의 3배는 그 수보다 16이 크다고 한다. 어떤 수를 구하여라.

3. 가로의 길이가 세로의 길이보다 2㎝ 만큼 긴 직사각형의 둘레의 길이가 28㎝이었다. 이 직사각형의 가로와 세로의 길이를 구하여라.

4. 연속된 세 수의 합이 33일 때, 세 수를 구하여라.

5. 어떤 두 자리의 수에서 십의 자리와 일의 자리의 합은 8이고, 십의 자리 숫자와 일의 자리 숫자를 바꾼 수는 원래의 수보다 18이 크다고 한다. 원래의 수를 구하여라.

6. 연속된 4개의 자연수에서 처음 세 수의 합은 마지막 수보다 12가 크다고 한다. 연속된 4개의 자연수를 구하여라.

7. 순이, 철이, 석이는 옛날 동전을 수집하고 있다. 순이와 철이가 수집한 동전은 28개이고, 철이와 석이가 수집한 동전은 32개이다. 그리고 순이와 석이가 수집한 동전은 40개이다. 세 명이 수집한 모든 동전의 수와 각 아이들이 수집한 동전의 수를 구하여라.

3.10 관점 바꾸기

문제해결자들이 문제를 해결할 때, 어떤 특정한 관점이나 특정한 가정에 얽매이는 경향이 있다. 이것은 문제를 해결할 때 '기능적 고착화(functional fixedness)' 현상을 야기하여 문제해결에 오류를 일으키기도 한다. 이 경우에 문제해결자들은 문제에 대한 관점을 바꾸어 문제를 다시 읽고, 이전과는 다른 방식으로 접근할 필요가 있다.

▸ 예시문제 ◂ 〈선 그리기〉

종이에서 연필을 떼지 않고 다음 9개의 점을 통과하는 4개의 선분을 그려라.

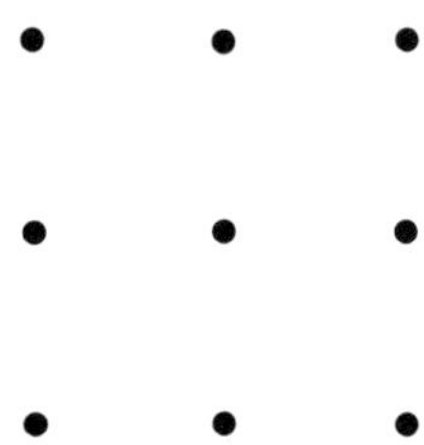

이 문제를 처음 접하는 많은 학생들은 9개의 점을 연결하는 선분이 3×3인 점 안에 있어야 한다고 생각하기 때문에 문제해결에 어려움을 갖는다. 이러한 제한을 버리고 다르게 생각하면 아래 그림과 같이 쉽게 문제를 해결할 수 있다.

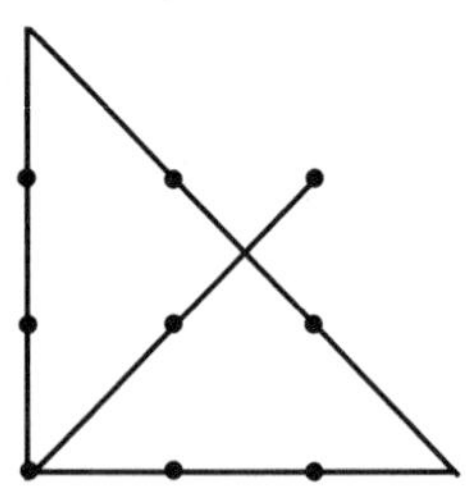

문 제

1. 전국 학생 야구 선수권 대회에 62개 팀이 참가하였다. 경기 방식은 매 경기에서 진 팀이 탈락하게 되는 토너먼트 방식을 택하였다. 최종 우승팀을 선정하기 위하여 치러야 할 경기의 수를 구하여라.

2. 스트로로 만들어진 직사각형이 있다. 이 사각형을 비스듬히 옆으로 눕혔을 때 두 사각형의 넓이가 같은지 알아보고 다르다면 그 이유를 써라.

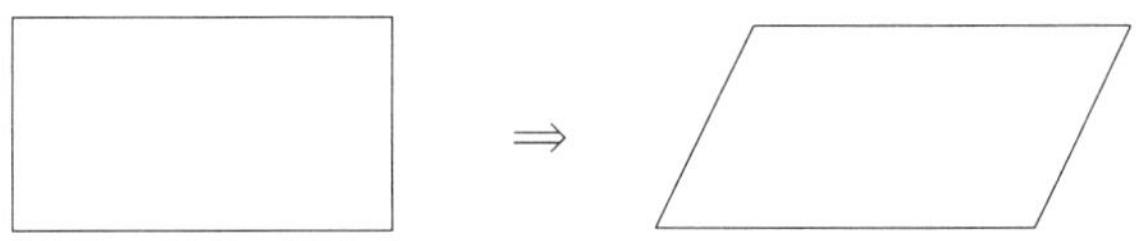

3. 아래 그림에서 원 O의 반지름이 10㎝이고, 삼각형ABC는 직각삼각형이다. 이때 삼각형의 빗변 AC의 길이를 구하여라.

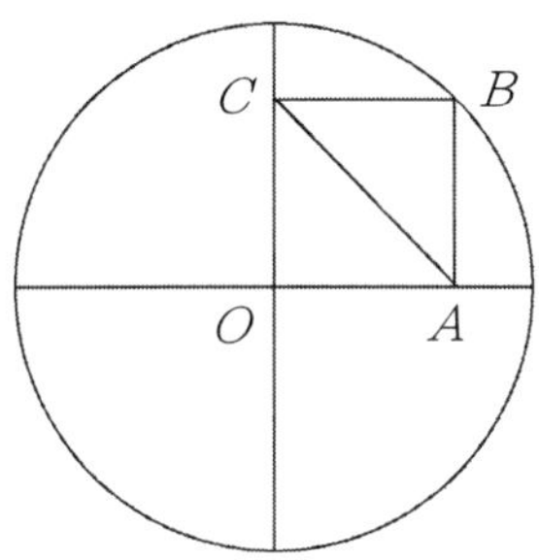

4. 1000원짜리 지폐가 코르크 마개로 닫힌 유리병 안에 있다. 마개를 빼거나 병을 깨지 않고 지폐를 꺼낼 수 있는 방법을 써라.

5. 여행을 갈 때는 시속 60㎞로, 올 때는 100㎞로 돌아왔다. 여행을 갈 때와 올 때의 평균 속력을 구하여라.

6. 6시를 가리키는 시계가 5초 동안 종을 쳤다고 한다. 이 시계가 12시에 종을 치는 시간을 구하여라.

7. 경민이네 집은 6층에 있다. 각층의 높이가 같을 때 경민이가 6층까지 올라가는 시간은 3층까지 올라가는 시간의 몇 배인지를 구하여라.

8. 한밤중의 오전 0시부터 24시간 사이에 시계의 큰 바늘이 작은 바늘을 앞지르는 횟수를 구하여라.

9. A사의 봉급은 분기에 100만원을 주고 매 분기에 12만원을 올려준다. B사의 봉급은 반 분기에 50만원을 주고 반 분기마다 3만원을 올려준다. 어느 회사의 봉급이 더 많은지 알아보고 그 이유를 써라.

제4장

수와 연산 영역

"학생들이 일상생활에서 수가 이용되는 방식을 의미 있게 알려면 수를 이해해야 하며, … 자릿값의 이해는 중요하다(NCTM, 1989, p. 38)". 즉 학생들은 기수법과 자릿값에 대한 이해를 바탕으로 수 감각을 발달시켜야 한다. 또한 오랜 기간동안에 걸쳐 형성된 알고리즘은 학생들이 수학을 해 나가는데 필수적인 요소이다. 그렇지만 학생들은 교사가 제시하는 알고리즘을 단순히 따라할 것이 아니라, 그들 방식대로의 여러 가지 계산 방법을 깨닫는 의미 있는 문제해결 과정으로 계산이 강조되어야 한다. 최근에는 계산을 강조하는 교육에서 지필계산, 암산, 어림산, 계산기를 이용한 계산 등 다양한 방법을 적절한 상황에 적용할 수 있는 능력을 강조하고 있다.

이 장에서는 수와 연산 영역에서 학생들의 수에 대한 이해와 연산능력을 신장시킬 수 있는 다양한 소재를 제시하여 문제해결력을 신장시킬 수 있는 기회를 제공하고자 한다.

4.1 퀴즈네어 막대를 이용한 길이 측정

퀴즈네어 막대는 서로 다른 길이를 갖는 10개의 직육면체 모양의 색 막대로 벨기에 교사인 퀴즈네어(George Gusineaire)가 창안해 낸 교구이다. 이 막대는 1㎝에서 10㎝까지 각각의 길이에 따라 색깔이 다른 74개의 막대가 한 세트로 구성되어 있으며, 주황, 파랑, 갈색, 검정, 녹색, 노랑은 각각 4개, 보라는 6개, 연두는 10개, 빨강은 12개, 흰색은 22개로 이루어져 있다.

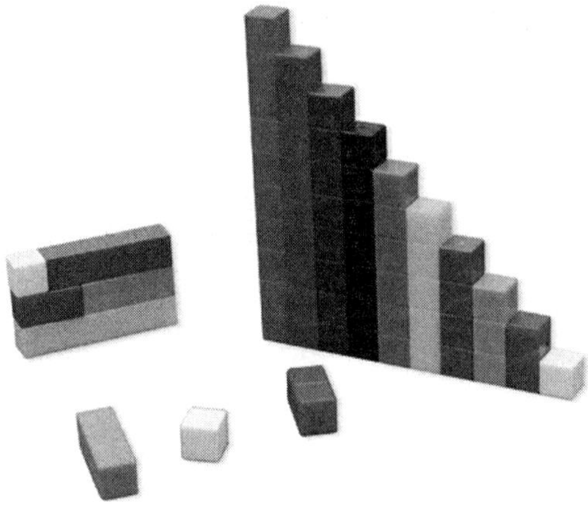

(그림 9) 퀴즈네어 막대

초등 수학교실에서 퀴즈네어 막대는 활용 정도가 높은데, 동치분수를 찾거나 약수를 구하는데 이용할 수 있다. 또한 연산에도 이용할 수 있는데, 이 경우에는 초보적인 자연수의 사칙연산, 연산의 성질, 분수의 덧셈과 뺄셈 등을 확인할 수 있다. 그리고 도형에서 대칭이동, 측정에서 길이의 측정과 둘레의 길이와 넓이, 부피 등에도 이용 가능하며, 관계와 규칙성 찾기에서도 이용 가능하다. 이와 같이 퀴즈네어 막대는 수학 교실에서 그 활용 방법에 따라 다양한 용도로 이용될 수 있다. 따라서 수학 교실에서 교구를 이용할 때에는 여러 수학 내용을 염두에 두고 그 활용 방법을 숙고해 보는 것이 필요하다.

퀴즈네어 막대를 이용하여 길이를 측정하는 활동에는 막대의 길이와 다양한 연산을 이용하여 측정 가능한 모든 길이를 구할 수 있는가를 묻는 수학적 활동이 내재되어 있다. 예를 들면 2㎝와 5㎝의 막대를 이용하면 2㎝와 5㎝ 이외에도 막대의 끝과 끝을 연결하면 2+5=7㎝, 막대를 서로 나란히 배열하면 5-2=3㎝의 길이를 측정할 수 있다.

이 경우에 문제의 난이도를 조절하기 위하여 이용할 수 있는 막대의 수를 3개, 4개로 늘릴 수 있다. 막대가 3개인 경우에 막대의 끝과 끝을 연결하거나, 막대를 서로 나란히 배열하는 경우에 따라 여러 가지 경우의 수의 조합과 연산이 가능하므로 측정 가능한 길이의 종류는 더 늘어나게 된다.

문 제

1. 6cm, 9cm, 10cm인 세 종류의 막대를 이용하여 5cm와 7cm를 측정할 수 있는 방법을 구하여라.

2. 길이가 각각 2cm, 4cm, 5cm인 세 개의 막대에서, 막대를 하나만 이용하거나 두 개, 또는 세 개의 끝과 끝을 연결하여 측정할 수 있는 길이를 모두 구하여라.

3. 길이가 각각 3cm, 5cm, 6cm, 8cm인 네 개의 막대에서, 막대를 하나만 이용하거나, 두 개, 세 개, 또는 네 개의 끝과 끝을 연결하여 측정할 수 있는 길이를 모두 구하여라.

4. 길이가 각각 2cm, 4cm, 5cm인 세 개의 막대에서, 막대를 하나만 이용하거나, 두 개 또는 세 개의 끝과 끝을 연결하거나, 서로 나란히 배열하여 측정할 수 있는 길이를 모두 구하여라.

5. 3cm, 9cm, 16cm의 길이를 가진 막대만을 이용하여 20cm인 색 실을 몇 사람에게 똑 같이 나누어 주려고 한다. 몇 사람에게 나누어줄 수 있는지 가능한 모든 경우를 구하여라.

4.2 다트 경기

다트 경기는 약 500년 전에 영국에서 전쟁을 하던 병사들이 빈 술통 뚜껑을 표적 삼아 부러진 화살촉을 던지며 즐기던 것에서 유래되어, 현대에는 다양한 경기 방식의 개발과 채점 방식의 도입으로 대중적인 레저 문화로 발전하였다.

다트 판은 부채꼴 모양의 둥근 과녁이 20등분되어 있고, 각 영역에 1~20점까지의 점수가 정해져 있다. 다트 판에서 제일 가장자리의 숫자 칸은 점수가 없는 칸이며, 그 다음의 좁은 칸은 더블링으로 해당 숫자의 두 배 점수가 주어진다. 그 다음의 넓은 칸은 싱글 지역으로 해당 자리의 숫자를 그대로 점수로 계산하며, 그 안쪽의 좁은 칸은 트리플 링으로 숫자의 세 배가 점수로 부여된다. 그 다음의 넓은 칸은 역시 싱글 지역, 그 안쪽의 작은 칸은 싱글 불로 무조건 25점, 제일 중앙의 원은 더블 불로 무조건 50점이 부여된다.

(그림 10) 다트 판

경기에 흥미를 더하기 위하여 마지막 화살은 반드시 더블링 지역에 맞히도록 정해져 있다. 수학 교실에서 다트 경기는 화살을 던져 얻은 점수의 합을 구하거나, 미리 정해진 특정한 값을 얻기 위하여 각각의 화살이 어떤 값을 얻어야 하는가를 묻는 문제로 응용할 수 있다. 예를 들면 2, 4, 6점으로 표시된 다트 판에 2개의 화살을 던져 얻을 수 있는 점수의 합은 두 화살에서 얻는 점수가 각각 같은 경우인 (6, 6)=12, (4, 4)=8, (2, 2)=4가 있으며, 두 화살에서 얻은 점수가 다른 (2, 4)=6, (2, 6)=8, (4, 6)=10이 있다. 한편, 문제해결자의 수준에 적절하도록 문제의 난이도를 조절하기 위하여 던지는 화살의 수나 점수를 변형할 수도 있다.

문 제

1. (다트 판 1)과 같은 다트 판에 세 개의 화살을 던져 얻을 수 있는 점수의 합을 구하여라. 이 때, 얻을 수 있는 가능한 모든 점수와 최소의 값과 최대의 값을 구하여라.(단, 모든 화살은 점수를 얻는 것으로 한다.)

2. (다트 판 2)와 같은 다트 판에 세 개의 화살을 던져 얻을 수 있는 점수의 합을 구하여라. 이 때, 얻을 수 있는 모든 가능한 점수와 최소의 값과 최대의 값을 구하여라. 그리고 10점을 얻을 수 있는 방법을 구하여라.(단, 모든 화살은 점수를 얻는 것으로 한다.)

3. (다트 판 3)과 같은 다트 판에 세 개의 화살을 던져 얻을 수 있는 점수의 합을 구하여라. 이 때, 얻을 수 있는 모든 가능한 점수와 최소의 값과 최대의 값을 구하여라. 그리고 10점과 11점을 얻을 수 있는 방법을 구하여라.(단, 모든 화살은 점수를 얻는 것으로 한다.)

4. (다트 판 4)와 같은 다트 판에 네 개의 화살을 던져 20점을 만들고자 할 때, 다음의 각 경우에 답을 하여라.(단, 모든 화살은 점수를 얻는 것으로 한다.)

   (a) 네 개의 모든 숫자가 다른 경우에 20점을 얻을 수 있는 방법을 구하여라.
   (b) 같은 점수가 두 개만 나오는 경우에 20점을 얻을 수 있는 방법을 구하여라.
   (c) 같은 점수가 세 개 나오는 경우에 20점을 얻을 수 있는 방법을 구하여라.

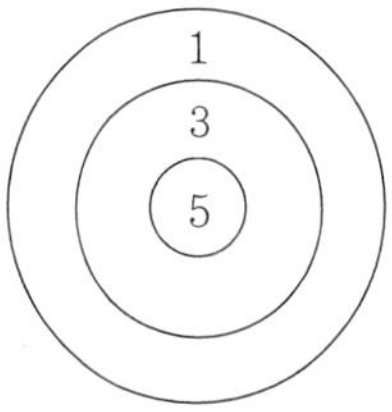

(다트 판 1)

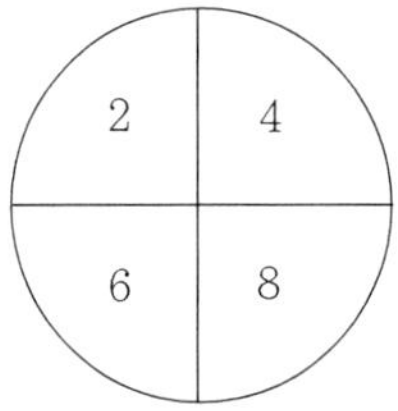

(다트 판 2)

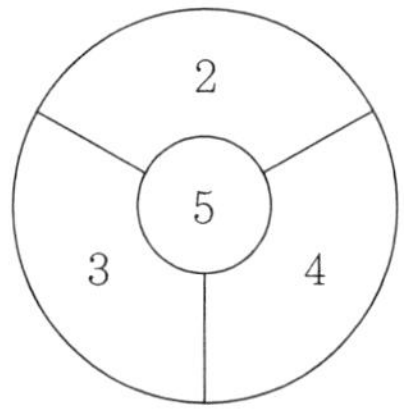

(다트 판 3)

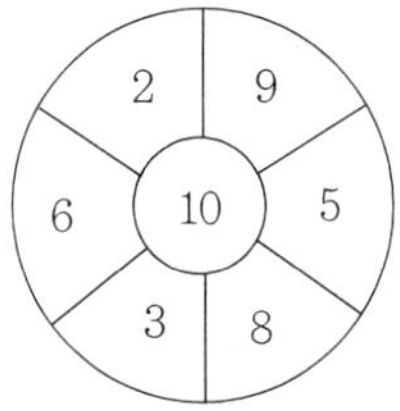

(다트 판 4)

4.3 암호 풀기

암호화란 의사소통 당사자 이외의 제3자가 알 수 없도록 자신들만이 아는 방식으로 전달 내용을 바꾸는 것으로, 컴퓨터 사회에서는 필수적인 연구 영역이다. 산술에서는 특별한 숫자로 구성된 산술식을 알파벳이나 다른 기호로 바꾼 암호화된 식에서 원래의 숫자를 찾는 문제로 활용할 수 있다. 이 때, 각 숫자는 알파벳이나 다른 기호로 대치되어 있으므로, 수의 성질과 논리적 추론을 통하여 암호화된 문제를 해결해야 한다.

예를 들면, 오른쪽과 같은 식은 두 자리인 똑같은 세 수를 더했을 때 각 자리의 숫자가 같게 나오기 때문에 C에 1부터 숫자를 대입하여 3으로 나누었을 때 나누어떨어지는 두 자리 숫자를 찾는다. 그러면, $C=1 \rightarrow 111 \div 3 = 37 \rightarrow A=3,\ B=7$ 이 되므로 만족하고, $C=2 \rightarrow 222 \div 3 = 74 \rightarrow A=7,\ B=4$ 가 되므로 만족한다. 그러나 $C=3 \rightarrow 333 \div 3 = 111 \rightarrow$ 세 자리 숫자가 되므로, 이 이상은 옳지 않다는 것을 알 수 있다.

$$
\begin{array}{r}
AB \\
AB \\
+\quad AB \\
\hline
CCC
\end{array}
$$

문 제

1. 다음 식의 알파벳은 각각 다른 어떤 숫자를 나타내고 있다. 다음 식을 만족하는 A, B, C 의 모든 경우를 구하여라.

(1)
$$\begin{array}{rr} & AB \\ & AB \\ + & AB \\ \hline & BC \end{array}$$

(2)
$$\begin{array}{rr} & ABC \\ & ABC \\ + & ABC \\ \hline & CCC \end{array}$$

(3)
$$\begin{array}{rr} & AB \\ & AB \\ & AB \\ + & AB \\ \hline & CA \end{array}$$

2. 다음 식의 알파벳은 각각 다른 어떤 숫자를 나타내고 있다. 식이 성립하도록 각각의 알파벳에 맞는 숫자를 구하여라.

(1)
$$\begin{array}{rr} & A\ B \\ \times & B \\ \hline & C\ A\ B \end{array}$$

(2)
$$\begin{array}{rr} & A\ B \\ \times & A\ B \\ \hline & B\ C \\ & A\ B\ \ \ \\ \hline & A\ C\ C \end{array}$$

(3)
$$\begin{array}{r|l} & \ \ \ \ A\ \ A \\ \cline{2-2} D\,A & A\ \ B\ \ C \\ & A\ \ C \\ \cline{2-2} & \ \ \ \ A\ \ C \\ & \ \ \ \ A\ \ C \\ \cline{2-2} & \ \ \ \ \ \ \ \ 0 \end{array}$$

3. 수를 이용하여 아래의 빈 칸을 채워라.

$$\begin{array}{rr} & \square\square \\ \times & 8\square \\ \hline & \square\square\square \\ & \square\square\ \ \\ \hline & \square\square\square\square \end{array}$$

4. 다음 식의 알파벳은 각각 다른 어떤 숫자를 나타내고 있다. 식이 성립하도록 각각의 알파벳에 알맞은 숫자를 구하여라.

$$\begin{array}{r} \text{ABCDE} \\ \times \quad\quad 4 \\ \hline \text{EDCBA} \end{array}$$

5. 다음 식의 알파벳은 각각 다른 어떤 숫자를 나타내고 있다. 식이 성립하도록 각각의 알파벳에 알맞은 숫자를 구하여라.

(1)
$$\begin{array}{r} \text{K E P L E R} \\ + \quad \text{P L A N E T} \\ \hline \text{N E W T O N} \end{array}$$

(2)
$$\begin{array}{r} \text{S N I P} \\ - \quad \text{N I P S} \\ \hline \text{P I N S} \end{array}$$

(3)
$$\begin{array}{r} \text{P U P I L} \\ + \quad \text{P U P I L} \\ \hline \text{S C H O O L} \end{array}$$

6. 1, 2, 3, 4, 5, 6, 7, 8, 9 의 숫자 중에서 서로 다른 숫자를 선택하여 다음의 식을 만족하도록 O, N, E, T, W 에 해당하는 각각의 숫자를 구하여라.

$$\begin{array}{r} \text{ONE} \\ + \quad \text{ONE} \\ \hline \text{TWO} \end{array}$$

4.4 잉여류

0이 아닌 정수 m 에 대하여 두 정수 a, b 의 차 $a-b$ 가 m 으로 나누어떨어지면, a 는 법(modulus) m 에 관하여 b 에 합동(congruent)이라고 말하고, $a \equiv b \pmod{m}$ 로 표시한다. 예를 들면, $12 | (14-2)$ 이므로 $14 \equiv 2 \pmod{12}$ 이다. 법 m 에 관하여, 0 과 합동인 모든 정수의 집합, 1 과 합동인 모든 정수의 집합, 2 와 합동인 모든 정수의 집합, …, $(m-1)$ 과 합동인 모든 정수의 집합을 생각해 보자. 그러면 임의의 정수는 어느 한 집합에만 속할 것이다.

예를 들면, 정수 집합은 0 과 합동인 집합과 1과 합동인 집합으로 나눌 수 있다. 즉, 정수의 집합 Z={ …, −2, −1, 0, 1, 2, 3, … }은 O={ …, −3, −1, 1, 3, 5, … }와 E={ … , −4, −2, 0, 2, 4, … }로 분할할 수 있다. 이때, 임의의 정수는 이들 두 집합 중 어느 하나에만 속할 것이다. 이때, 각각의 집합을 잉여류(residue class)[3)]라고 한다.

한 종류의 수의 집합을 몇 개의 집합으로 하나도 중복되지 않고 빠짐없이 나눌 수 있는 잉여류는 수가 가지고 있는 질서와 규칙성을 탐구하는 좋은 수학적 개념이다. 예를 들면 다음의 문제를 생각해 보자.

정수를 5로 나눌 때 나머지가 k 인 정수의 집합을 N_k 라 하고, $a \in N_1$, $b \in N_2$, $c \in N_3$ 라 하자. 그러면 N_1 의 한 원소와 N_2 의 한 원소의 합은 N_1 이 정수를 5로 나눌 때 나머지가 1인 수들의 집합이고, N_2 가 정수를 5로 나눌 때 나머지가 2인 수들의 집합이므로 N_3 의 원소가 됨을 알 수 있다. 즉 $a+b \in N_3$ 이다. 그러면 bc 는 어떤 집합의 원소가 되겠는가?

N_2 는 정수를 5로 나눌 때 나머지가 2인 수들의 집합이고, N_3 는 정수를 5로 나눌 때 나머지가 3인 수들의 집합이므로 N_2 와 N_3 의 원소의 곱은 N_1 의 원소가 됨을 알 수 있다. 즉 $bc \in N_1$ 이다.

---

3) 잉여류를 간단히 말하면, 정수를 m 으로 나눌 때, 나머지가 $0, 1, 2, 3, \cdots, m-1$ 인 집합으로 각각의 정수를 분할할 수 있다는 것을 의미한다.

문 제

1. 아래 (그림 1)의 원 안에 1에서 6까지의 수를 하나씩 넣어서 각 변의 합이 9가 되도록 하여라.

2. 아래 (그림 2)의 원 안에 4, 5, 6, 7, 8, 9를 하나씩 넣어서 각 변의 합이 같게 되도록 하여라.

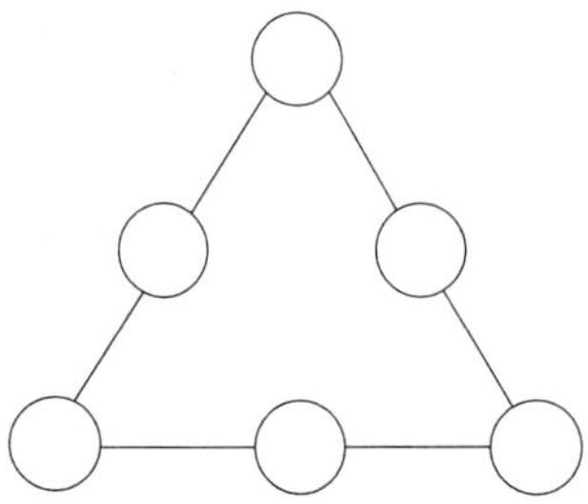

(그림 1)

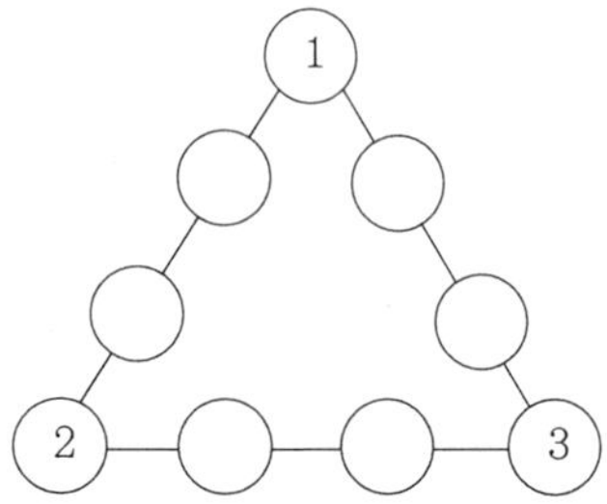

(그림 2)

3. 두 개의 직선을 이용하여 시계의 1~12까지의 수를 세 부분으로 나누어, 각 부분의 합을 같게 하여라.

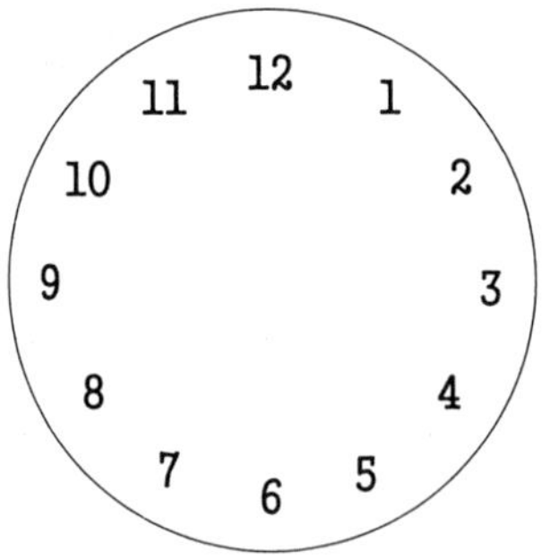

4. 1, 3, 5, 7, 9, 11, 12를 수의 합이 같도록 두 개의 모임으로 분할하여라.

5. 2, 4, 5, 8, 9, 11을 수의 합이 같도록 세 개의 모임으로 분할하여라.

6. 1, 2, 3, 4, 5, 6, 7, 8, 9를 수의 합이 같도록 세 개의 모임으로 분할하여라.

7. 2000년 1월 1일은 토요일이었다. 그렇다면, 2004년 1월 1일은 무슨 요일이었는가?(단, 4의 배수인 해의 날의 수는 366일이다.)

8. 성공초등학교 개교기념일은 5월 6일이다. 만약 2003년 개교기념일이 수요일이었다면 2010년 개교기념일은 무슨 요일인가?(단, 4의 배수인 해의 날의 수는 366일이다.)

4.5 흥미 있는 수론 탐구

수에 대한 연구는 수비학(수의 마술적인 의미를 연구하는 학문)을 믿었던 고대까지 거슬러 올라갈 수 있다. 예를 들어, 피타고라스의 제자들은 여성다운 특성과 짝수를 관련지었다. 그들의 믿음은 '만물은 수(All is number)'라는 것이었다. 그들에게 우주의 근본은 수이며, 특히 정수와 이들의 비(분수)로 모든 것을 나타낼 수 있다고 믿었다. 피타고라스 학파는 정수와 분수를 이용하여 사람이나 음악 등을 표현하였다. 모든 정수는 1을 유한 번 더하여 얻어지므로 1은 모든 수의 신성한 창조자이었다. 2는 첫 번째 짝수로서 여성(음)을 상징하는 수로 다양한 의미와 연관되어 사용되었다. 3은 남성(양)을 상징하는 첫 번째 수로 1과 2의 조합으로 이루어진 조화의 수로 받아들여졌다. 4는 정의를 상징하였으며, 5는 2와 3의 합이므로 혼인을 상징하였다. 이러한 방법으로 각각의 수는 평화, 완전, 풍부, 자기연민 등의 의미와 연결되어 있었다.

학교 수학에서 수론을 공부해야 하는 최소한의 4가지 이유가 있다: (1)상대적으로 단순한 것으로부터 복잡한 것까지 자연수 영역을 지배하는 규칙 때문에, 수론은 초등학교 학생들에게 교육 프로그램의 모든 수준(그 이상)에서 도전적인 주제가 될 수 있다. (2)수론에 대한 공부는 수학에 열의를 가질 수 있는 활동(즉, 패턴 찾기, 관계에 대해 생각하기)속으로 끌어들일 기회를 학생들에게 제공한다. 수론은 흥미 있는 탐구를 위한 많은 풍부한 기회를 제공한다. 그리고 문제해결과 다른 수학적 개념의 이해, 수학의 아름다움을 예시하기, 그리고 수의 역사적 발전 과정에서 인간적인 면을 이해할 수 있는 기회를 제공한다. (3)수론에 대한 탐구는 의도적이고 흥미로운 방법으로 계산 기능을 실행하기 위한 많은 기회를 제공한다. (4)수론은 산술을 잘 하지 못하는 학생들에게도 제공될 수 있다. 학생들이 성공적으로 수론을 알기 위하여, 수많은 수의 조합을 빠르게 회상하거나, 여러 자리 수의 합이나 차를 정확하게 계산할 필요까지는 없다.

이러한 여러 이유로 인하여 수론에 대한 탐구는 초등 수학에서 매우 유용하고 가치 있게 다루어져야 한다.

문 제

1. 자연수에서 처음으로 연속하는 두 홀수의 합 (1+3)은 4이다. 처음으로 연속하는 세 홀수의 합을 계산해 보아라. 처음 4개와 5개도 같은 방법으로 해 보아라.
   (1) 처음으로 연속하는 8개 홀수의 합이 얼마인지 예측하고 발견한 사실을 써라. 그리고 처음으로 연속하는 12개의 홀수에 대해서도 합이 얼마인지 예측하고 발견한 사실을 써라.
   (2) 이러한 수열의 합에 관해 발견한 사실을 써라.

2. 어떤 수 N의 '직사각형 수'란 N개의 점으로 만들 수 있는 직사각형의 개수(1×N은 직사각형의 배열이 아니므로 제외한다)를 의미한다. 예를 들면 5의 직사각형 수는 0이고, 6의 직사각형 수는 1이다. 그러면

1에서 20까지의 수들의 직사각형 수를 각각 구하여라.

3. 어떤 수의 진약수(자신을 제외한 모든 약수)들의 합이 자기 자신과 같은 수를 완전수(예 28; 1+2+4+7+14=28)라 한다. 어떤 수의 진약수들의 합이 자기 자신보다 작은 자연수를 부족수(예 35; 1+5+7<35)라 한다. 그리고 어떤 수의 진약수들의 합이 자기 자신보다 큰 자연수를 과잉수(예 18; 1+2+3+6+9>18)라고 한다.
   (1) 10에서 30까지의 수를 완전수, 부족수, 과잉수로 나누어라.
   (2) 496은 완전수, 부족수, 과잉수 중 어느 것인가?
   (3) 홀수 중에는 완전수가 있는가?

‖ **참고** ‖

A가 B의 진약수의 합이 되고, 또 B가 A의 진약수의 합이 되는 한 쌍의 수(A, B)를 친화수라고 한다. 예를 들면 220(=1+2+4+71+142(284의 진약수의 합))과 284(=1+2+4+5+10+11+20+22+44+55+110(220의 진약수의 합))는 친화수이다. 피타고라스 학파는 단 한 쌍(220, 284)의 친화수만을 발견했으나, 제2, 제3의 친화수는 17세기에 Fermat와 Descartes에 의해 발견되었다. 그리고 18세기에 Euler는 62번째의 쌍까지 친화수를 발견하였다.

4. 1,352,256 이 2, 3, 4, 5, 6, 9 에 의해 나누어떨어지는가를 알기 위하여 다음 물음에 답하여라.
   (1) 어떤 수가 2로 나누어떨어질 조건을 써라.
   (2) 어떤 수가 5로 나누어떨어질 조건을 써라.
   (3) 어떤 수가 3이나 9로 나누어떨어질 조건을 쓰고 그 이유를 써라.
   (4) 어떤 수가 4로 나누어떨어질 조건을 써라.
   (5) 어떤 수가 6으로 나누어떨어질 조건을 쓰고 그 이유를 써라.

5. 6281과 1826과 같이 서로 자리 값이 바꾸어진 수를 2개 제시하고, 이 수들이 차에 대하여 가지는 공통 성질을 써라.

6. 네 자리수 3□□1의 □안에 알맞은 수를 넣어 9의 배수가 되는 가장 큰 수와 가장 작은 수를 구하여라.

7. 2, 4, 5, 6으로 쓰인 네 장의 카드를 이용하여 세 자리 수를 만들 때, 4로 나누어떨어지는 수를 모두 구하여라.

8. 1, 2, 3, 4로 쓰인 네 장의 카드를 이용하여 세 자리 수를 만들 때, 3으로 나누어떨어지지 않는 수를 모두 구하여라.

9. 2, 4, 5, 6으로 쓰인 네 장의 카드를 이용하여 세 자리 수를 만들 때, 각 자리 수의 합이 12나 15가 되지 않는 수를 모두 구하여라.

10. 0, 1, 2, 3, 4로 쓰인 5장의 카드를 이용하여 세 자리 수를 만들 때, 6으로 나누어떨어지지 않는 수를 모두 구하여라. 단, 두 숫자의 합은 5가 아니어야 한다.

11. 다음 수 구조의 규칙을 만족하도록 빈칸에 알맞은 수를 구하여라.

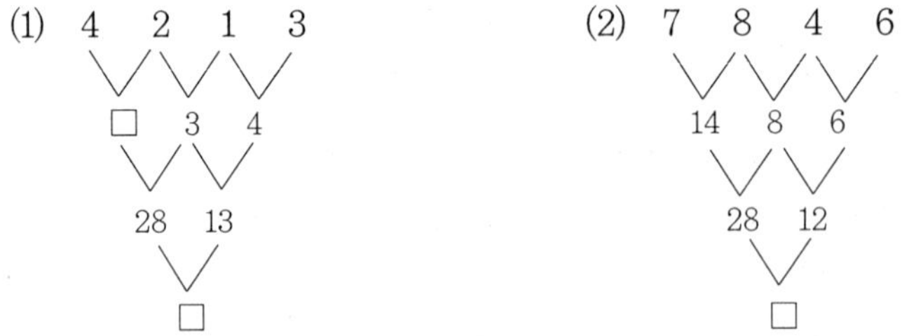

12. 다음에 제시된 식은 각 자리의 숫자가 실제 숫자보다 1이 크거나 작다. 각 식을 옳게 바꾸어라.

(1) 90 + 27 = 86
(2) 94 − 30 = 71
(3) 28 × 5 = 257
(4) 823 ÷ 4 = 353

13. 1, 2, 3, 4, 5, 6을 써 놓은 6장의 카드로 두 개의 세 자리 수를 만들 때, 그 두 수의 합이 최대인 경우와 최소인 경우를 각각 구하여라.

14. 1, 2, 3, 4가 쓰인 4장의 카드와 ×를 이용하여 두 개의 두 자리 수를 만들 때, 가장 큰 수를 만드는 식과 그 값을 구하여라.

15. 1, 2, 3, 4, 5, 6을 써 놓은 6장의 카드로 세 개의 두 자리 수를 만들 때, 그 세 수의 곱이 최대인 경우와 최소인 경우를 각각 구하여라.

16. 1, 2, 3, 4, 5, 6을 써 놓은 6장의 카드로 두 개의 세 자리 수를 만들 때, 그 두 수의 곱이 최대인 경우와 최소인 경우를 각각 구하여라.

17. 두 제곱수의 합이 1405가 되는 제곱수를 구하여라.

4.6 소수와 소인수 분해

자연수는 소수와 합성수로 나눌 수 있는데, 소수는 2, 3, 5, 7, 11, …과 같이 '1과 자기 자신만을 약수로 가지는 수'를 의미한다. 반면에 합성수는 12의 약수가 1, 2, 3, 4, 6, 12인 것과 같이 '1과 자기 자신 외에도 약수를 가지는 수'를 말한다. 자연수에서 소수를 찾는 방법으로는 '에라토스테니스의 체'라는 방법이 있다. 예를 들어 2∼200의 자연수를 써서 늘어놓고, 2 이외의 2의 배수, 3 이외의 3의 배수, …, 남은 최초의 수(자신 이외)의 배수, …의 순서로 지워 가면, 체로 쳤을 때처럼 끝에 남는 것이 소수이다. 수를 나열할 때에도 아래와 같이 6줄만을 이용하면 소수의 특징을 발견할 수 있다. 각 줄을 살피면서 소수의 어떤 특징들을 발견할 수 있는지 조사해 보자.

1,	2,	3,	4,	5,	6,
7,	8,	9,	10,	11,	12,
13,	14,	15,	16,	17,	18,
19,	20,	21,	22,	23,	24,
…					

소인수분해는 어떤 수를 소수만의 곱으로 표현하는 것을 의미한다. 예를 들면 36은 36=2×2×3×3으로 표현할 수 있으며 그 결과는 유일하다. 그러나 그 소인수분해를 하는 방법은 여러 가지가 있다. 예를 들면 수형도를 이용하는 방법에도 다음과 같은 여러 가지 경로를 통해 소인수분해를 할 수 있다.

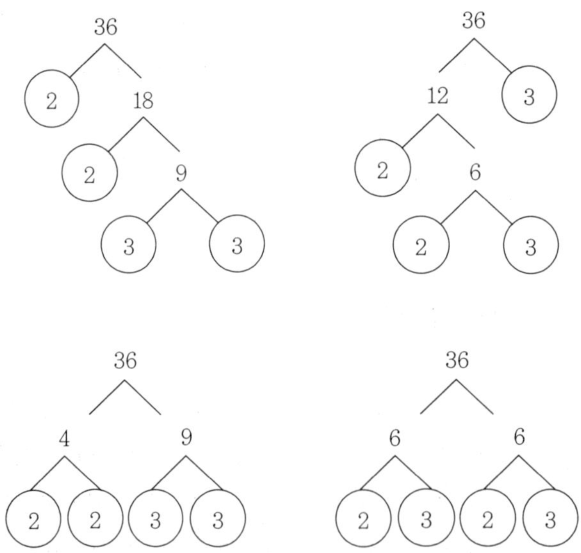

소인수분해에 대한 개념적 이해를 위하여 다음과 같은 상황을 생각해 보자. 안이 보이지 않는 주머니에 다음과 같이 수가 할당되어 있는 여러 개의 블럭을 넣고 상대편에게 몇 개의 블럭을 꺼내어 꺼내어진 블럭에 할당된 수

들의 곱을 구하여 말하도록 한다. 물론 경기자는 그 블록을 볼 수 없다. 그러면 꺼내어진 블록의 종류와 그 개수를 어떻게 알 수 있는가? 이에 답하기 위하여 필요한 지식은 무엇인가?

빨강=2, 오렌지=3, 노랑=5, 파랑=7

예를 들어 상대편이 28이라고 말했다면 꺼내어진 블록의 종류는 어떻게 되겠는가? 빨강 2개와 파랑 1개임을 알 수 있다. 수를 크게 하여 1260이라고 말했다면 꺼내어진 블록의 종류는 어떻게 되겠는가? 이 물음에 답하기 위해서는 1260을 소인수분해하여야 한다. 꺼내어진 블록의 종류와 수를 구하기 위하여 왜 소인수분해를 해야 하는가?

문 제

1. 1에서 50까지의 수에서 소수를 모두 찾아라.

2. 13은 소수이다. 13의 자리 수를 바꾸면 31이 되고 이 수도 소수이다. 이러한 성질을 갖는 두 자리 수를 모두 찾아라.

3. 432의 약수의 개수를 구하여라.

4. **골드바흐의 추측**
   2보다 큰 어떤 짝수도 두 개의 소수의 합으로 표현될 수 있는가? 몇 가지 예를 들어 확인하여라.

5. 어떤 수를 2, 3, 4, 5 로 나눌 때 나머지가 1이 된다고 한다. 이 조건을 만족하는 가장 작은 수를 구하여라.

6. 어떤 수를 2, 3, 4, 5로 나눌 때 나머지가 각각 1, 2, 3, 4가 된다고 한다. 이 조건을 만족하는 가장 작은 수를 구하여라.

7. 짝 짓기 게임에서 4, 5, 6명씩 모임을 만들었더니 남는 사람이 한 명도 없었다. 이 때 게임에 참여한 최소한의 사람의 수를 구하여라.

8. 축제에 참여한 사람이 6, 7, 8줄로 바꾸어 가며 행진을 하는데 각각 남은 사람이 한 명도 없었다. 축제에 참여한 최소한의 사람의 수를 구하여라.

4.7 분수

초등학교에서 분수는 학생들이 어려워하는 교육내용 중의 하나이다. 그 이유로는 분수에 대한 하위 개념(부분-전체, 비, 몫)이 많으며, 분수에 대한 개념적 이해가 없이 알고리즘의 숙달에 지나치게 치중하는 도구적 이해를 강조해 온 것과 관련 있다.

따라서 학년 수준에 따른 분수의 하위 개념의 충분한 이해와 각 하위개념을 표현하는 구체적인 상황이나 모델의 이용이 요구된다. 또한 분수 개념의 이해를 바탕으로 분수의 사칙연산은 그 연산이 일어나는 상황과 그 상황을 분수의 연산으로 번안할 수 있는 수학화 과정이 강조되어야 한다.

분수의 연산에서 다양한 소재의 이용은 분수의 연산 능력을 신장시키는데 중요한 역할을 한다. 예를 들면 린드 파피루스는 4000년 전에 이집트에서 분수를 사용했다는 증거를 보여 주고 있는데, 이집트인들은 단위분수를 가지고 주로 계산하였음을 알 수 있다. 이 파피루스에는 $\frac{2}{11}=\frac{1}{6}+\frac{1}{66}$과 같이 5부터 101까지 분모가 홀수인 $\frac{2}{n}$를 서로 다른 분수의 합의 형태로 쓰는 방법을 제시하고 있다. 이러한 합을 어떻게 얻게 되는가를 탐구하는 것은 흥미롭다.

힌트는 분모 세 수 사이에 일정한 관계가 있다는 것이다.

‖ **참고** ‖ **분수의 세 가지 의미**

(1) 부분 – 전체 : 분수 $\frac{2}{5}$의 부분 – 전체 해석은 전체를 5등분하고 그 중 2개를 고려한다는 의미이다. 이 분수는 다음과 같이 영역모형으로 나타낼 수 있다. 이 외에도 부분 – 전체로서의 분수를 나타내기 위한 모형은 길이, 집합, 넓이 등이 있다.

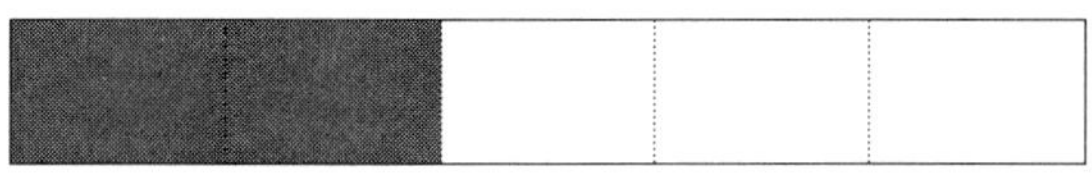

(2) 몫 : 분수 $\frac{2}{5}$의 몫 해석은 빵 2개를 5명에게 나누어줄 때 각각 얼마만큼의 빵을 가지게 되는가와 같이 부분 – 전체의 의미와 마찬가지로 분할의 상황에서 발생한다. 분수에 대한 이러한 해석은 나눗셈에서 나머지를 분수로 표현할 때 사용된다. 또 이것은 분수를 소수로 바꾸는데 필요하기도 하다.

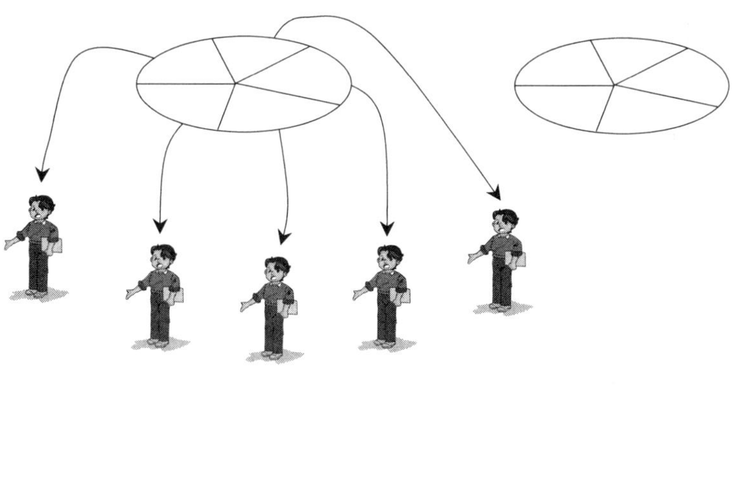

(3) 비 : 분수 $\frac{2}{5}$의 비 해석은 남학생 5명에 대한 여학생 2명의 비와 같이 비율의 상황을 나타낸다. 이 해석은 앞의 두 해석과 달리 분할의 상황이 아니기 때문에 개념적으로 완전히 다름을 알 수 있다.

문 제

1. $\frac{2}{5}=\frac{1}{3}+\frac{1}{15}$과 같이 $\frac{2}{7}$와 $\frac{2}{13}$를 분모가 다른 단위분수의 합으로 나타내어라.

2. $\frac{1}{n}=\frac{1}{n+1}+\frac{1}{n\times(n+1)}$이 성립하는가를 $\frac{1}{2}$과 $\frac{1}{3}$을 이용하여 보여라.

3. $\frac{1}{3}$을 4개의 단위분수의 합으로 나타내어라.

4. $\frac{1}{n(n+1)}=\frac{1}{n}-\frac{1}{n+1}$을 이용하여
$\frac{1}{1\cdot 2}+\frac{1}{2\cdot 3}+\frac{1}{3\cdot 4}+\cdots+\frac{1}{9\cdot 10}$의 값을 구하여라.

5. $a \,¤\, b=\frac{a+b}{2}$라 할 때, $\frac{1}{3} \,¤\, \left(\frac{1}{5} \,¤\, \frac{1}{7}\right)$의 값을 구하여라.

6. 분수 $\frac{2}{5}$를 다음과 같은 과정을 통해 연속되는 분수로 표현할 수 있다. 다음 분수를 연속되는 분수로 표현하여라.

$$\frac{2}{5} = \frac{1}{\frac{5}{2}} = \frac{1}{2+\frac{1}{2}} \qquad (1)\ \frac{3}{7} \qquad (2)\ \frac{13}{30}$$

4.8 인생을 100점짜리로 만들기

인생은 자신이 어떤 자세로 살아가느냐에 따라 100점짜리 인생을 살아 갈 수도 있고 실패한 삶으로 살아갈 수도 있다. 그러면 100점짜리 인생을 만들기 위해 필요한 것이 무엇인지 알아보자. 먼저 영어 알파벳에 순서대로 숫자를 붙여준다. A에 1을 붙여주고, B에 2, C에 3, D에 4, … 이런 식으로 Z에 26을 붙인다. 다음으로 어떤 단어의 알파벳에 붙여진 숫자를 모두 더해 100을 되는 단어를 찾는 것이다.

예를 들어, 열심히 일만 한다면 어떻게 될까? hard work이므로 98점이 된다. 일만 열심히 한다고 100점짜리 인생이 되는 건 아님을 알 수 있다. 그렇다면 지식이 많으면 어떻게 될까? knowledge는 96점이다. 사랑을 하면 어떻게 될까? love는 54점이다. 운으로 될까? luck은 47점밖에 되지 않는다. 돈이 많으면 어떻게 될까? money는 72점이다. 리더십은? leadership은 89점이다.

그렇다면 진정 인생을 100점으로 갈아가는 것은 무엇일까? 답은 태도 attitude이다. 즉 인생은 마음먹기에 따라 100점짜리가 될 수도 있고 그렇지 않을 수도 있는 것이다.

문 제

1. 영어 알파벳에 차례로 A=1, B=2, C=3, …, Z=26을 부여하여 다음에 제시된 각각의 단어에 있는 알파벳에 부여된 수의 합을 구하여라.
   (1) cat
   (2) bear
   (3) sun flower
   (4) hangang
   (5) woman

2. 한글의 자음과 모음에 대하여 ㄱ=1, ㄴ=2, ㄷ=3, ㄹ=4, …, ㅎ=14라 하고, 된소리(ㄲ, ㄸ, ㅃ, ㅆ, ㅉ)는 예사소리보다 2배의 값을 갖으며, 모든 모음은 1의 값을 갖는다고 하자. 다음 단어에 있는 모든 모음과 자음에 부여된 수의 합을 구하여라.
   (1) 짱구
   (2) 손오공
   (3) 캔디
   (4) 꼬부기
   (5) 자기 이름

3. 영어 단어에 부여된 값이 다음과 같을 때 teacher가 갖는 값을 구하여라.

   woman=4, man=14, boy=25, girl=20

제5장

도형과 측정 영역

5.1 점판 위의 도형

5.2 그림에서 감추어진 도형 찾기

5.3 칠교판

5.4 테셀레이션

5.5 용액 측정하기

초등학교에서 도형과 측정 영역은 학생들이 어려워하는 영역이기 때문에 직관적이고 구체적인 경험을 통하여 기하학적 감각과 도형에 대한 이해를 길러주어야 한다. 특히 점판, 칠교판, 테셀레이션 등은 구체물을 포함하는 활동을 통하여 도형의 성질을 탐구할 수 있는 유용한 소재이다. 다양한 활동을 통한 도형에 대한 이해는 학생들이 살고 있는 주변 환경의 대상을 수학적으로 분석하고 조직할 수 있는 폭 넓은 기회를 제공한다.

이 장에서는 도형과 측정 영역에서 학생들의 기하적 사고와 공간 감각과 관련된 다양한 소재를 제시하여 문제해결력을 신장시킬 수 있는 기회를 제공하고자 한다.

5.1 점판 위의 도형

점판(geoboard)은 평평한 판의 가로와 세로에 일정한 간격으로 못을 박아, 그 못에 고무줄을 걸어 여러 가지 도형을 만들 수 있도록 고안된 교구이다. 점판은 학생들이 손쉽게 여러 가지 도형을 만들고 변환시킬 수 있어 도형에 대한 이해나 넓이와 둘레의 길이와 같은 측정값 사이의 관계에 대한 이해에 많은 도움을 준다.

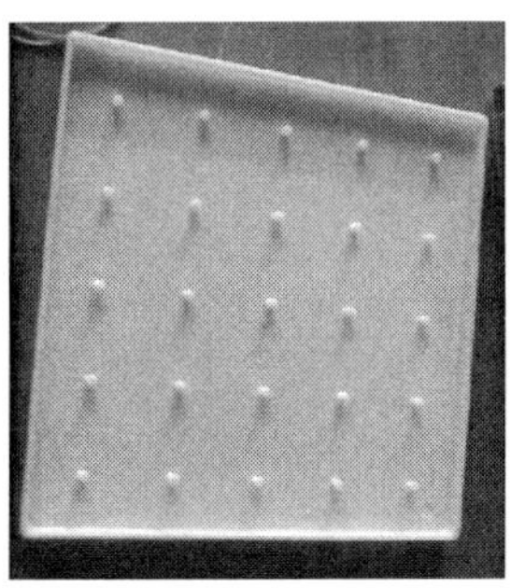

(그림 11) 점판

점판을 이용한 수학 학습의 이점을 구체적으로 살펴보면 다음과 같다.

- 여러 가지 형태와 크기의 도형을 구성함으로써 도형에 대한 흥미와 관심, 친숙감을 갖게 할 수 있다.
- 고무줄의 다양한 조작에 의해 공간 감각을 형성시키고 발달시킬 수 있다.
- 고무줄로 구성된 도형은 그 넓이를 구할 수 있기 때문에 평면 도형의 넓이 지도에서 활용할 수 있다.
- 종이 위에 연필로 그리는 정적인 도형에서 탈피하여 동적인 도형으로의 전환이 가능하므로 문제해결자에게 생동감을 줄 수 있으며, 문제해결자의 능동적인 참여를 유도할 수 있다.
- 도형이나 넓이와 관련된 문제의 설정이 용이하다.
- 좌표기하의 기초학습에 많은 도움이 된다.

점판을 이용하여 점판 위에 다양한 도형을 구성하도록 요구하는 문제를 설정할 수 있다. 먼저 2개의 직각과 1개의 예각과 둔각으로 만들어지는 도형을 구성해 보고 그 넓이를 구할 수 있다. 이런 조건에서는 문제해결자에 따라 다양한 도형이 구성될 것이고 그에 따라 넓이도 달라질 것이다. 이 경우에 점판은 문제해결자들이 다양한 도형을 구성할 수 있도록 도움을 줄 것이다. 이제 직각과 예각, 둔각의 수를 달리하면서 오각형, 육각형으로 도형을 변화시킬 수 있을 것이다.

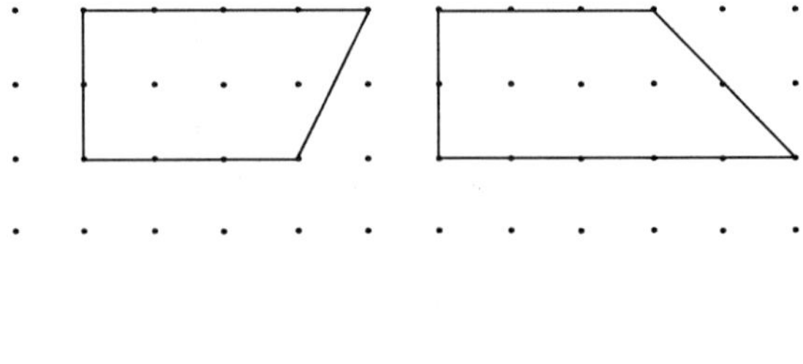

점판은 측정 영역에서 속성사이의 관계의 탐구에도 유용하다. 예를 들어 넓이가 12인 직사각형을 만들어 보도록 한다. 또는 둘레의 길이가 12㎝로 일정한 도형의 넓이를 구하도록 할 수 있다. 이러한 문제해결을 통해 문제해결자는 두 속성 사이의 관계를 발견할 수 있을 것이다.

점판에서는 규칙을 발견하도록 하는 문제설정도 가능하다. 예를 들어 점과 점 사이의 길이가 1일 때 다각형 안에 어떤 점도 있지 않도록 도형을 구성하면 그 넓이는 일정한 규칙을 가지게 된다. 만약 10개의 점을 이용하여 만들면 그 넓이는 4가 된다. 만약 어떤 다각형이 50개의 점으로 만들어진 것이라면 그 넓이는 얼마가 될까? 답을 발견하게 된 규칙은 무엇인가?

문제를 변형하여 점과 점 사이의 길이가 1일 때 다각형 안에 단 한 개의 점이 존재한다면 그 도형의 넓이를 어떻게 구할 수 있을까? 도형이 10개의 점으로 구성되어 있고 그 내부에 단 하나의 점이 있다면 그 도형의 넓이는 얼마인가? 도형 내부에 있는 점의 개수가 증가함에 따라 도형의 넓이와 변에 있는 점의 수, 내부에 있는 점의 수 사이에서 어떤 관계를 발견할 수 있는가?(문제 6)

문 제

1. 아래 그림과 같은 9개의 격자 모양의 점을 연결하여 서로 다른 모양의 삼각형을 그릴 때, 그릴 수 있는 삼각형의 개수를 구하여라.

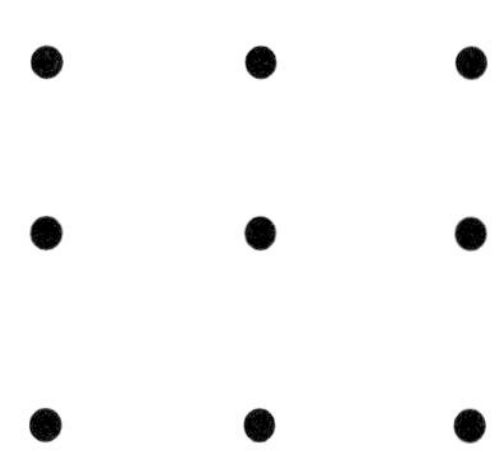

2. 아래 그림과 같은 8개의 격자 모양의 점을 연결하여 서로 다른 모양의 삼각형을 그릴 때, 그릴 수 있는 삼각형의 개수를 구하여라.

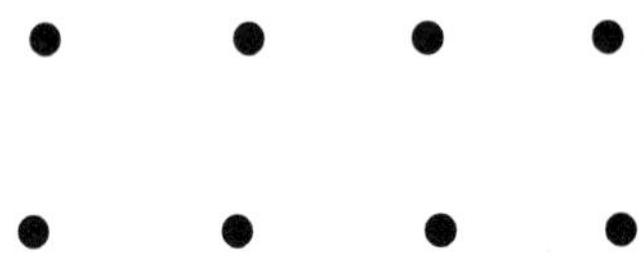

3. 아래 그림과 같은 9개의 격자 모양의 점을 연결하여 그릴 수 있는 이등변삼각형의 수를 구하여라.

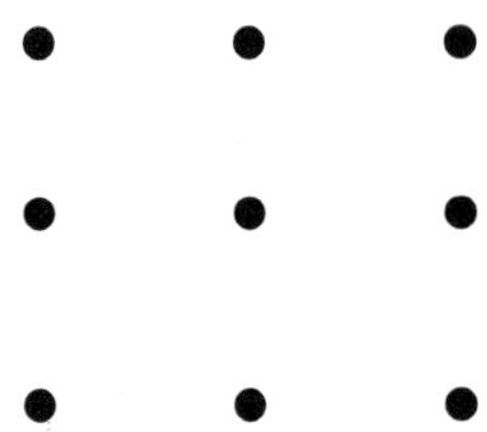

4. 아래 그림과 같은 16개의 격자 모양에서 점을 서로 연결하여 그릴 수 있는 이등변삼각형의 수를 구하여라.

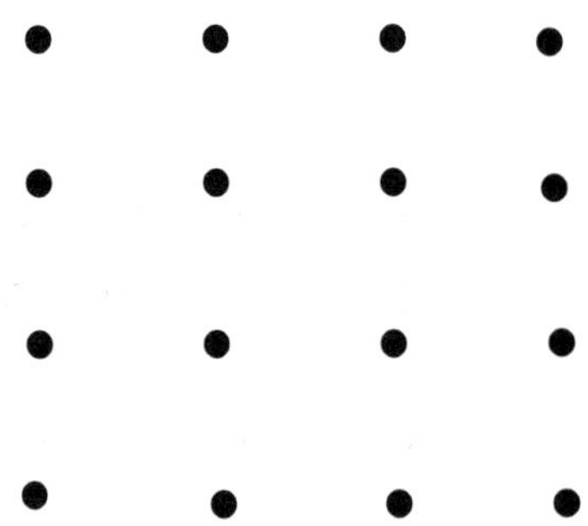

5. 다음 그림과 같은 16개의 격자 모양에서 점을 서로 연결하여 정사각형을 그릴 때, 그릴 수 있는 정사각형의 수를 구하여라.

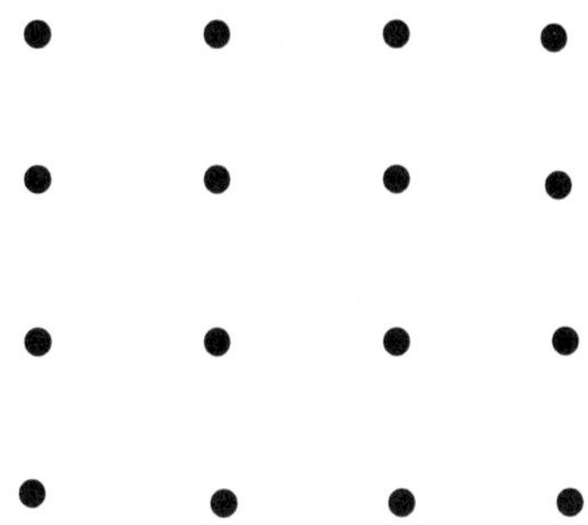

6. 정사각형의 네 꼭지점에 있는 못을 연결하여 만들어진 영역의 넓이를 1㎠라 하자. 그러면 고무줄로 연결된 내부의 넓이는

$A=\frac{1}{2}\times b+i-1$($b$는 고무줄로 이루어진 울타리에 있는 못의 수, i는 고무줄 안의 못의 수)이 된다.

(1) 위의 공식이 성립하는지를 몇 개의 도형을 그려 확인하여라.

(2) 다음 도형의 넓이를 구하여라.

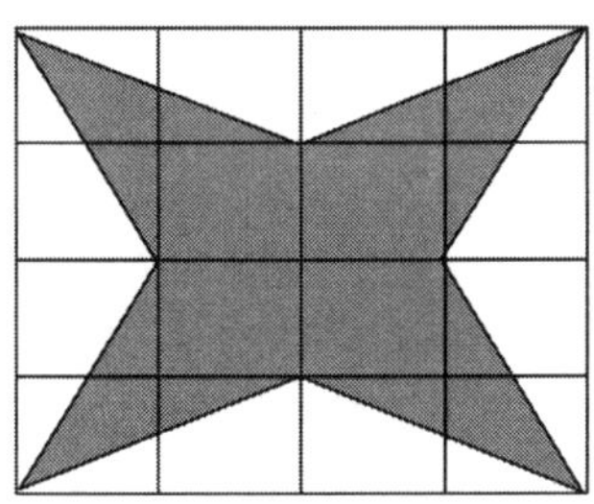

(3) 넓이가 2㎠인 정사각형을 그릴 수 있는가? 그릴 수 있다면 그려 보고, 그 이유를 설명하여라.

(4) 넓이가 5㎠인 정사각형을 그릴 수 있는가? 그릴 수 있다면 그려 보고, 그 이유를 설명하여라.

5.2 그림에서 감추어진 도형 찾기

사람들은 자신의 시각 영역 안의 여러 요소들을 전체적으로 결합시켜 대상을 특정한 형태로 인식하는 것이 아니라, 전체적인 지각을 통하여 인식한다. 전체적인 지각을 통한 인식의 예로 아래 그림을 처음 볼 때, 대부분 사람들은 윗면이 보이는 계단의 그림으로 보게 된다. 그러나 꼭 그렇게 보이는 것만은 아니다. 천천히 들여다보면, 어렵지 않게 아래 면이 보이는 계단의 그림으로 볼 수도 있다. 무심결에 이 그림이 위에서 본 계단, 아래에서 본 계단의 그림으로 수시로 바뀌게 된다는 사실을 알게 된다.

사람들이 아래 그림에서 윗면이 보이는 계단에만 치중하면 아래에서 본 계단의 형태를 인식할 수 없듯이, 도형에서 특정한 형태에 집중하면 다른 형태를 인식하지 못하기도 한다. 이 경우에 문제의 전체적인 구조에 대한 통찰은 쉽게 보이지 않는 숨겨진 도형을 발견하는데 유용하다.

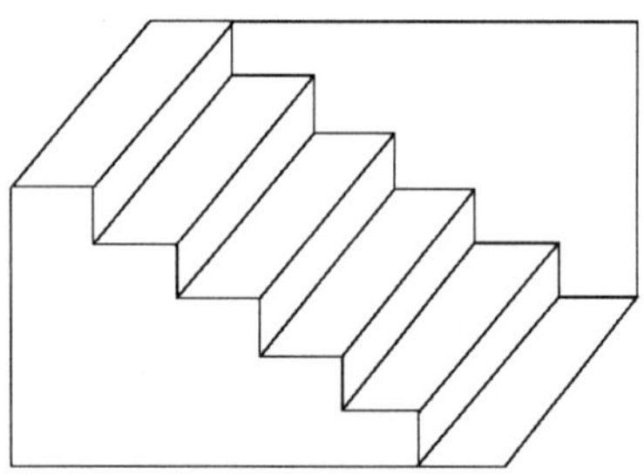

(그림 12) 전체적인 지각에 의한 인식

마찬가지로 문제해결자들은 아래 그림에서 직사각형의 개수를 구하라는 문제에 접했을 때 종종 작은 직사각형에만 집착하여 직사각형의 개수가 10개라고 답을 한다. 그렇지만 직사각형은 더 많이 존재하며 그 개수는 1+2+3+…+9+10=55개임을 알 수 있다.

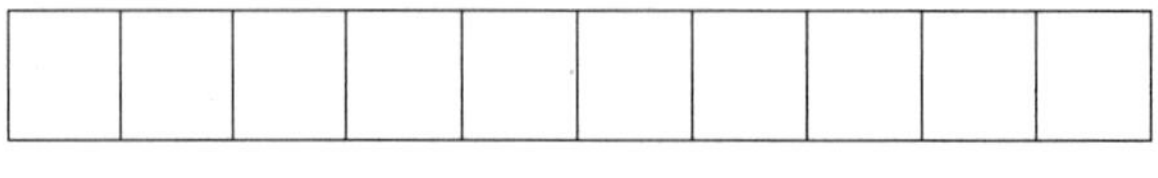

이러한 예는 도형 안에 감추어진 다른 도형을 발견하기 위하여 체계적이고 분석적으로 도형을 관찰하는 경험이 필요함을 시사한다. 다음 도형에서 직사각형의 개수는 하나의 직사각형으로 구성된 직사각형 5개, 두 개의 직사각형으로 구성된 직사각형 4개, 3개의 직사각형으로 구성된 직사각형 2개를 합하여 모두 11개의 직사각형이 존재한다.

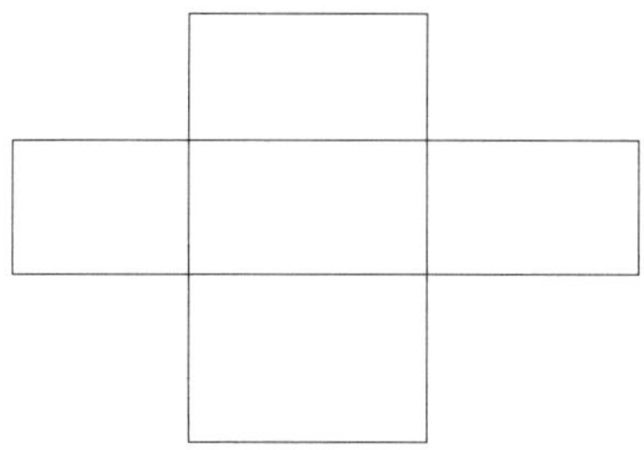

문 제

1. 아래 그림에서 각각의 도형에 있는 삼각형의 개수를 구하여라.

(1)

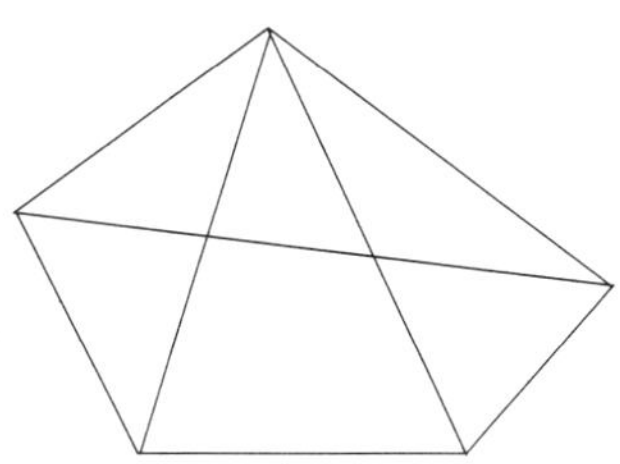

(2)

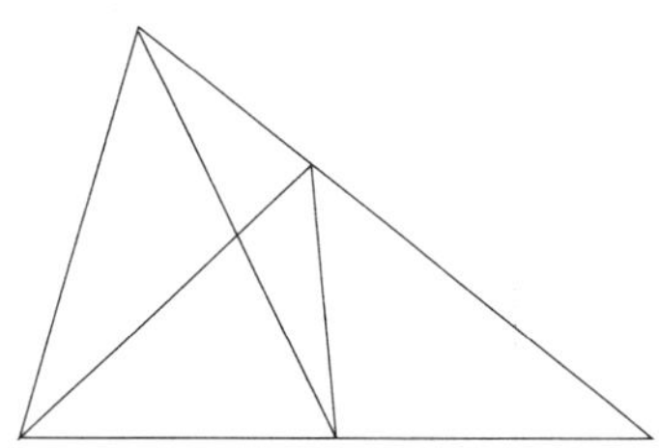

(3)

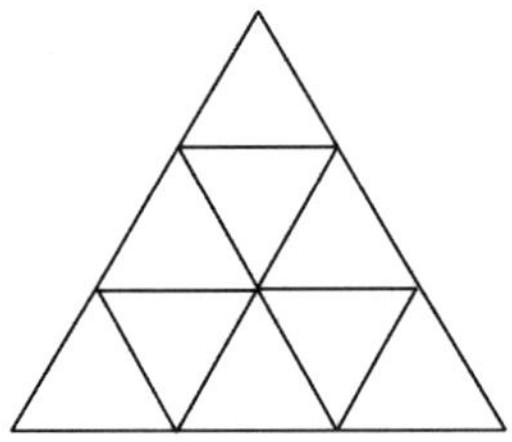

(4)

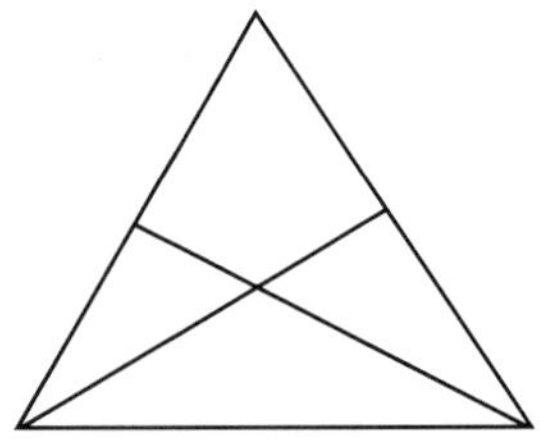

(5)

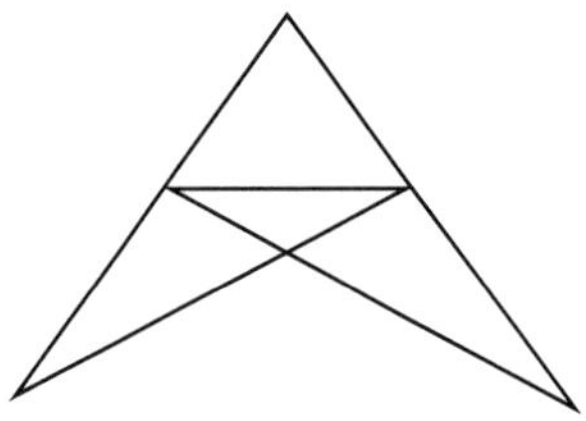

(6)

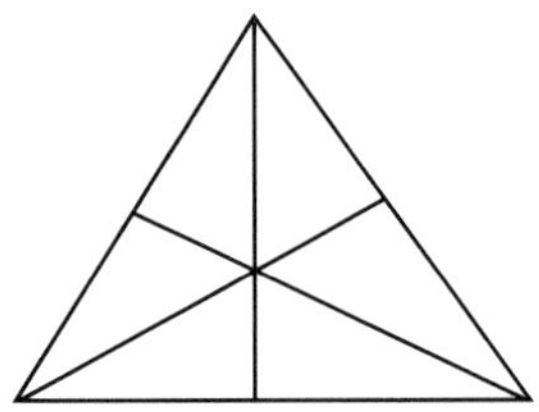

2. 아래 도형에 있는 직사각형의 개수를 구하여라.

(1)

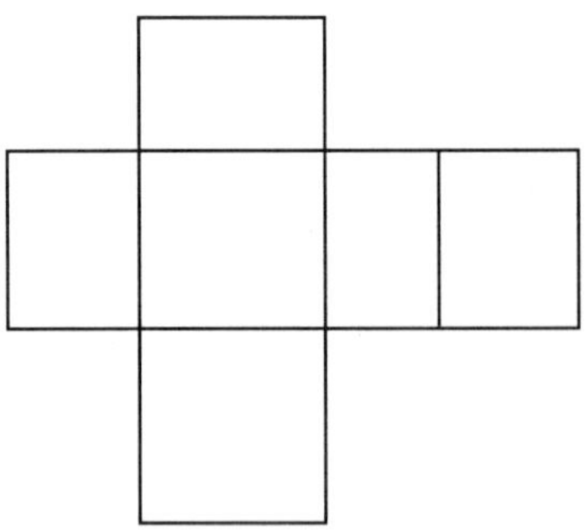

(2)

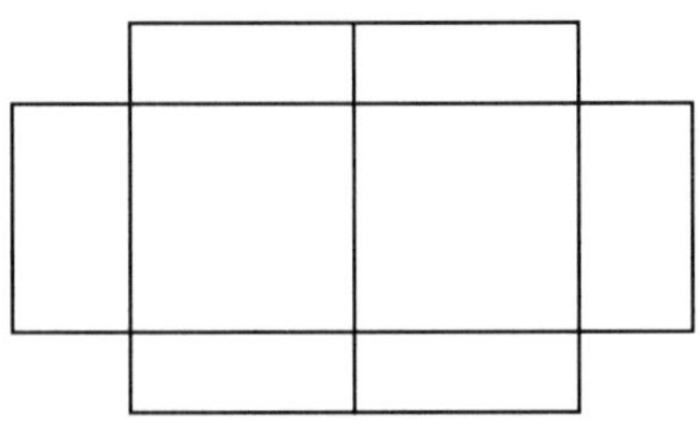

3. 아래 도형에 있는 정사각형의 개수를 구하여라.

(1)

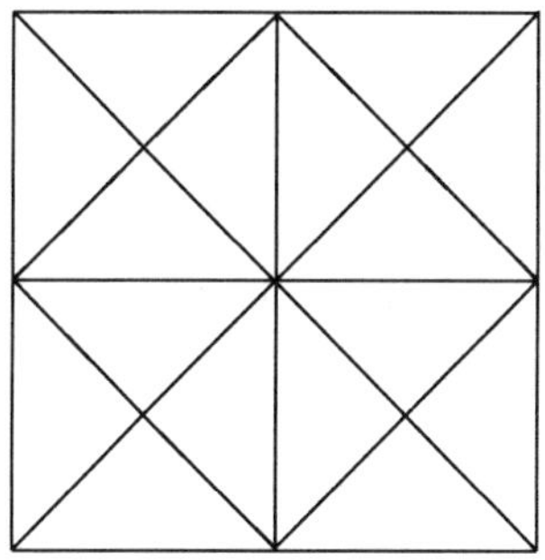

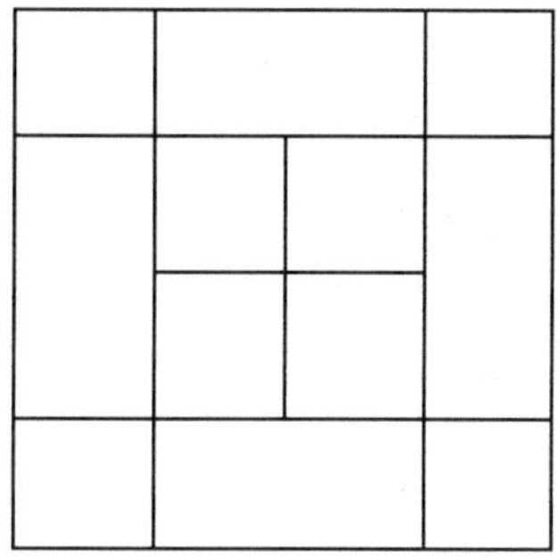

4. 아래 도형에 있는 삼각형의 개수를 구하여라.

(1)

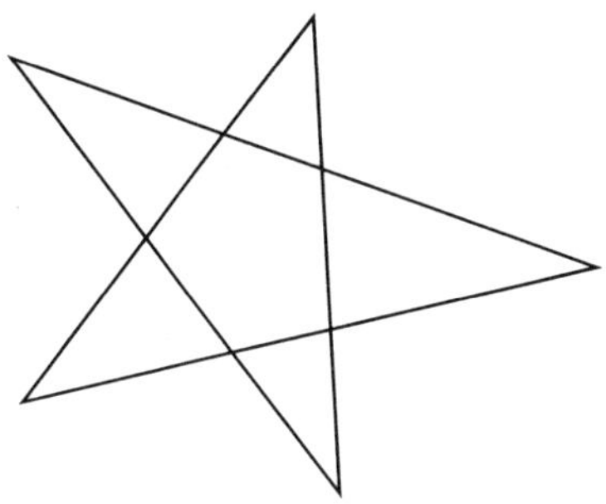

(2)

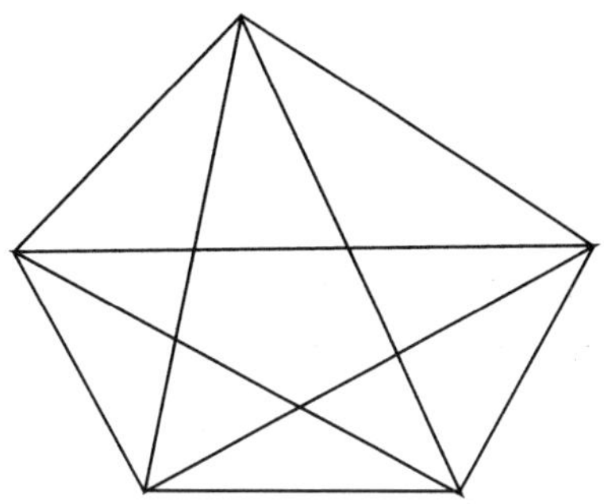

5. 아래 도형에 있는 모든 삼각형의 개수를 구하여라.

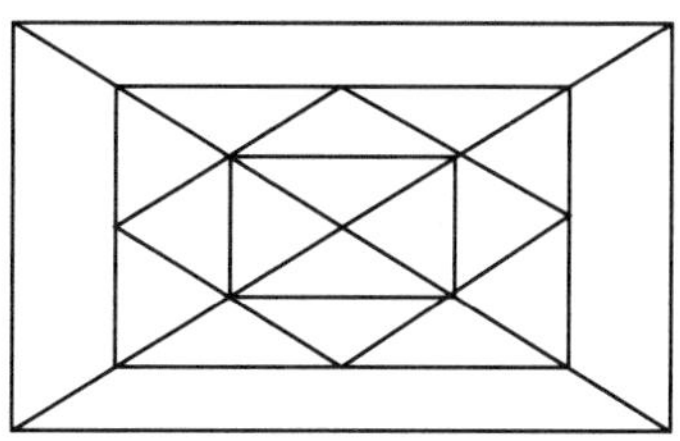

5.3 칠교판

칠교판(tangram)은 정사각형을 일곱 조각으로 나누어, 각각의 조각을 이용하여 여러 가지 모양을 만들 수 있는 교구이다. 칠교판의 기원은 정확히 알 수 없으나, 중국으로부터 전래되었을 것으로 추정되는데, 청나라 시대인 1813년에 처음으로 칠교판을 이용한 놀이에 관한 책이 출간되었으며, 유럽으로도 전래되어 이와 비슷한 놀이가 많이 생겨났다고 한다. 나폴레옹과 에드가 앨런 포우는 이 놀이를 자주 즐겼다고 한다.

칠교판을 이용한 놀이는 많은 사고력을 요구하며, 특히 학생들의 두뇌 발달을 촉진시킨다. 따라서 중국에서는 칠교판을 '지혜판'으로 불렀으며, 탱그램이란 이름으로 세계에 퍼졌다.

칠교판은 크고 작은 삼각형 다섯 개, 그리고 정사각형 한 개와 평행사변형 한 개로 구성되어 있다. 이 조각들을 적절하게 배열하면 수 천 가지의 모양을 만들 수 있는데, 주변에서 널리 쓰는 생활용품부터 사물의 이치와 우주의 원리 같은 추상적인 것까지 형상화할 수 있다. 이것을 통해 선인의 섬세함과 생활의 지혜를 엿볼 수가 있다.

칠교판은 다음과 같이 쉽게 만들 수 있다. ① 두꺼운 종이 위에 가로, 세로의 길이가 12cm인 정사각형을 그린다. ② 아래 그림과 같이 3cm간격으로 선을 그으면, 한 변의 길이가 3cm인 정사각형 16개가 만들어진다. ③ (그림 13)과 같이 큰 삼각형 두 개, 중간 삼각형 한 개, 작은 삼각형 두 개, 평행사변형 한 개, 정사각형 한 개로 일곱 조각을 낸다. ④ 조각판에 예쁜 색이나 무늬를 그려 장식하면 더욱 멋진 놀이판이 된다.

오늘날에는 칠교판의 재료로 매우 다양한 것을 이용하고 있다. 종이, 아크릴, 나무토막 등을 쓸 수 있으나, 학교에서 사용할 때에는 색종이를 자른 후 코팅해서 사용하거나 딱딱한 종이를 이용해서 제작하면 오랫동안 쓸 수 있다.

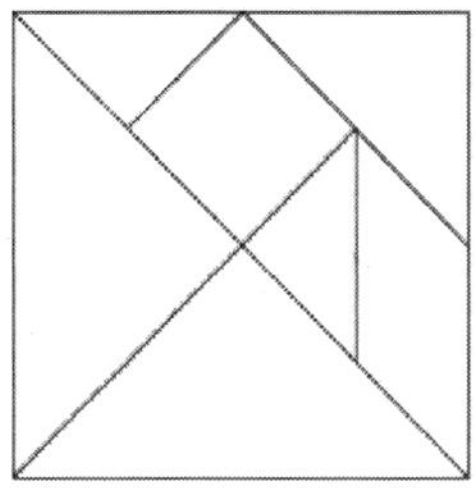

(그림 13) 칠교판

칠교판을 이용한 문제해결은 가장 작은 삼각형의 넓이를 1이라 하고 여러 종류의 도형을 구성해 보도록 요구할 수 있다. 예를 들면 가장 작은 삼각형의 넓이를 1이라하고 넓이가 2, 4, 8인 삼각형을 만들어 보도록 할 수 있다. 어떻게 만들 수 있는가? 넓이가 2인 삼각형은 단위삼각형 2개를 맞대어 만들 수 있다. 넓이가 4인 삼각형은 어떻게 만들 수 있는가? 정사각형 하나와 작은 삼각형 2개를 이용하여 만들 수 있을 것이다. 각각의 도형을 만드는데 이용된 칠교판 조각들이 어떠한가를 문제해결자들이 서로 비교해 보도록 하자.

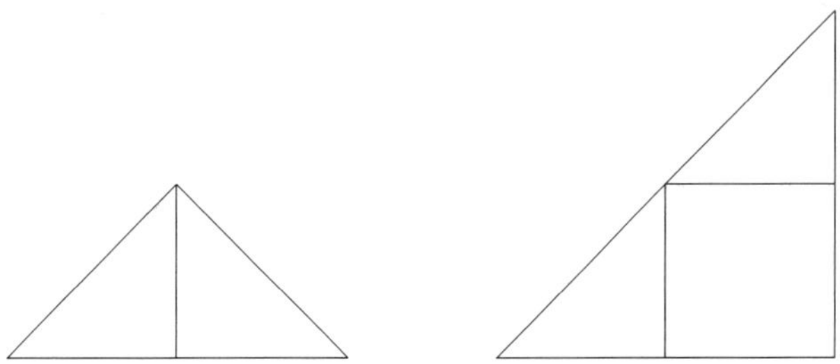

이제는 넓이가 4, 8인 사각형을 만들어 보고, 넓이가 16이 되는 육각형도 만들어 보도록 하자. 또한 칠교판 조각으로는 우리의 일상생활에서 볼 수 있는 여러 가지 동식물의 형상을 구성할 수 있다. 문제해결자들이 독창적인 방법으로 여러 가지 사물을 구성해 보고 제시된 그림을 칠교판으로 맞추어 보도록 하는 활동은 도형에 친숙해지고 공간 지각력을 기르는 데에도 유익하다.

문 제

1. 다음 삼각형에 있는 작은 삼각형은 칠교판의 7조각 중 가장 작은 삼각형과 합동이라고 한다. 아래 그림을 덮기 위해 칠교판 조각을 이용한다고 할 때, 사용할 수 있는 조각의 종류와 조각의 수를 각각 구하여라.

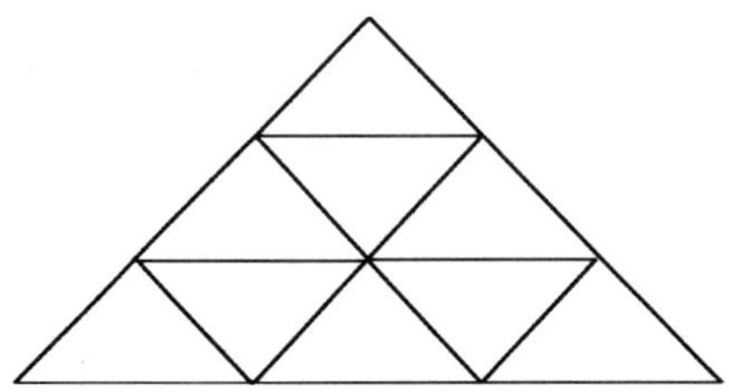

2. 칠교판에서 가장 작은 삼각형 조각을 1㎠라고 할 때, 넓이가 4㎠인 정사각형을 만들어 보아라.

3. 칠교판에서 가장 작은 삼각형 조각을 1㎠라고 할 때, 넓이가 4㎠인 정사각형을 같은 모양의 칠교 조각을 이용하여 만들어 보아라.

4. 칠교판에서 가장 작은 삼각형 조각을 1㎠라고 할 때, 넓이가 8㎠인 직사각형을 칠교 조각을 이용하여 그려라.

5. 칠교판을 이용하여 1~8까지의 수의 모양을 만들어 보아라. 그리고 칠교판을 이용하여 만들 수 있는 다양한 모양을 구성해 보아라.

6. 다음 그림을 칠교판을 이용하여 구성하여라.

5.4 테셀레이션

테셀레이션은 타일 붙이기와 같이 '어떤 틈이나 포개짐 없이 평면이나 공간을 덮는 패턴'을 말한다. 테셀레이션은 라틴어 'tessella'에서 유래되었는데, 고대 로마 때 모자이크에 사용되었던 작은 정사각형 모양의 돌이나 타일을 의미하였다. 우리 주위에서 찾을 수 있는 테셀레이션은 어떤 것이 있는가? 우리 주변에는 교실 바닥의 타일, 벽지, 장식물 등과 같이 많은 부분에 테셀레이션을 이용하고 있다.

테셀레이션은 한 가지 모양이나 다양한 모양 조각으로 구성할 수 있으며, 주어진 모양 조각을 이용하여 테셀레이션이 가능한지 불가능한지를 탐구함으로써 도형의 성질을 탐구하고 공간 지각력을 신장시킬 수 있다.

기본 도형을 이용하여 테셀레이션 하는 방법을 알아보자. 다음은 정삼각형을 이용하여 테셀레이션을 한 것이다. 다른 가능한 도형도 생각해 보자.

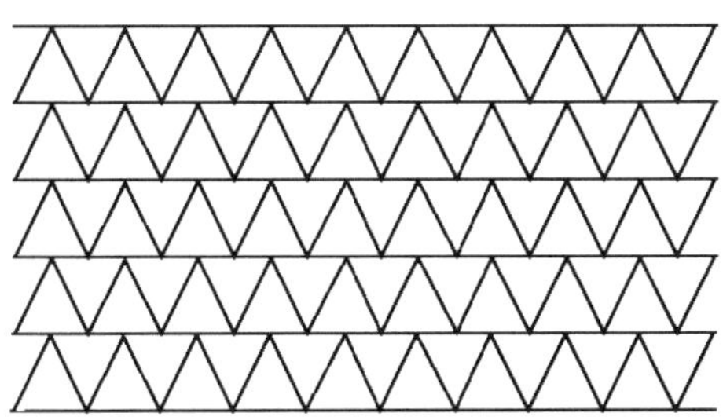

다음으로 정사각형 1개를 두 사람이 똑같이 나눠 가지려면 어떻게 나누면 되겠는가? 가능한 여러 가지 방법을 찾아보아라. 예를 들면 다음과 같은 분할을 생각할 수 있다.

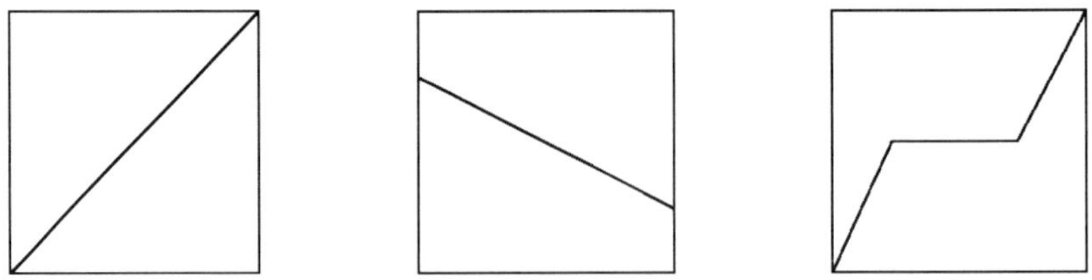

위의 질문에서 네 사람인 경우에는 어떻게 나누면 되겠는가? 예를 들면, 다음과 같은 방법을 생각할 수 있다.

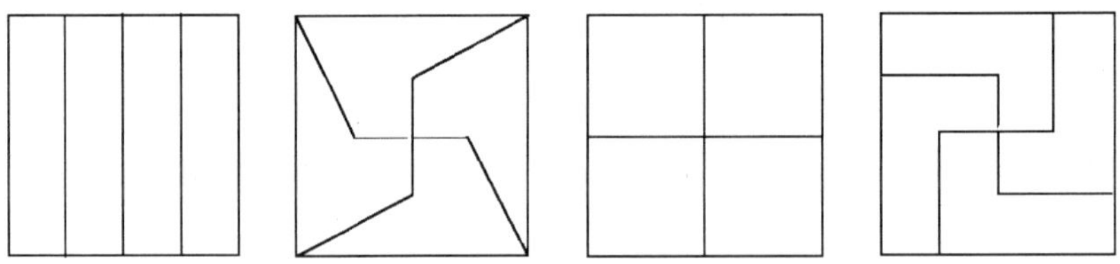

한편, 테셀레이션의 예술적 아름다움을 부각시킨 사람은 네덜란드 화가인 Escher(1898~1972)이다. 그는 무어인들의 모자이크에 영감을 받아 단순한 기하학적 무늬에서 수학적 변환을 이용하여 창조적인 형태(새, 물고기, 사람)의 테셀레이션 작품 세계를 구축했다. 그의 작품에 매료된 수많은 과학자들과 수학자들은 그의 작품 속에 학문적 의미를 찾아내는 작업을 계속하고 있다.

(그림 14) Escher와 테셀레이션 (천국과 지옥, 1960)

문 제

1. 정오각형으로 테셀레이션을 할 수 있을까? 답에 대한 이유를 써 보아라.

2. 경민이는 여러 가지 정다각형으로 테셀레이션을 만들려고 한다. 가능한 정다각형에는 어떤 것들이 있는지를 알아보기 위하여 다음 표를 완성하여라.

정다각형	한 점에 모이는 n 각형의 수	한 내각의 크기	테셀레이션의 가능성

3. 다음 직사각형을 이용하여, 그 옆에 있는 그림과 같은 테셀레이션을 만들 수 있는 방법을 설명하여라.

4. 정사각형에 두 개의 직선을 그어 정사각형도 직사각형도 평행사변형도 아닌 합동인 4개의 사각형으로 나누어라.

5. 다음 모양의 도형을 크기와 모양이 같게 4등분하여 나누려고 한다. 수직선과 수평선만을 이용하여 나누어라.

(1)

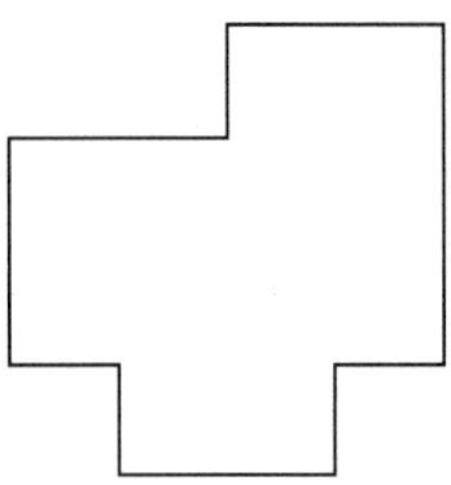

(2)

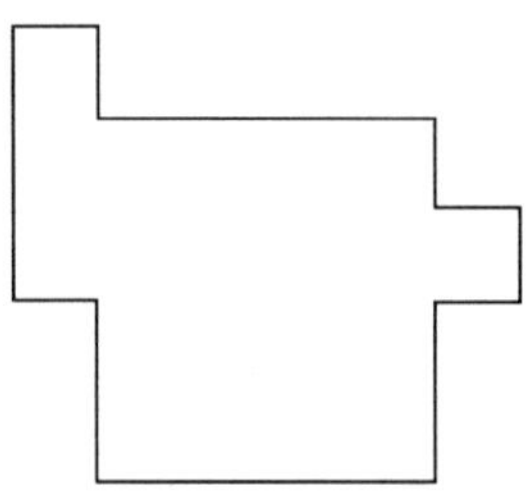

(3)

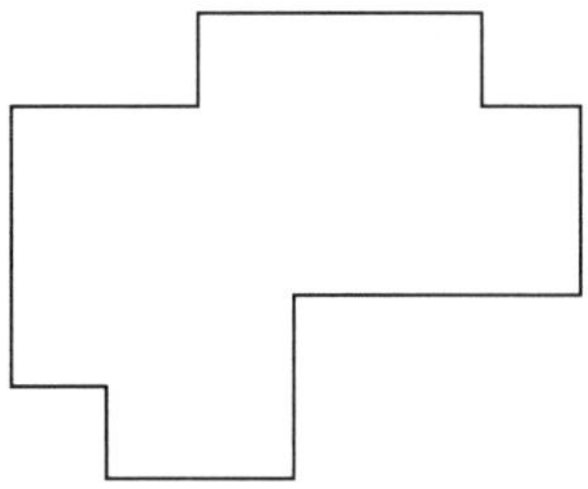

(4)

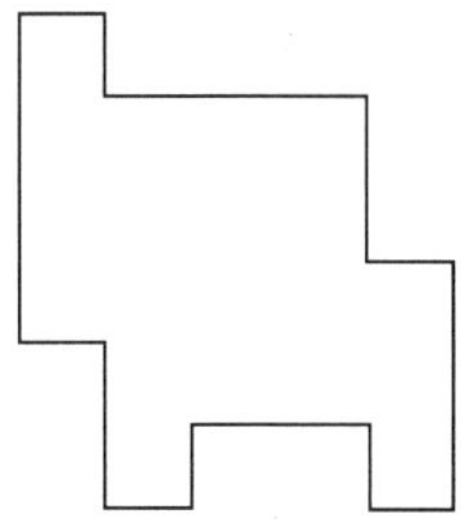

(5)

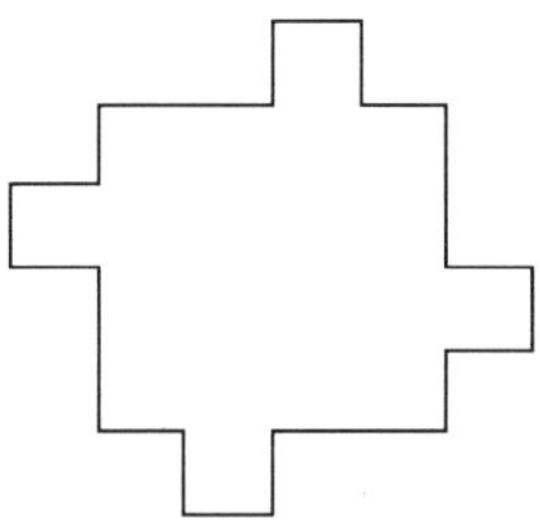

6. 가로 9m, 세로 12m가 되는 헌 양탄자가 있다. 그 한가운데에 아래 그림과 같이 가로 1m, 세로 8m가 되는 구멍이 있다. 구멍이 있는 곳을 없애 가로와 세로가 10m가 되는 방에 이용하려고 한다. 그 방법을 써라.

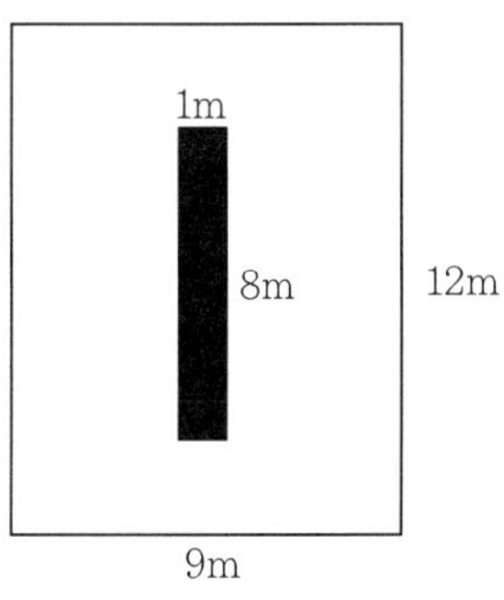

7. 아래의 정사각형 그림과 같이 4개의 정사각형으로 나누어진 것 중의 3개를 합동인 4개의 도형으로 나누려고 한다. 나누는 방법을 그려라.

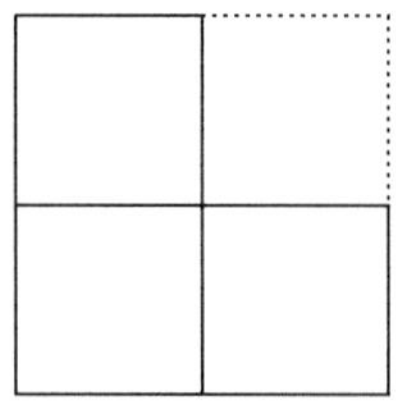

5.5 용액 측정하기

수학 문제를 해결하는 능력은 일상생활에서 직면하는 수많은 문제를 해결하는 지름길이기도 하다. 예를 들면 브루스 윌리스(Bruce Willis) 주연의 영화 '다이하드 3'에서는 3갤런과 5갤런의 용기로 4갤런의 물을 얻어야 하는 퍼즐이 등장한다. 긴박한 상황에서 위기를 탈출하기 위해 주인공은 이 문제를 어떻게 해결하였겠는가? 여러분이 영화의 주인공이 되어 해결해 보자.

먼저 5갤런 용기에 물을 가득 넣은 후 3갤런 용기에 물을 가득 넣는다. 다시 3갤런 용기를 비운 후 2갤런의 물을 3갤런 용기에 넣는다. 그 다음 5갤런 용기에 물을 가득 넣은 후 그 물로 2갤런이 들어 있는 3갤런 용기가 가득 차도록 물을 넣는다. 그러면 5갤런 용기에는 4갤런의 물이 남게 된다. 이 과정을 식으로 나타내면 어떻게 되겠는가?

문 제

1. 3 L, 5 L짜리 측정기구만을 이용하여, 1 L의 물을 얻을 수 있는 방법을 구하여라.
2. 3 L, 8 L짜리 측정기구만을 이용하여, 1 L의 물을 얻을 수 있는 방법을 구하여라.

3. 크기와 색깔이 같은 9개의 유리구슬이 있다. 그 중 한 개는 다른 8개 구슬보다 가볍다고 한다. 수평저울을 이용하여 가벼운 구슬을 찾아낼 수 있는 최소한의 수를 구하여라.

4. 크기와 색깔이 같은 27개의 쇠 구슬이 있다. 그 중 한 개는 다른 26개 구슬보다 가볍다고 한다. 수평저울을 이용하여 가벼운 구슬을 찾아낼 수 있는 최소한의 수를 구하여라.

5. 크기와 색깔이 같은 9개의 유리구슬이 있다. 그 중 7개는 무게가 같고, 같은 무게인 나머지 두 개는 가볍다고 한다. 그 두 개의 구슬을 수평저울을 이용하여 찾으려면 최소한 몇 번의 저울을 이용해야 하는가를 구하여라.

제6장

확률과 통계 영역

확률과 통계 영역은 일상생활 속에서 접하는 여러 가지 정보에 정확한 판단이 가능하게 하는 비판적 사고를 촉진시키며, 분수와 소수, 비를 응용하는 것과 같이 수학의 다른 영역에 대한 기능의 발달에도 기여한다. 특히 확률과 통계 영역은 일상생활에서 부딪치는 실제적인 상황에서 문제해결 방법을 선택하고 결과를 판단할 수 있는 내용으로 구성되어, 수학의 유용성과 수학적 힘을 느끼게 해 준다. 의사결정이 필요한 많은 판단의 상황에서 수집된 정보를 조직하고 분석하여 효율적인 방법으로 처리하는 능력의 개발은 확률과 통계에서 습득된 전략으로 가능한 것이다.

이 장에서는 확률과 통계 영역에서 학생들의 의사결정과 관련된 다양한 소재를 제시하여 문제해결력을 신장시킬 수 있는 기회를 제공하고자 한다.

6.1 상금의 분배 문제

상금의 분배 문제는 13세기부터 전해 오던 확률과 관련된 유명한 문제로, 일련의 게임이 완전히 끝나기 전에 게임이 중단되었을 때 상금을 공평하게 분배하는 문제이다. 예를 들면 게임을 시작할 때 두 사람은 상금을 걸고, 정해진 횟수만큼 먼저 이기는 사람이 상금을 모두 가지기로 하였다. 그러나 두 사람 모두 정해진 횟수만큼 이기기 전에 게임을 중단할 수밖에 없는 상황이 발생하였다.

> 만일 승자가 되기 위하여 5게임을 먼저 이겨야 하는데 게임이 중단되었을 때 4:3으로 A가 유리하게 끝났다면 상금은 어떻게 분배하는 것이 공정한가?

이 문제에 대한 답은 비례배분이란 수학적 상식에 따르면 상금은 4:3으로 분배해야 될 것 같고, 이기는데 필요한 남은 경기 수를 고려하면 2:1로 분배하는 것이 적절할 것 같다. 이러한 상금의 공정한 분배 문제를 Pascal과

Fermat는 게임이 계속되고 매 게임에서 두 사람이 이길 기회가 같다고 하면 어떻게 될 것인가를 생각하고, 게임이 계속될 경우에 이길 확률에 비례하여 상금을 나누어야 한다고 생각하였다. 곧, 게임이 계속된다면 다음과 같은 4가지 경우가 일어난다고 한다. A승 A승, A승 B승, B승 A승, B승 B승. 마지막 경우를 제외하면 A가 이기므로 상금은 3:1로 분배하여야 한다. 이를 그림으로 나타내면 다음과 같다(우정호, 1998).

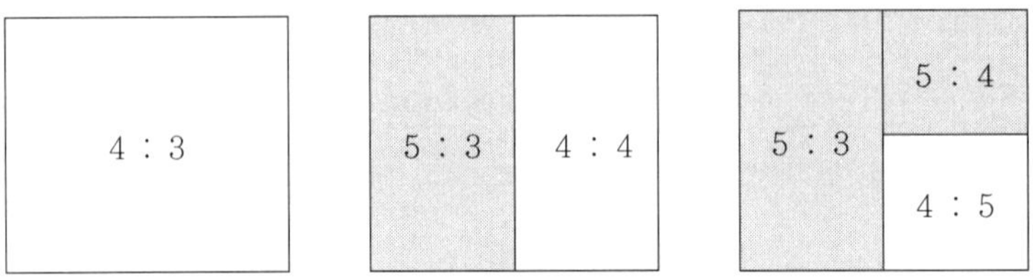

(그림 15) 확률의 수학적 모델링

위의 예와 같이 확률 현상은 산술적이고 기하학적인 방법으로 이론화 되었으나, 확률적 사고는 주관적인 측면과 객관적인 측면이 혼재되어 있어 학습과정에서 인지적 장애를 초래하기도 한다. 학생들은 원시적인 확률 직관에 의존하여 상황을 판단하려하기 때문에 교사는 확률 개념의 특징을 논의하는 과정을 통하여 원시적인 확률적 사고의 오류를 수정해 주어야 한다.

학생들이 가지는 원시직관과 관련하여, 동전 던지기에서 '앞면이 연속해서 5번이 나온 후에 뒷면이 나오는 상황'에 대해서 문제해결자는 그러한 상황은 불가능한 상황이라고 판단하며, 6명의 신생아의 성별도 남자와 여자가 50:50의 비율에 가까워야 한다고 판단한다. 그러나 독립성의 가정에 따르면 반복시행에 의해 얻어진 동전던지기의 개개의 결과는 무작위적이고 이 전의 시행과 관계없이 동일한 확률을 가진다. 이와 같이 확률을 배우는 상황에서 '무작위성'은 중요한 개념이다. 어떤 것이 무작위성을 가진다는 것은 우연 이외에는 다른 요인이 영향을 미치지 않는다는 것을 의미한다. 게임에서는 무작위성이 공정한 게임이라는 것과 유사하다. 따라서 주사위로 의사결정을 해야 할 때 '공정한 주사위'를 이용한다는 것은 누구에게도 유리하거나 불리함이 없이 무작위성이 보장된 확률적 상황인 것이다.

문 제

1. 갑과 을이 10번을 먼저 이기면 상금을 갖기로 되어 있는 경기를 하는데, 갑은 8번, 을은 7번을 이긴 상태에서 게임이 중단되었다. 두 사람에게 상금을 분배하는 적절한 방법을 구하여라.

2. 두 개의 주사위를 동시에 던질 때 다음 확률을 구하여라.
   (1) 두 개 모두 같은 눈이 나올 확률
   (2) 두 눈의 합이 5가 나올 확률

3. 세 개의 동전을 던질 때 앞면이 2번 이상 나올 확률을 구하여라.

4. 2개의 동전을 던질 때 적어도 한 개가 앞면이 나올 확률을 구하여라.

5. 2개의 주사위를 던질 때, 나온 눈의 합이 5의 배수일 확률을 구하여라.

6.2 경우의 수

일상생활에서는 주어진 조건을 만족하는 모든 가능한 경우를 구하여 판단을 해야 하는 경우가 많다. 예를 들면 여행의 코스를 결정하거나 복권을 살 경우에도 일어날 수 있는 모든 경우의 수를 고려하여 현명한 판단을 해야 한다.

경우의 수를 구하기 위하여 여러 가지 전략이 필요하다. 예를 들어 다음 문제를 살펴보자.

> 파티에 5명이 참석하여, 참석자들 모두 서로 악수를 나누었다. 그렇다면 5명의 참석자가 한 악수의 총 수는 몇 번인가?

이 문제를 해결하기 위해서는 일어날 수 있는 모든 경우의 수를 고려해야 하는데, 이 경우에 파티에 참석한 사람을 점으로 나타내고, 서로 간에 일어나는 악수를 선으로 연결하면 아래 그림에서와 같이 10번임을 쉽게 알 수 있다.

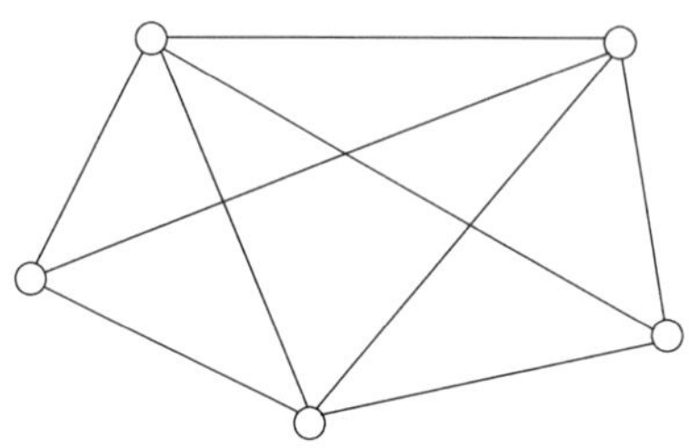

마찬가지로 [1], [2], [3], [4]와 같은 4장의 숫자 카드로 만들 수 있는 3자리 수의 개수를 구하라는 문제와 같이, 여러 가지 사건의 일어날 수 있는 가능성을 확인하기 위하여 그림이나 수형도를 그려보거나, 도표화시켜보는 것은 유용한 문제해결 전략이 된다.

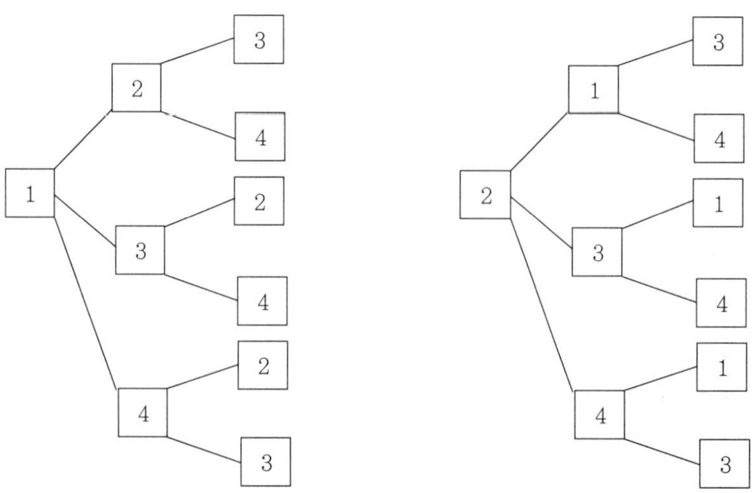

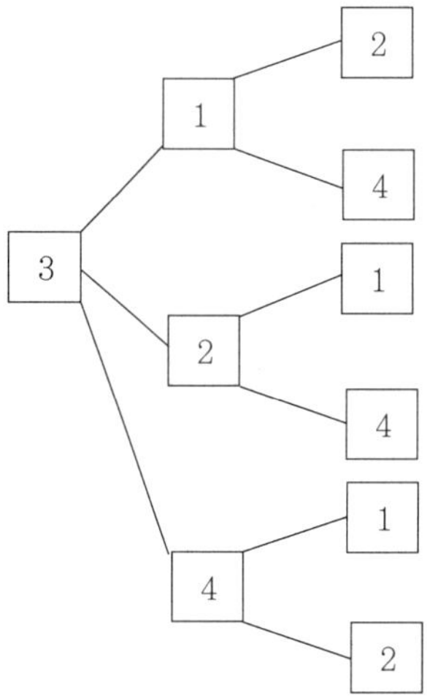

일반적으로 두 가지 사건에 대한 경우의 수를 구하기 위해서는 두 사건이 동시에 일어나지 않는 사건인지, 또는 동시에 잇달아 일어나는 사건인지를 판단해야 한다. 먼저, 동시에 일어나지 않는 두 사건 A, B에 대하여 사건 A, B가 일어나는 경우의 수를 각각 a, b라 하면, A 또는 B가 일어나는 경우의 수는 $a+b$가지이다.

예를 들면, 1부터 30까지의 정수 중에서 4 또는 9의 배수의 개수는 4의 배수의 개수가 7개, 9의 배수의 개수가 3개이며, 4의 배수이면서 동시에 9의 배수인 수는 없으므로 13개이다. 그렇지만 3 또는 5의 배수의 개수는 3의 배수의 개수가 10개, 5의 배수의 개수가 6개이지만, 3의 배수이면서 동시에 5의 배수인 수가 15의 배수이고 그 개수는 2개이므로 10+6−2=14가 된다.

한편, 두 사건 A, B에 대하여 사건 A, B가 일어나는 경우의 수를 각각 a, b라 할 때, 두 사건 A, B가 동시에 일어나는 경우의 수는 ab가지이다. 예를 들면 전주에서 대전을 가는 방법의 수는 3가지가 있고, 대전에서 서울로 가는 방법의 수가 4가지가 있으면 전주에서 대전을 거쳐 서울로 가는 방법의 수는 3가지 각각에 4가지 방법이 있으므로 3×4=12가지이다.

문 제

1. 1, 2, 3, 4를 써 놓은 4장의 카드로 4자리의 수를 만들 때, 홀수가 되는 경우의 수를 구하여라.

2. 0, 1, 2, 3, 4를 써 놓은 5장의 카드로 5자리의 수를 만들 때, 가장 작은 순으로 52번째의 수를 구하여라.

3. 50원, 100원, 500원짜리 동전이 각각 5개씩 있다. 이 동전을 이용하여 1250원을 지불할 수 있는 방법의 수를 구하여라.

4. 주머니 3개에 동전 8개를 넣는데, 각각의 주머니에 반드시 동전을 넣되, 동전의 숫자를 모두 다르게 하려고 한다. 가능한 모든 방법의 수를 구하여라.

5. 5명의 후보 중에서 3명의 대표를 뽑는 방법의 수를 구하여라.

6. 5명의 후보 중에서 대표와 부대표를 뽑는 방법의 수를 구하여라.

7. 원 위에 5개의 점이 있다. 이 점 중에서 세 점을 뽑아 삼각형을 만들 수 있는 방법의 수를 구하여라.

8. 500원 우표 2장과 200원 우표 2장을 아래 그림과 같이 배열하고자 한다. 가능한 모든 방법의 수를 구하여라.

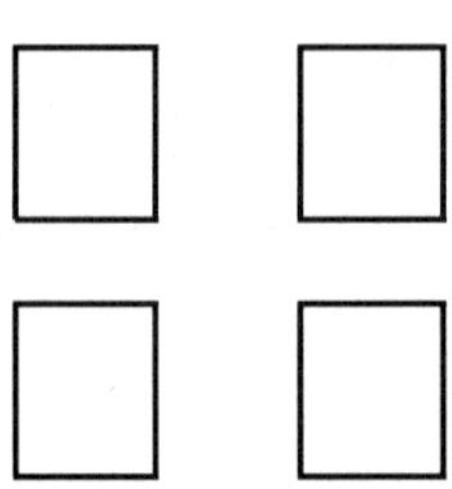

9. 500원 우표 1장과 300원 우표 1장, 100원 우표 2장을 (문제 8)의 그림과 같이 배열하고자 한다. 가능한 모든 방법의 수를 구하여라.

10. 100원 우표 4장과 500원 우표 2장으로 아래 그림의 모양으로 소포 위에 붙이려 한다. 가능한 모든 방법의 수를 구하여라.

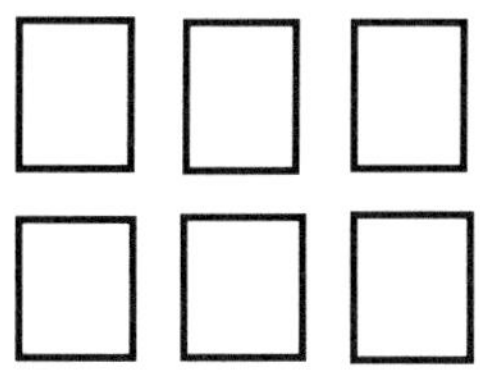

11. 500원 우표 2장과 200원 우표 2장으로 봉투에 일렬로 배열하고자 할 때, 가능한 모든 방법의 수를 구하여라.

12. 500원 우표 1장, 100원 우표 1장, 200원 우표 2장을 봉투에 일렬로 붙일 때, 가능한 모든 방법의 수를 구하여라.

13. 100원 우표 1장, 300원 우표 1장, 500원 우표 3장을 일렬로 봉투에 붙이려고 한다. 가능한 모든 방법의 수를 구하여라.

14. 500원 우표 1장, 300원 우표 2장, 100원 우표 2장을 일렬로 봉투에 붙이려고 한다. 가능한 모든 방법의 수를 구하여라.

6.3 파스칼 삼각형

파스칼 삼각형은 아래 그림과 같이 수들로 이루어진 삼각형을 말한다. 이런 유형의 그림은 13세기에 중국에서 나온 주세걸의 '사원옥감(四元玉鑑)'에서 처음으로 나타났다. 따라서 '사원옥감(四元玉鑑)'의 기록은 서양의 16세기 기록보다 무려 300여 년을 앞서고 있는 것이다. 서양에서는 독일의 천문학자인

아피언(Peter Apian)이 1527년에 펴낸 '계산'이라는 책의 표지에 파스칼 삼각형을 인쇄하였다고 한다. 파스칼은 1653년에 '수삼각형론'을 저술했는데, 그는 수삼각형의 수를 포함하는 많은 관계식과 여러 가지 성질을 개발하여 오늘날 '파스칼 삼각형'이라고 부르고 있다.

$$
\begin{array}{ccccccccccccc}
&&&&&&1&&&&&&\\
&&&&&1&&1&&&&&\\
&&&&1&&2&&1&&&&\\
&&&1&&3&&3&&1&&&\\
&&1&&4&&6&&4&&1&&\\
&1&&5&&10&&10&&5&&1&\\
1&&6&&15&&20&&15&&6&&1
\end{array}
$$

(그림 16) 파스칼 삼각형

파스칼 삼각형에는 자연수열, 삼각수열, 사면체수열 등이 존재하며, 피보나치 수열도 발견할 수 있다. 또한, 파스칼 삼각형은 아래 그림과 같은 도로망을 가지는 두 도시 사이를 가장 빠른 길로 가는 방법의 수를 쉽게 구할 수 있는 아이디어를 제공하고 있다. 이것은 고등학교 과정에서 '같은 것을 포함하는 순열의 수'를 구하는 방법과 같다.

(그림 17)과 같은 도로망을 가지는 두 도시 A, B를 최단 거리로 갈 수 있는 방법의 수를 구하여라.

일반적인 해법으로 가로로 이동하는 경로를 a, 세로로 이동하는 경로를 b라 하면 A에서 B로 갈 수 있는 방법의 수는 5개의 a와 4개의 b를 나열하는 방법의 수와 같다. 따라서 그 방법의 수는 $\frac{9!}{5!4!}=126$이다. 그렇지만 각 지점에 도달할 수 있는 방법의 수를 파스칼 삼각형의 원리를 이용하여 그림으로 표현하면 쉽게 126임을 알 수 있다.

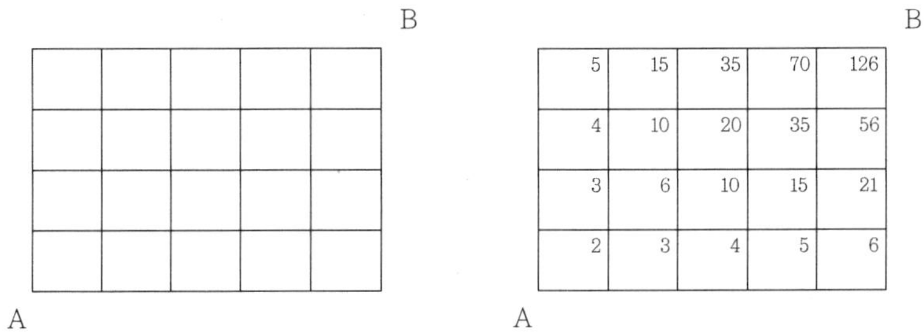

(그림 17) 파스칼 삼각형의 활용

문 제

1. 다음 그림과 같은 도로망을 가진 마을에서 A에서 B까지 가장 짧은 길을 따라가는 방법의 수를 구하여라.

(1)

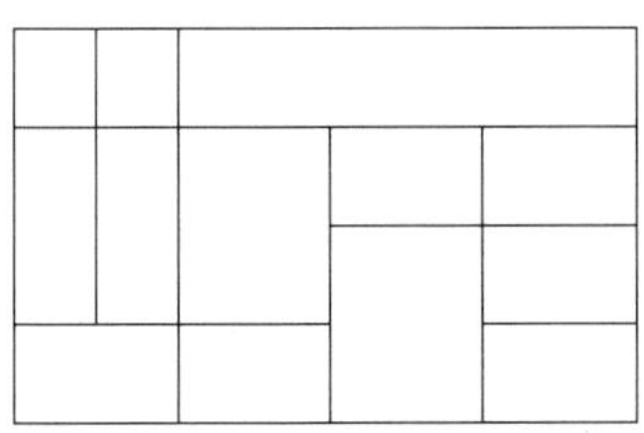

(2)

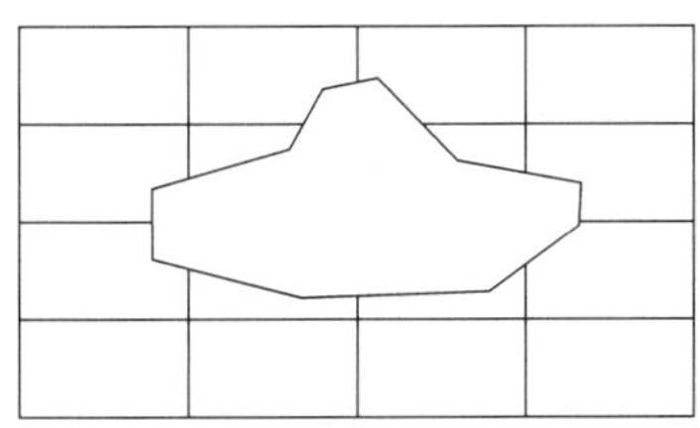

2. 아래 그림은 두 지점 A, B 사이에 같은 간격으로 이루어진 도로망이다. 다음의 각 경우에 최단 거리로 가는 방법의 수를 구하여라.
   (1) A에서 B로 가는 경우
   (2) $\overline{CD}$를 거치지 않고 A에서 B로 가는 경우

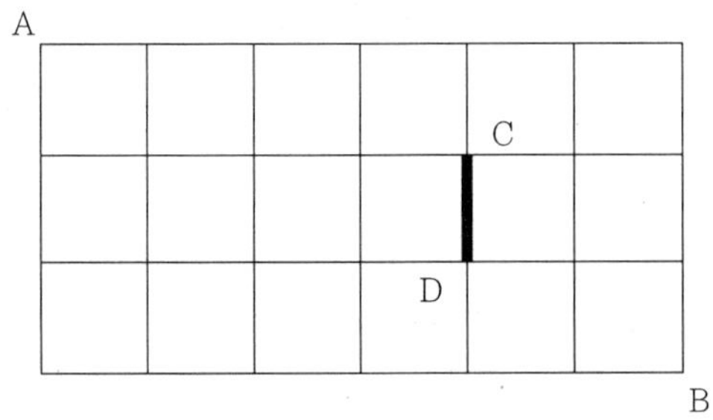

3. 한 개의 동전을 4번 던질 때 나타나는 경우의 수는 16가지이다. 이때, 앞면이 나오는 횟수에 따라 일어날 경우의 수를 구하여라.

4. 파스칼 삼각형에서 발견할 수 있는 모든 규칙성을 써라.

제7장

규칙성 영역

우리가 생활하는 주변 상황과 교실에서 다루는 수학에는 많은 규칙성이 있다. 따라서 학생들이 주변 상황에 내재된, 인간의 삶 속에 내재된, 수학 속에 내재된 규칙성을 인지하고, 인지된 규칙성을 근거로 미래를 예측하며, 새로운 규칙성을 개발하는 것은 중요하다. 학생들은 그들이 접하는 여러 가지 규칙성을 인지하고 그것을 표현해 보는 과정에서 여러 가지 규칙성과 관계들을 수학적으로 표현할 수 있는 능력을 개발하게 된다.

이 장에서는 규칙성 영역에서 관계적인 규칙성, 기하학적인 규칙성, 일상에서의 규칙성에 관한 다양한 소재를 제시하여 문제해결력을 신장시킬 수 있는 기회를 제공하고자 한다.

7.1 규칙성 찾기

수학을 '규칙성의 과학'이라고 한다(Devlin, 1994). 이 정의는 수학이 산술이나 기하뿐만이 아니라, 규칙성에 관한 열린 탐구의 학문임을 의미한다. 수학이 점점 추상화되어 갈수록 포함된 규칙성을 인식하기가 어려워지기 때문에, 학생들은 어릴 때부터 규칙성을 인식하고, 그대로 그려보고, 확장해 보고, 만들어 보는 경험을 해야 한다.

규칙성은 일반적으로 속성과 생성 방식에 따라 다음과 같이 구분할 수 있다.

(1) 규칙성의 속성에 따른 분류

① 관계적인 특성에 의한 규칙성 – 수열, 함수를 기호로 하는 규칙성

(예) 2, 4, 6, 8, 10, 12, 14, …

② 기하적인 특성에 의한 규칙성 – 도형의 성질, 모양을 기호로 하는 규칙성

(예) □ △ □ △ □ △ □ △ …

③ 물리적인 속성에 의한 규칙성 – 색, 크기, 방향 등을 기호로 하는 규칙성

(예) □ ■ □ ■ □ ■ □ ■ □ ■ …

(2) **규칙성의 생성 방식에 따른 분류**

① 반복에 의한 규칙성 – 기본 단위나 규칙이 변화 없이 그대로 유지되면서 반복되는 규칙성

(예) ♣ ◉ ♣ ◉ ♣ ◉ …

② 증가에 의한 규칙성 – 기본 단위나 규칙이 증가되면서 만들어지는 규칙성

(예) 1, 1, 2, 1, 2, 3, 1, 2, 3, 4, 1, 2, …

③ 대칭에 의한 규칙성 – 기본 단위가 대칭되면서 만들어지는 규칙성

(예) ☜ ☞ ☜ ☞ ☜ ☞ ☜ ☞ …

④ 회전에 의한 규칙성 – 기본 단위가 회전되면서 만들어지는 규칙성

(예) ↗ ↘ ↙ ↖ ↗ ↘ ↙ ↖ ↗ …

⑤ 카오스 현상에 의한 규칙성 – 칸토르 집합, 시어핀스키 삼각형

규칙성 탐구는 여러 가지 소재(수, 도형, 일상생활 등)를 이용하여 규칙을 발견하고 이를 바탕으로 앞으로 전개될 상황을 예견하는 것이 포함된다. 그리고 규칙성 탐구는 관계를 인식하고 중등학교에서 함수와 수열 등을 배우는데 중요한 역할을 한다. 다음에 주어진 수열을 보자. 이 수열에서 10번째의 수는 얼마인가? 20번째의 수는 얼마인가?

2, 3, 5, 8, 12, 17, 23, …

나열된 수를 살펴보면 2에서 시작하여 순서대로 1, 2, 3, 4, 5, …를 더하여 다음 항이 만들어짐을 알 수 있다. 따라서 10번째 수는 47임을 알 수 있다. 같은 방법으로 20번째 수도 192임을 알 수 있다. 한편 이 수열의 일반항 a_n은 계차수열을 이용하여 구하면 $a_n = 2 + \sum_{k=1}^{n-1} k = \frac{n^2 - n + 4}{2}$ 이다. 따라서 구한 식에 n 대신 10, 20을 대입하면 10번째 수와 20번째 수를 구할 수 있다. 이러한 방법은 고등학교 과정에서 수열을 일반항을 구하는 방법의 가장 보편적인 방법이지만, 그 소재를 이용하여 초등학생의 경우에도 그 규칙성을 발견하여 미래의 상황을 예측하고 판단하도록 하는데 좋은 소재가 된다.

문 제

1. (수열에서의 규칙성) 다음에 제시된 수열에서 각각에 이어질 세 개의 수를 구하여라.

(1) 5, 8, 11, 14, 17, 20, 23, …
(2) 1, 8, 15, 22, 29, 36, 43, …
(3) 2, 13, 24, 35, 46, 57, 68, …
(4) 1, 2, 4, 8, 16, 32, …
(5) 1, 2, 3, 5, 8, 13, 21, …
(6) 1, 4, 9, 16, 25, 36, 49, …
(7) 1, 3, 6, 10, 15, 21, 28, …
(8) 3, 5, 8, 12, 17, 23, 30, …
(9) 1, 2, 5, 10, 17, 26, 37, …
(10) 3, 6, 11, 18, 27, 38, 51, …
(11) 4, 11, 22, 37, 56, 79, 106, …
(12) 1, 7, 19, 37, 61, 91, 127, …
(13) 1, 11, 27, 49, 77, 111, 151, …

(14) 2, 5, 11, 23, 47, 95, ⋯

(15) 1, 4, 9, 61, 52, 63, ⋯

(16) 3, 6, 9, 21, 51, 81, ⋯

(17) 0, 4, 8, 21, 52, 65, ⋯

(18) 3, 4, 6, 11, 12, 14, 20, 21, 23, 30, ⋯

2. (도형에서의 규칙성) 다음 각각에 제시된 도형에서의 규칙성에 대한 물음에 답하여라.

(1) 아래에 제시된 각 도형에 있는 정사각형의 개수를 구하여라. 그리고 이러한 증가 규칙이 계속된다고 할 때 10번째 도형에 있는 정사각형의 개수를 구하여라.

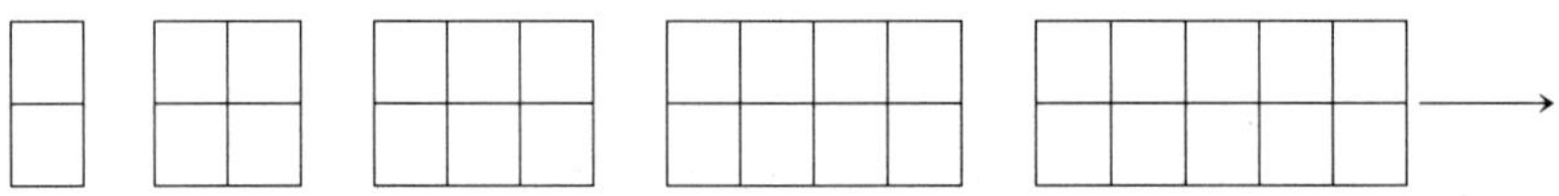

(2) 아래에 제시된 각 도형에 있는 정사각형의 개수를 구하여라. 그리고 이러한 증가 규칙이 계속된다고 할 때 10번째 도형에 있는 정사각형의 개수를 구하여라.

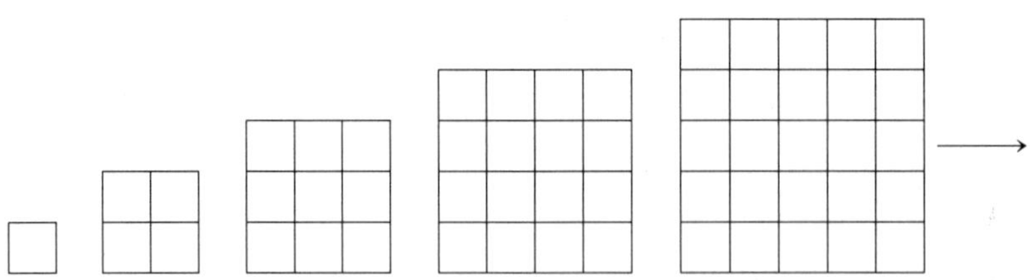

(3-1) 아래에 제시된 각 도형에 있는 직사각형의 개수를 구하여라. 그리고 이러한 증가 규칙이 계속된다고 할 때 10번째 도형에 있는 직사각형의 수를 구하여라.

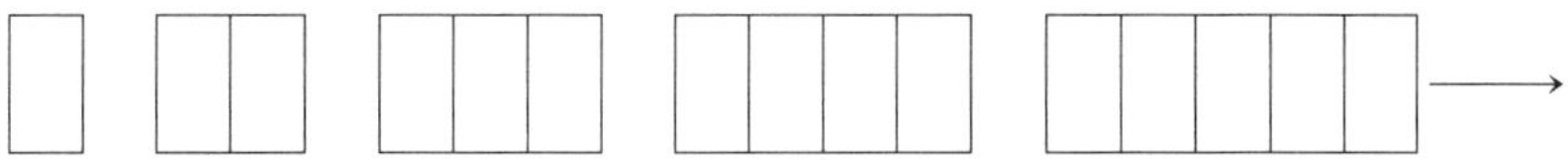

(3-2) 아래에 제시된 각 도형에 있는 직사각형의 개수를 구하여라. 그리고 이러한 증가 규칙이 계속된다고 할 때 10번째 도형에 있는 직사각형의 수를 구하여라.

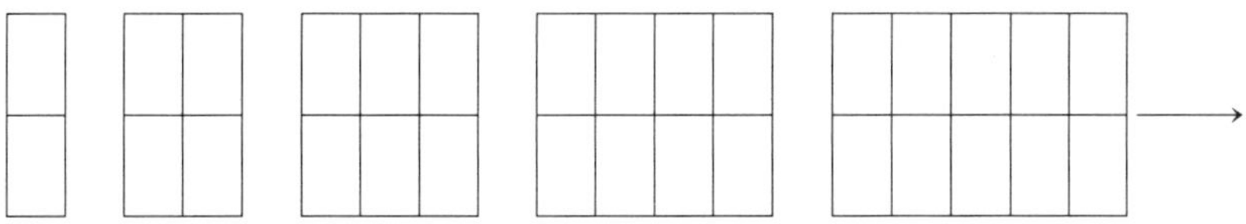

(3-3) 아래에 제시된 각 도형에 있는 직사각형의 개수를 구하여라. 그리고 이러한 증가 규칙이 계속된다고 할 때 10번째 도형에 있는 직사각형의 수를 구하여라.

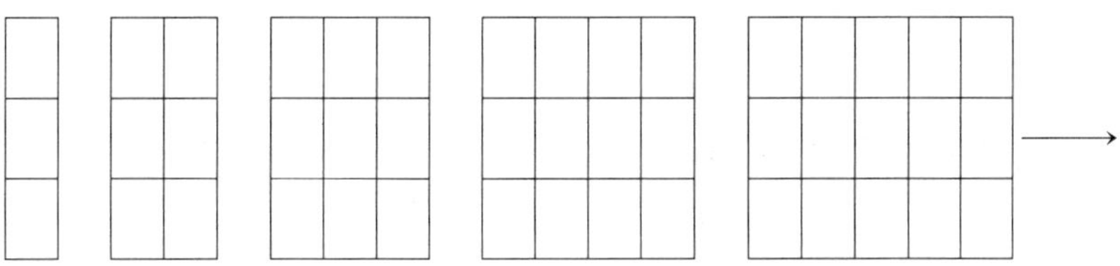

(4) 사각형, 오각형, 육각형, 칠각형, 팔각형의 대각선의 수를 구하여라. 그리고 55개의 대각선을 갖는 다각형이 존재하겠는가? 답에 대한 이유를 써라.

(5) 14명이 모임에 참석하였다. 각각의 사람들은 나머지 모든 사람들과 악수를 한다고 한다. 이들이 한 악수의 총 수를 구하여라.

(6) 직선으로 평면을 나눠서 가능한 가장 많은 부분으로 나누려고 한다. 직선의 수에 따라 가장 많이 분할된 평면의 수를 아래에 있는 표에 기록하여라.

직선의 수	1	2	3	4	5	6	7	8	9	10
분할된 평면의 수	2	4								

3. (일상생활과 규칙성) 다음 제시된 일상생활에서의 규칙성에 대한 물음에 답하여라.

(1) 다음 그림과 같이 영어 알파벳 S자를 1번 자르면 4개의 조각이 생기고, 2번 자르면 7개의 조각이 생긴다. 이와 같이 S자를 자른다고 할 때 10번째에 생기는 조각의 수를 구하여라.

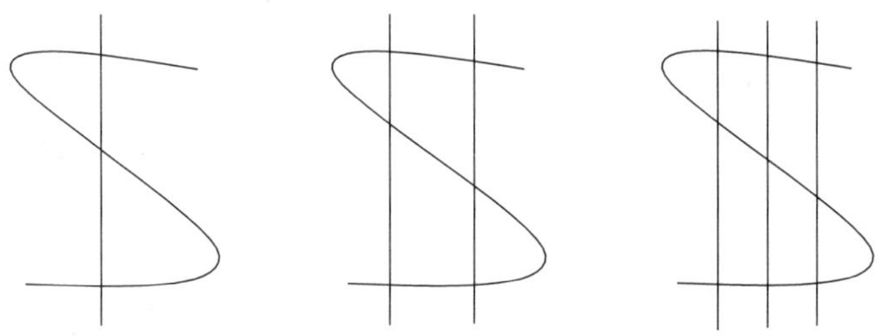

(2) 어떤 야구 경기에서 7회 말 경기 후에 두 팀의 성적이 8-8이었다. 6회 말에 가능한 성적의 수를 구하여라.

(3) 국제 축구 경기 대회에 26개 팀이 참가하여 리그전을 벌인다고 한다. 이 대회에서 치러질 전체 경기의 수를 구하여라.

(4) 8×8인 바둑판에 있는 정사각형의 수를 구하여라.

(5) 새 학교가 개교를 하여 1000명의 학생들이 운동장에 모였다. 건물 안에는 학생의 수만큼 개인 사물함이 준비되어 있다. 첫 번째 학생은 건물로 들어가 모든 사물함의 문을 열어 놓는다. 다음으로 두 번째 학생은 2, 4, 6, 8, … 과 같이 2의 배수 번째 있는 사물함의 문을 닫는다. 다음 세 번째 학생은 3의 배수에 있는

사물함의 열린 문은 닫고, 닫혀있는 문은 열어 놓는다. 네 번째 학생도 역시 4의 배수의 사물함을 따라 열린 문은 닫고, 닫혀있는 문은 열어 놓는다. 이와 같은 과정을 1000번째 학생까지 한다면 각 사물함의 문의 열림과 닫힘의 결과를 써라.

(6) (호박 피라미드 1) 경민이는 할아버지가 수확한 호박을 피라미드 모양으로 쌓았다. 각 층은 정삼각형 모양이며, 위층의 한 개의 호박은 아래층의 세 개의 호박 위에 놓이도록 쌓았다. 이러한 피라미드 모양으로 호박을 쌓는다고 하자.

① 10층을 쌓을 때, 제일 밑에 있는 호박의 수를 구하여라.
② 10층을 쌓을 때, 피라미드를 구성하는 전체 호박의 수를 구하여라.

(7) (호박 피라미드 2) 현환이는 할머니가 수확한 호박을 피라미드 모양으로 쌓았다. 각 층은 정사각형 모양이며, 위층의 한 개의 호박은 아래층의 네 개의 호박 위에 놓이도록 쌓았다. 이러한 피라미드 모양으로 호박을 쌓는다고 하자.

① 10층을 쌓을 때, 제일 밑에 있는 호박의 수를 구하여라.
② 100층을 쌓을 때, 제일 밑에 있는 호박의 수를 구하여라.
③ 10층을 쌓을 때, 피라미드를 구성하는 전체 호박의 수를 구하여라.

(8) 다음 그림은 수 목걸이로 불리는 수 규칙성을 나타내는 그림이다. 왼쪽 그림을 보고, 그 규칙에 따라 오른쪽 그림의 빈칸을 채워라.

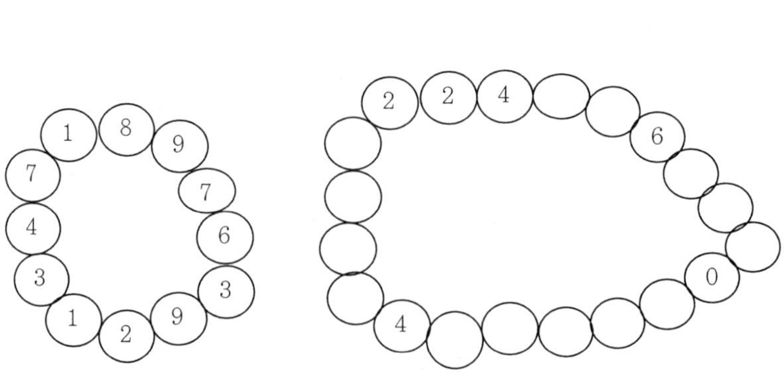

(9) 원형 고무줄을 가위로 한번 자르면 2조각이 생기고, 두 번 감아 자르면 4개의 조각이 생긴다. 이런 규칙성으로 50번을 감아 잘랐을 때 생기는 조각의 수를 구하여라.

(10) 경민이는 어떤 비밀을 가지고 있다. 경민이는 첫째 날에 친구에게 그의 비밀을 말하였다. 다음날 비밀을 들은 그 친구는 다른 두 명의 친구에게 그 비밀을 말하였다. 그 다음날 두 명의 친구는 또 다른 두 친구에게 각각 비밀을 말해 주었다. 이런 규칙으로 비밀이 전해진다면 10일 후에 경민이를 제외하고 비밀을 알고 있는 사람의 수를 구하여라.

(11) (하노이 탑) 다음 그림과 같이 하노이 탑의 A 말뚝에 놓여진 7개의 링이 다음 규칙에 따라 C 말뚝에 움직여진다.

(a) 한 번에 한 개의 링이 움직일 수 있다.
(b) 큰 링은 작은 링 위에 위치할 수 없다.
(c) 모든 말뚝이 사용되어야 한다.

말뚝 C에 탑을 다시 쌓는데 필요한 최소한의 움직임 수를 구하라.

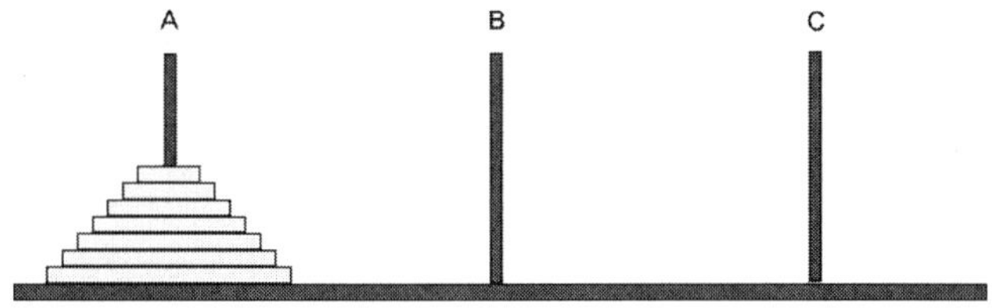

7.2 프랙털에서의 규칙성

1975년 만델브로(Mandelbrot)가 소개한 프랙털 기하는 자기닮음과 소수차원이라는 특징을 가지고 있다. 프랙털이라는 이름은 Fraction이라는 말에서 유래하였으며, 보통의 도형 차원이 1, 2, 3이라는 자연수와 구별된다.

고전 기하학은 점, 선, 삼각형, 평면, 원, 구 등의 도형을 사용한다. 만델브로는 유클리드 기하학이 규칙적, 불규칙적인 자연 현상을 설명하는 데에는 한계가 있다는 것을 인식하고 자연을 모델링하는 새로운 도구로서 프랙털을 소개하였다.

프랙털이 고전적인 유클리드 기하보다 자연현상을 더 잘 표현할 수 있는 이유는 자기닮음이다. 자기닮음이란 도형의 각 부분이 전체와 닮은 성질을 말한다. 자연에는 자기닮음의 특징이 많다. 일정기간의 날씨 규칙성은 긴 주기의 날씨 규칙성과 닮았다. 나뭇가지는 나무와 닮았고, 바위는 산과 닮았다. 프랙털은 유클리드 기하보다 자연현상을 더 잘 나타낼 수 있다. 이러한 이유로, 프랙털은 과학, 의학, 컴퓨터 등의 응용분야가 많다.

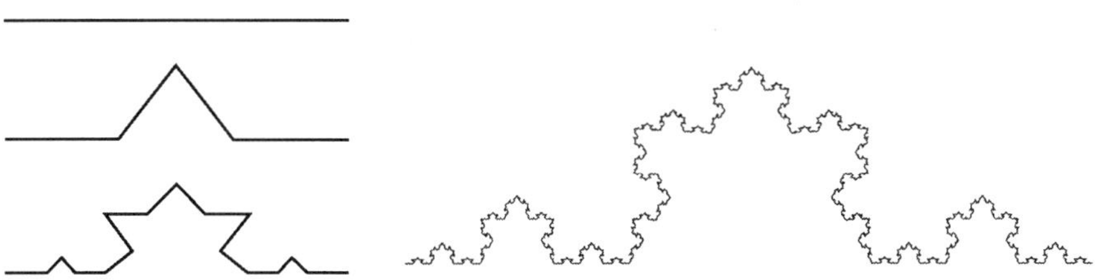

(그림 18) 프랙털의 예(코흐 곡선)

프랙털 차원(D)은 자기닮음에서 구할 수 있는데, 다음의 공식에 의해 산출된다. 그러면, 선, 정사각형, 정육면체, 코흐 곡선에 대해 자기 닮음 차원을 구해보자.

$$D = \frac{\log N}{\log\left(\frac{1}{r}\right)} \quad (N \text{ : 조각의 개수, } r \text{ : 축소율})$$

도형	조각의 개수(N)	축소율(r)	차원(D)
선분	3 (길이 1인 선분을 3등분 했을 때의 개수)	1/3 (길이 1인 선분을 3등분 했을 때의 길이)	log3/log3=1
	6	1/6	log6/log6=1
	9	1/9	log9/log9=1
정사각형	9 (각변을 3등분)	1/3	log9/log3=2
	36 (각변을 6등분)	1/6	log36/log6=2
정육면체	27	1/3	log27/log3=3
	216	1/6	log216/log6=3
코흐곡선	4	1/3	log4/log3=1.26
	16	1/9	log16/log9=1.26
	4k	1/3k	log4k/log3k=1.26

한편, 세계지도에 대한 차원은 자기닮음 차원을 사용할 수가 없다. 이 경우에는 다양한 크기의 격자를 이용하여 도형의 복잡도를 측정할 수 있는 상자 차원을 이용하는데, 주어진 그림을 포함하는 상자 수를 y, 격자의 크기를 결정하는 축척 x의 역수에 대하여 선형 그래프를 이루는 이중로그쌍(log (1/x), log y)을 통해 구해진다. 예를 들면, 세계지도는 1.6347의 프렉털 차원을 갖는다.

문 제

1. 코흐곡선을 만드는 과정은 생성자인 9㎝선분을 삼등분하여 가운데 부분에 원래 선분의 $\frac{1}{3}$인 선분(3㎝)을 두 개 맞대어 4개의 선분으로 1단계가 완성된다. 같은 방식으로 각 4개의 선분을 각각의 생성자로 하여 새로 생기는 4개의 선분으로 각 선분을 바꾸어 간다. 이 과정을 무한히 반복하면 코흐곡선을 얻을 수 있다.

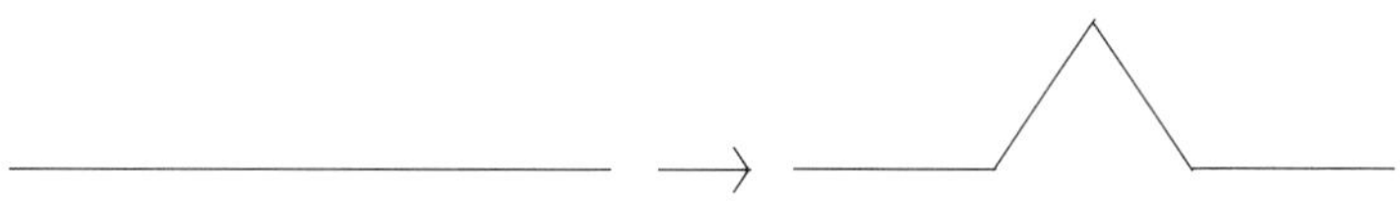

(1 단계)

(1) 코흐곡선의 생성 과정에서 3단계에 있는 한 선분의 길이를 구하여라.
(2) 코흐곡선의 생성 과정에서 3단계에 있는 선분의 조각의 수를 구하여라.
(3) 코흐곡선의 생성 과정에서 3단계에 있는 모든 선분의 길이의 합을 구하여라.

2. 다음 그림과 같이 첫 단계에서 두 개로 나누어지고, 두 번째 단계에서 각각 두 개로 나누어져 4개의 가지로 분리되는 과정을 계속적으로 반복하는 프랙털 구조가 있다.

(1) 10번째 단계에서 분리되는 가지의 수를 구하여라.
(2) 10번째 단계에서 분리되기 전까지의 모든 가지의 수를 구하여라.

3. 다음 식의 값을 구하여라.

(1) $\frac{1}{2}+\frac{1}{4}+\frac{1}{8}+\frac{1}{16}+\frac{1}{32}+\frac{1}{64}+\cdots$

(2) $0.9+0.09+0.009+0.0009+0.00009+\cdots$

제8장

퍼즐 영역

퍼즐 영역은 학생들이 흥미 있게 수학을 접할 수 있는 풍부한 소재를 제공한다. 특히 퍼즐은 학생들이 수학을 한다는 것이 무엇인가에 대한 의미를 자연스럽게 인식시켜줄 수 있는 다양한 소재를 내포하고 있으며, 학생들의 추론 능력을 길러 주는 데에도 유용하다.

이 장에서는 퍼즐 영역에 해당되는 다양한 소재를 제시하여 학생들의 문제 해결력을 신장시킬 수 있는 기회를 제공하고자 한다.

8.1 방정식의 다양한 풀이 방법

일상의 문제를 해결하는데 자주 접하는 문제 상황은 방정식의 풀이이다. 중등학교에서 방정식의 풀이는 문자로 표현된 식을 변형하여 그 해를 구하도록 지도하고 있다. 그렇지만 문자로 표현된 방정식으로 변형하는 과정을 거치지 않고서도 여러 가지 방법으로 방정식 문제를 해결할 수 있다. 예를 들면 시각적 표현은 방정식 문제 상황으로 주어진 문제를 시각적 표현으로 재구성함으로써 쉽게 문제의 해에 도달할 수 있도록 도와준다. 이러한 측면에서, 다음에 제시된 문제는 시각적 표현을 이용하여 직관적으로 문제해결의 단서나 해결책을 구할 수 있는 예시이다.

> '한 농장에 닭과 토끼가 13마리가 있다. 닭과 토끼의 다리는 모두 36개이다. 이 농장에는 몇 마리의 닭과 토끼가 있는가?'

위의 문제는 다음과 같은 다양한 전략을 이용하여 해결 가능한 것이다. 문제가 설정된 상황은 연립 일차방정식이지만, 변수와 방정식의 개념을 학습하지 않은 초등학생들도 시각적 표현을 이용하여 문제를 해결할 수 있다.

(풀이 1)

연립 방정식($x+y=13$, $2x+4y=36$)을 세워서 해결하면, 닭은 8마리이고, 토끼는 5마리이다.

(풀이 2)

표 만들기 전략을 이용한다. 이 경우에 시행착오 전략은 만들어질 표의 양을 줄일 수 있다.

(풀이 3)

문제 상황을 그림으로 표시하여 보면 쉽게 문제를 해결할 수 있다(Fischbein, 1977).

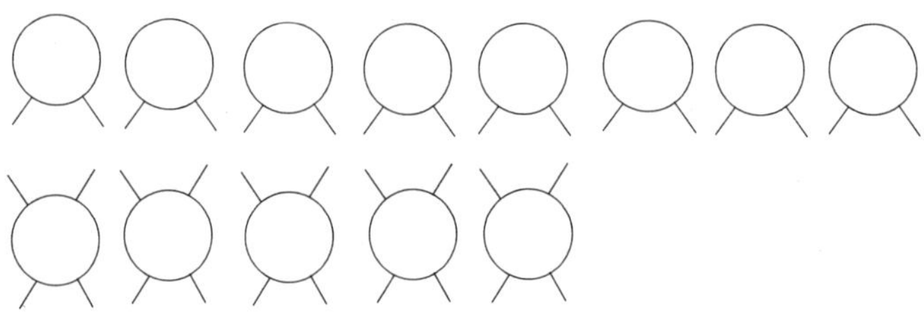

한편, 문자가 도입되면서 대수적인 식에 대한 해석은 산술적 관점에서 대수적 관점으로 변화되어야 하고, 이에 따라 절차적 관점에서 구조적 관점으로 변화 되어야 한다. 예를 들면 초등학교에서 등호는 3+6=( )와 같이 왼쪽의 계산 결과를 오른쪽에 나타낸다는 신호로 인식되지만, $a+b=b+a$와 같이 대칭적이고 추이적인 관점으로 대수적인 식을 해석할 수 있도록 전이가 일어나야 한다(우정호, 1998).

결국 대수에서는 산술에서의 등호의 성격이 변하여 '대칭화' 된다. 그럼에도 불구하고 학생들은 등호를 '어떤 것을 하라' 와 같은 비대칭적인 함의관계로 해석하는 경향이 있다. 따라서 초등학생들은 1063+217−324를 계산할 때 1063+217=1280−324=956과 같은 계산상의 오류를 나타내기도 한다. 유사하게 중학생들에게도 방정식에서 등호를 동치관계를 나타내는 기호로 명확히 파악하지 못하고 다음과 같은 방정식 풀이에서 오류를 보이기도 한다.

$$\begin{aligned} x+4 &= 8 \\ &= 8-4 \\ &= 4 \end{aligned}$$

대수는 문자식의 조작이며, 수학의 여러 영역을 공부하는데 핵심이다. 문자가 도입되면서 수학은 급속도로 추상화되어 가기 때문에 학습에 어려움이 따를 수밖에 없다. 따라서 문자를 도입하고 활용할 때에는 수학 언어가 가지고 있는 의미와 규칙에 대한 의식적인 교수학적 처치가 요구된다.

문 제

1. 영수네 집은 돼지와 닭을 기르고 있다. 돼지와 닭을 합치면 모두 15마리이고, 돼지와 닭의 다리의 수는 모두 44개이다. 영수네 집에서 기르고 있는 돼지와 닭의 수를 구하여라.

2. 농장에 토끼와 닭을 기르고 있다. 토끼와 닭을 합치면 모두 17마리이고, 토끼와 닭의 다리의 수는 모두 60이다. 농장에서 기르고 있는 토끼와 닭의 수를 구하여라.

3. 토끼와 오리가 모두 13마리가 있는데, 모든 다리의 수는 34였다. 토끼와 오리의 수를 구하여라.

4. 공원에는 두발 자전거와 세 발 자전거가 몇 대 있는데 바퀴 수의 합은 16이었다. 공원에 있는 두발자전거와 세 발 자전거의 수를 각각 구하여라.

5. 주차장에는 6개의 바퀴와 4개의 바퀴가 달린 자동차가 있다. 주차되어 있는 자동차의 바퀴의 수는 모두 56이었다. 6개 바퀴의 자동차와 4개 바퀴의 자동차 수는 어떻게 되는가? 가능한 모든 답을 구하여라.

6. 서커스 단원들은 세 발, 두 발, 외 발 자전거를 이용해 서커스를 하고 있다. 모두 9개의 바퀴와 세 종류의 자전거가 있었고, 두 발 자전거보다 세 발 자전거가 더 많다면 얼마나 많은 단원들이 있고, 그들은 무슨 자전거를 타고 있는가를 구하여라.

7. 개와 닭이 한 우리 안에 있는데 개와 닭의 다리 수의 합은 머리 수의 합의 2배보다 84가 크다고 한다. 우리 안에 있는 개의 수를 구하여라.

8.2 추론 능력의 발달

수학을 한다는 것은 추론 능력을 신장시키기 위해서이다. 즉, 발견의 논리인 나열하기, 세어보기, 관찰, 유추 등에 의한 귀납적 추론 능력과 더불어 형식적 정당화의 논리인 연역적 추론 능력을 개발하는 것이다. 7~8세 이후의 초등학생들은 논리적 정당화와 인과적 실행을 구별하기 시작하고 자신의 추리의 경로를 의식하기 시작한다.

귀납적 추론의 예로 소수의 곱셈 2.4×5.3을 한다고 생각해 보자. 이 때 이미 배운 유사한 계산 2.4×53, 240×53, 240×530 등을 생각해 내어 이들 모두는 24×53을 계산하고 다음에 소수점의 위치나 자리수를 조절했다는 사실을 근거로 2.4×5.3의 경우에도 24×53을 계산한 다음에 소수점의 위치를 생각하면 될 것이라고 추측할 수 있다. 이러한 방법은 유추에 의한 추론이다.

마찬가지로 분수의 덧셈 $\frac{2}{5}+\frac{3}{4}$의 계산에서 단위인 단위분수에 주목하여 단위를 맞추어 그 단위의 것이 얼마인가를 생각하듯이, 측정의 경우에도 1㎝와 같은 단위를 정하여 그 단위의 것이 얼마인가를 생각한다. 이와 같이 귀납적 추론은 수나 도형, 측정 등 수학 내용에 구애받지 않고 다양한 수학적인 상황에서 이용될 수 있는 사고 방법이다.

연역적 추론의 예로 609÷3=23이라고 답한 학생에게 이 답이 틀렸다는 것을 다음과 같이 설명할 수 있다. '이 답은 틀렸다. 왜냐하면 600÷3=200이기 때문에 문제의 답은 대략 200정도여야 한다.' 이것은 어림셈의 결과를 근거로 판단하고 있는 연역적 추론인 것이다.

한편, 연역적 추론 능력의 발달에 대한 연구의 결과는 전제로부터 타당한 결론을 내리는 능력이 6세부터 나타나기 시작하여 점진적으로 증가하며, 타당하지 않은 추론 패턴을 인식하는 능력이 16세까지 매우 느리게 발달한다는 것을 보여주고 있다. 결론적으로, 학교 수학에서 추론에 대한 경험은 이후에 여러 가지 현상에서 타당한 결론을 이끌어 내도록 하는데 유용한 능력을 제공하므로 추론 능력의 계발은 매우 중요하다.

문 제

1. 영수, 민경, 순이, 준우 네 명의 아이들이 있다. 영수의 키는 순이의 키보다 더 크다. 준우는 민경이보다 작지만, 영수보다는 크다. 이 때 네 명의 아이들을 키의 크기 순서대로 배열하여라.

2. 경민, 준우, 진주, 윤아는 농구 팀에서 뛰고 있다. 지난 시즌에서 이들은 8, 12, 20, 24골을 획득했다. 준우는 경민이보다 적은 골을 넣었지만, 윤아보다 많은 골을 넣었다. 진주는 윤아보다 더 많은 골을 넣었지만 준우보다 적은 골을 넣었다. 각각의 사람이 넣은 골의 수를 구하여라.

3. 윤아, 영수, 준우는 각자가 연필을 한 자루씩 가지고 있다. 연필의 색은 빨강, 검정, 파랑이다. 빨강색 연필은 영수의 것이 아니다. 파랑색 연필은 윤아의 것이 아니다. 영수의 연필이 윤아의 연필보다 길다.

검정색 연필과 파랑색 연필은 준우의 연필보다 짧다. 각각의 아이들이 가지고 있는 연필의 색과 어떤 연필이 가장 길고, 어떤 연필이 가장 짧은가를 찾아라.

4. 희수, 민이, 현아는 흰색, 분홍색, 녹색 블라우스 중의 하나를 입고, 파랑색, 회색, 갈색 치마 중 하나를 입고 있다. 희수는 회색 치마를 입지 않았고 녹색 블라우스도 입지 않았다. 현아는 흰색 블라우스와 파랑 치마를 입지 않았다. 민이는 녹색 블라우스를 입었으나 회색 치마를 입지 않았다. 흰색 블라우스를 입은 사람은 파랑 치마를 입고 있다. 각 아이들이 입고 있는 옷의 색깔을 찾아라.

5. 현아, 진아, 서희는 친구이다. 이들의 머리색은 각각 금발, 갈색, 검은색이다. 또 이들은 회색 치마, 녹색 치마, 남색 치마를 입고 있다. 진아는 회색 치마를 입지 않았고 검은 머리가 아니다. 현아는 금발이 아니고 녹색 치마를 입지 않았다. 갈색 머리 소녀는 남색 치마를 입지 않았다. 금발인 소녀는 회색 치마를 입었다. 각 아이들이 입고 있는 옷의 색과 머리색을 찾아라.

6. [1], [2], [3], [4]인 4장의 카드가 한 줄로 배열되어 있다. [4]는 줄의 끝에 있지 않다. [1]은 [2]와 [3]사이에 있지만, [2]의 바로 옆에는 있지 않다. [3]은 [4]의 왼쪽에 있다. 이 때, 4장의 카드의 배열을 써라.

7. [1], [2], [3], [4], [5]인 5장의 카드가 한 줄로 배열되어 있다. [5]는 가운데 있고, [3]은 [5]의 왼쪽에 있지만 바로 옆에 있지는 않다. [2]와 [3]사이에는 두 개의 카드가 놓여 있고, [1]은 끝에 있지 않다. 이 때, 5장의 카드의 배열을 써라.

8. 영수, 철수, 민수, 천수는 8, 10, 12, 14살이다. 영수와 철수는 민수보다 어리다. 가장 나이가 많은 아이는 영수이거나 천수이며, 가장 어린 아이는 철수이거나 민수이다. 각 아이들의 나이를 구하여라.

8.3 수 만들기

수학 시간에 배운 여러 가지 수학 기호를 능숙하게 이용하기 위하여, 몇 개의 수와 수학 기호를 이용하여 특정한 값을 만들어 볼 수 있다. 예를 들면, 1, 9, 8, 9 와 수학 기호를 이용하여 7을 만들어 보면 다음과 같은 여러 가지 경우를 만들 수 있다(Lulli, 1989).

$$\begin{aligned} 7 &= -1 + 9 + 8 - 9 \\ &= -1 - 9 + 8 + 9 \\ &= -1 + 9 \times 8 \div 9 \end{aligned}$$

여기에 중등학교에서 배우는 여러 가지 수학 기호를 이용하면, 다음과 같은 좀 더 풍부한 식을 만들 수 있다.

$$\begin{aligned} 7 &= 1 - \sqrt{9} + 8 + .\dot{9} \\ &= -1 + \sqrt{9} + 8 - \sqrt{9} \\ &= -1 - \sqrt{9}\,! + 8 + \sqrt{9}\,! \end{aligned}$$

덧붙여서, 1, 9, 8, 9 와 수학 기호를 이용하여 0에서부터 100까지의 모든 수를 만들 수 있다. 아래 몇 가지 예가 제시되어 있다. 나머지 것들도 완성하여 보도록 하자.

$$0 = -1 \times 9 + 8 + .\dot{9}$$

$$1 = 1 - 9 + 8 + .\dot{9}$$

$$2 = -1 - \sqrt{9} + 9 + .\dot{9}$$

$$3 = -1 \times \sqrt{9}\,! + 8 + .\dot{9}$$

…

$$97 = -1 + 9 + 89$$

$$98 = 1 \times 9 + 89$$

$$99 = 1 + 9 + 89$$

$$100 = 1 + 98 + .\dot{9}$$

문 제

1. 네 개의 2와 수학기호를 이용하여 5를 만들어라.

2. 세 개의 6과 수학기호를 이용하여 30을 만들어라.

3. 네 개의 7과 수학기호를 이용하여 8을 만들어라.

4. 다섯 개의 5와 수학기호를 이용하여 6을 만들어라.

5. 두 개의 6, 두 개의 5와 수학기호를 이용하여 11을 만들어라.

6. 일곱 개의 4를 이용하여 9를 만들어라.

7. 세 개의 9, 네 개의 8과 수학기호를 이용하여 1을 만들어라.

8. 여섯 개의 5, 네 개의 3과 수학기호를 이용하여 2를 만들어라.

9. 다섯 개의 1과 수학기호를 이용하여 2를 만들어라.

10. 네 개의 2와 수학기호를 이용하여 10을 만들어라.

11. 일곱 개의 6과 수학기호를 이용하여 5를 만들어라.

12. 네 개의 8과 수학기호를 이용하여 1을 만들어라.

13. 다섯 개의 4와 수학기호를 이용하여 15를 만들어라.

14. 여덟 개의 8과 수학기호를 이용하여 1000을 만들어라.

15. 0에서 9까지의 숫자와 수학 기호를 사용하여 100을 만들어라.

16. 11, 10, 9, 2, 1의 숫자와 수학 기호를 이용하여 3을 만들어라.

8.4 쾨니히스베르크의 다리

'쾨니히스베르크'는 철학자 칸트가 평생을 보낸 도시이자 수학과 관련해서도 매우 중요한 의미가 있는 곳이다. 쾨니히스베르크는 '프레골랴' 강에 의해 네 지역으로 나뉘는데, 이 네 지역은 7개의 다리로 연결돼 있었다. 수학자들은 같은 다리를 두 번 건너지 않고, 모든 다리를 건널 수 있는지에 대해 의문을 가졌다. 이것은 불가능한데, '연필을 떼지 않고 한 번에 그리는 한붓그리기가 가능한가' 라는 문제로 바꿀 수 있다.

한붓그리기가 가능하려면 한 점에 연결된 선의 개수가 홀수인 '홀수점'이 하나도 없거나 두 개이어야만 한다. 홀수점이 없으면 어느 점에서 시작하더라도 모든 선을 거쳐 그 점으로 돌아오는 '오일러 회로'가 된다. 그렇지만 홀수점이 두 개일 때는 한 홀수 점에서 시작하여 모든 선을 다 돌고 다른 홀수 점에서 끝나는 '오일러 경로'가 된다.

예를 들면, 다음의 왼쪽 그림의 경우에는 홀수점이 하나도 없기 때문에 어느 점에서 시작하여도 한붓그리기가 가능한 오일러 회로이다. 가운데 그림의 경우에는 홀수점이 2개 있으므로 하나의 홀수점에서 시작하면 다른 홀수점으로 끝나는 한붓그리기가 가능한 오일러 경로이다. 그러나 오른쪽 그림의 경우에는 홀수점이 4개이므로 어느 점에서도 한붓그리기는 불가능하다.

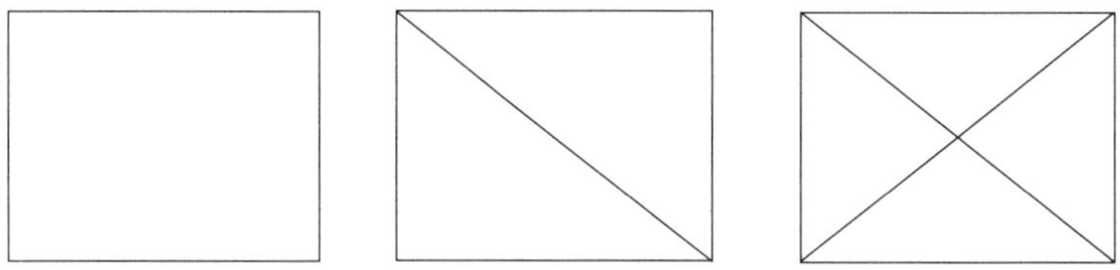

오일러(Euler)는 쾨니히스베르크의 다리에서 한붓그리기가 불가능하다는 것을 처음으로 밝혔다. 한편, 쾨니히스베르크에는 19세기 후반에 A와 B를 잇는 여덟 번째 다리가 만들어져 결국 한붓그리기가 가능해졌다.

한붓그리기는 실생활에서도 활용할 수 있다. 모든 도로를 중복 없이 한번씩만 지나도록 청소차 운행 계획을 효율적으로 짤 수 있다. 오일러 경로와 오일러 회로는 점과 선으로 이루어진 도형을 연구하는 그래프 이론의 중요한 연구 주제로, 최근에는 이산 수학의 한 분야로 연구되고 있으며, 교통, 컴퓨터 네트워크, 컴퓨터 칩의 설계 등 다양한 분야에서 활용되고 있다.

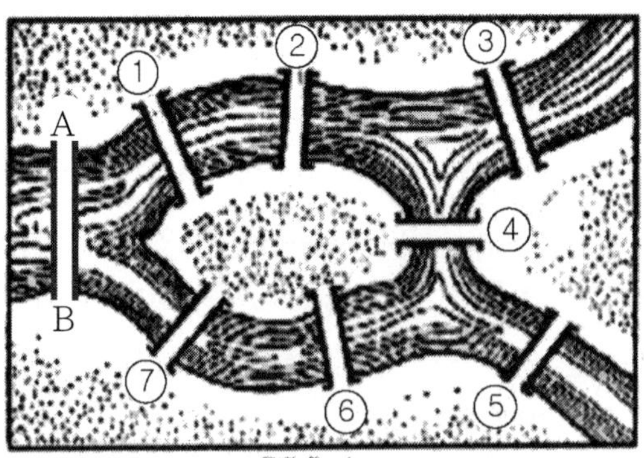

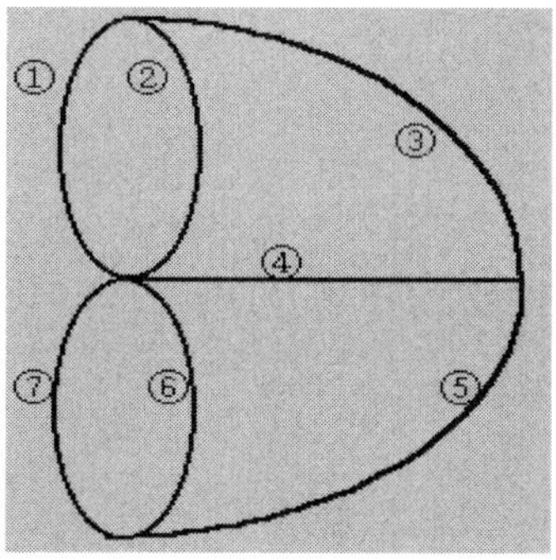

(그림 19) 쾨니스베르크의 다리와 그 그래프

문 제

1. 다음 그림에서 연필을 떼지 않고 선 위를 한 번씩만 지나도록 그릴 수 있는 것을 찾아라.

(1)

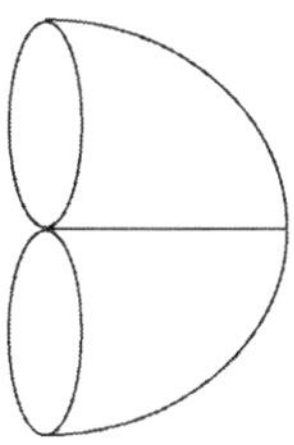

(2)

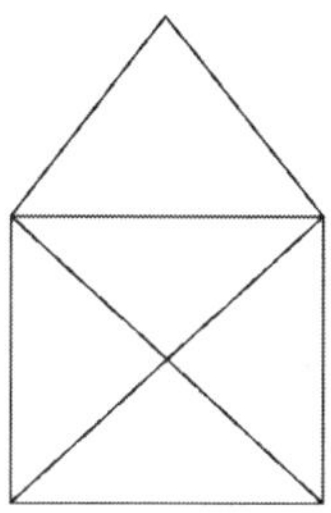

(3)

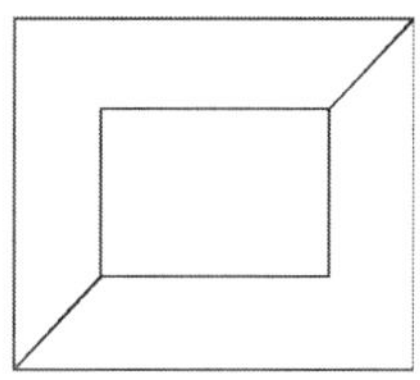

(4)

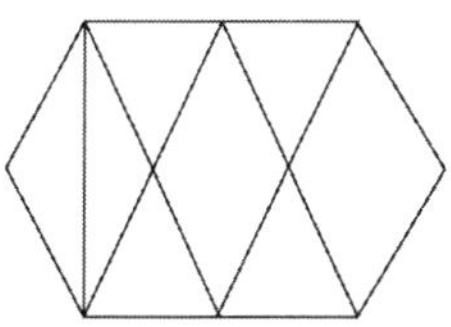

(5)

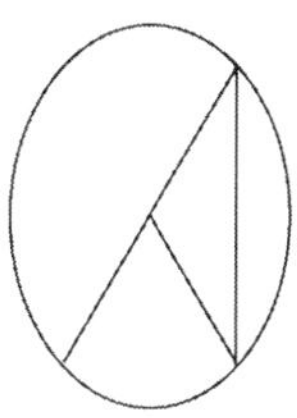

(6)

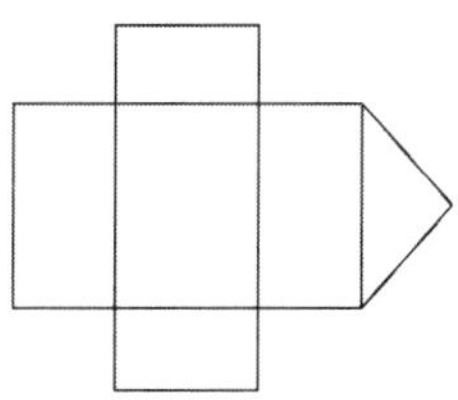

2. 한붓그리기가 가능한 도형과 불가능한 도형을 구별할 수 있는 방법을 써라.

3. 문제 1의 (1)은 쾨니히스베르크의 다리를 선으로, 각 지점을 점으로 나타낸 것이다. 다리를 하나 추가하여 한붓그리기가 가능하도록 그려 보아라.

4. 헤밀턴 회로란 모든 점을 정확히 한 번만 지나는 그래프의 사이클이다. 다음 그림에서 헤밀턴 회로인 것을 찾아라.

(1)

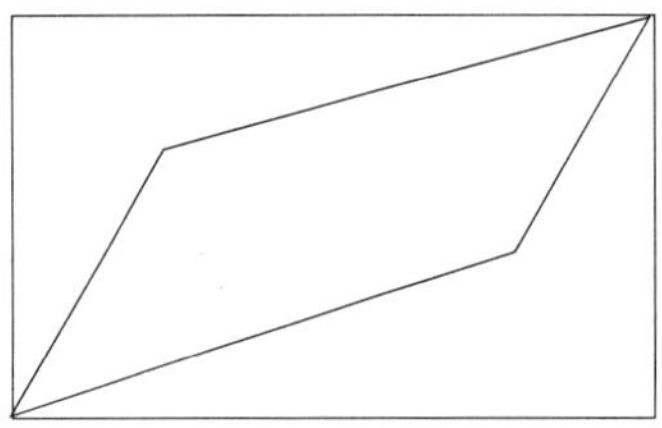

(2)

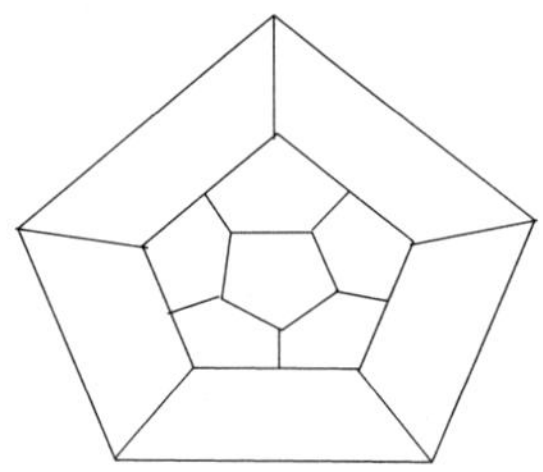

5. 다음 도형에서 한붓그리기를 해 보아라.

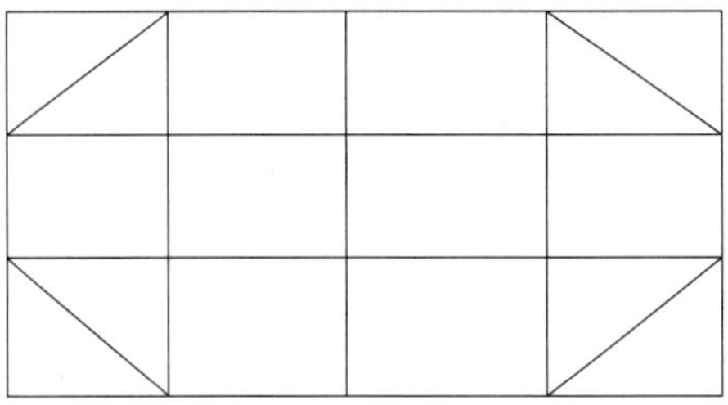

8.5 여러 가지 퍼즐

수학 퍼즐은 수학적인 내용을 바탕으로 구성되어 있으며, 숫자 퍼즐, 도형 퍼즐, 논리 퍼즐 등이 있다. 퍼즐을 해결하기 위해서는 추리하고 판단해야 하며, 해결 과정이 흥미롭기 때문에 학생들이 논리적으로 추론하도록 하는데 좋은 소재가 된다.

수와 연산 영역에서 이용할 수 있는 숫자 퍼즐로 마방진을 들 수 있는데, 마방진은 1에서 n^2까지의 수를 이용하여 가로와 세로, 대각선의 수들의 합이 같도록 배열한 것이다. 마방진은 정사각형의 한 변에 나열된 수의 개수 n에 따라서 n방진, 즉 3방진, 4방진, … 등이라 한다. 합은 3방진에서 15, 4방진에서는 34, 5방진에서는 65가 되며, n방진에서는 $\frac{n(2n+1)}{2}$이 된다. 방(方)은 정사각형, 진(陣)은 나열한다는 뜻으로 중국에서는 3,000년 전부터 알려져 있었다.

전설에 의하면, 우(禹)가 낙수(洛水)의 치수공사를 할 때 나타난 거북의 등껍데기에 그림이 새겨져 있었다고 하는데, 이 그림을 낙도(洛圖) · 하도(河圖) · 낙서(洛書) 등이라 하였고, 이것과 오행설(五行說)을 결부시켜 일백수성(一白水星)이라거나 사록목성(四綠木星)이라 하여 운세 판단에 응용하기도 했다. 마방진을 만드는 방법은 홀수형과 짝수형에 따라 달라지는데 그 방법은 여러 가지가 있으며, 일반적으로 다음과 같이 구성할 수 있다.

【홀수방진을 만드는 법】

(1)맨 윗줄 중앙에 1을 쓴다. (2)맨 위의 행에 도달했을 경우에는 다음 열의 맨 밑의 행으로 이어지며, 그 곳에서부터 우 대각선 상방으로 진행한다. (3)맨 오른쪽 열에 도착했을 때는 그 위의 행의 맨 왼쪽 끝으로 이어지며, 그 곳으로부터 순서대로 우 대각선 상방으로 진행한다. (4)이미 숫자가 기록된 곳에 도착했을 경우나 오른쪽 위의 귀퉁이에 도착했을 때는 지금 기록된 숫자의 바로 밑으로 진행하며 그 곳에서부터 다시 우 대각선 상방으로 진행한다.

【짝수방진을 만드는 법】

짝수방진을 만드는 일반적인 규칙은 없다. 4방진을 만드는 방법을 예로 소개하면 다음과 같다. (1)먼저 1~16까지를 차례로 써넣는다. (2)대각선을 그어 대각선 위에 있는 수를 제외하고 가운데 점을 중심으로 서로 점대칭의 위치에 있는 것끼리 바꾸어 놓는다.

문 제

1. 다음 (그림 1)의 9개의 칸 안에 1에서 9까지의 수를 하나씩 넣어 가로, 세로, 대각선에 있는 세 수의 합이 같도록 하여라.

2. 다음 (그림 2)의 16개의 칸 안에 1에서 16까지의 수를 하나씩 넣어 가로, 세로, 대각선에 있는 네 수의 합이 같도록 하여라.

3. 다음 (그림 3)의 25개의 칸 안에 1에서 25까지의 수를 하나씩 넣어 가로, 세로, 대각선에 있는 다섯 개 수의 합이 같도록 하여라.

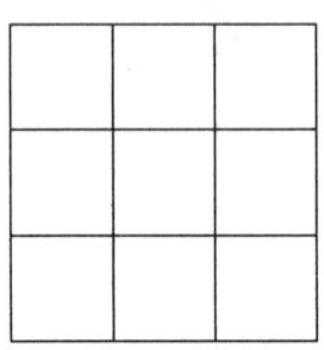
(그림 1)

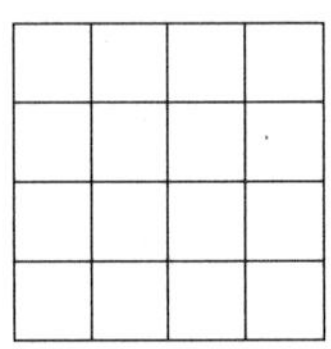
(그림 2)

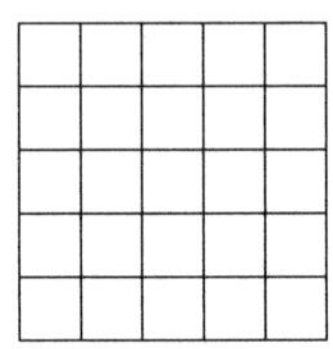
(그림 3)

4. 어떤 바둑돌이든지 인접한 빈 공간으로 옮길 수 있고, 인접한 한 개의 다른 색 바둑돌을 넘어 빈 공간으로 옮길 수 있다고 한다. 아래 그림과 같이 8개의 검은색 바둑돌과 8개의 흰색 바둑돌을 서로 바꾸려 할 때 최소한 몇 번을 옮겨야 하는지를 구하여라.

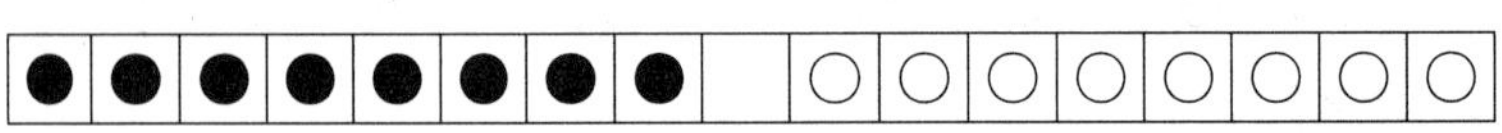

5. 바둑돌은 위, 아래, 혹은 대각선의 비어 있는 인접한 공간으로 움직일 수 있다고 한다. 아래 그림에 있는 20개의 검은색 바둑돌과 20개의 흰색 바둑돌을 서로 바꾸려 할 때 최소한 몇 번을 움직여야 하는지를 구하여라.

○	○	○	○	○	○	○	○	○	○	○	○	○	○	○	○	○	○	○	○	
●	●	●	●	●	●	●	●	●	●	●	●	●	●	●	●	●	●	●	●	

6. 1☆3=5, 6☆9=21, 8☆2=18일 때, 11☆20의 값을 구하여라.

7. 7 ◉ 3=5, 8 ◉ 4=3, 9 ◉ 5=1일 때, 6 ◉ 5의 값을 구하여라.

8. 분수 $\frac{1}{5}$은 $\frac{1}{5}=\frac{1}{6}+\frac{1}{30}$과 같이 서로 다른 두 개의 단위분수의 합으로 나타낼 수 있다. 같은 방식으로 $\frac{1}{7}$을 나타내어라.

9. 어떤 네 자리 수 abcd에 4를 곱하면 거꾸로 되어 dcba가 된다. 네 자리 수 abcd를 구하여라.

10. 100보다 작은 어떤 수를 생각하고 있는 사람에게 그 수가 무엇인가를 알아내기 위하여 제시할 질문의 최소수를 구하여라. 단, 응답자는 '예', '아니오' 만을 답한다.

11. 다음 그림에서 가로와 세로의 연산 결과에 맞도록 각 무늬와 ①, ②, ③에 해당되는 수를 구하여라.

♣	◈	☎	☆	10
♣	☆	◈	♣	12
☎	☎	☎	◈	5
◈	☆	◈	☎	①
9	②	6	③	

12. 분수 $\frac{1}{13}$을 소수로 나타낼 때, 소수점 이하 200번째의 수를 구하여라.

13. 다음에 제시된 4개의 식을 이용하여 $9 \times 12345678+9$의 값을 구하여라.

$$9 \times 1+2=11$$
$$9 \times 12+3=111$$
$$9 \times 123+4=1111$$
$$9 \times 1234+5=11111$$

14. 나는 매일 기차를 타고 오후 6시에 역에 도착하여 집에서 마중 나온 아버지의 차를 오후 6시에 타고 집으로 간다. 어느 날 학교가 일찍 끝나 오후 5시에 역에 도착하여 걸어서 집으로 가다가 평상시와 같은 시간에 마중을 나온 아버지를 만나 차를 타고 집에 도착했더니 평상시보다 10분 먼저 도착하게 되었다. 내가 아버지를 만나게 될 때까지 걸은 시간을 구하여라.

15. 시속 60㎞로 달리는 1㎞ 길이의 기차가 1㎞인 터널을 들어가기 시작하여 완전히 나올 때까지 걸린 시간을 구하여라.

16. 60㎞ 떨어진 두 역을 시속 55㎞와 65㎞로 달리는 두 기차가 서로를 향해 동시에 달리기 시작하였다. 동시에 시속 80㎞로 나는 새 한 마리가 한 기차를 출발하여 두 기차 사이를 계속하여 오간다. 두 기차가 만날 때까지 새가 난 거리를 구하여라.

17. 바늘 시계가 현재 정확한 시간을 나타내고 있는데 이 시계는 매 시간마다 3분씩 빠르게 간다고 한다. 이 시계가 정확한 시간을 다시 나타내는데 필요한 시간을 구하여라.

제9장

문제해결의 경험

문제해결력을 기르기 위해서는 다양한 문제를 꾸준히 해결해 보는 경험이 중요하다. 수학에 왕도가 없듯이 문제해결력을 기르는데 왕도가 있을 수 없는 것이다. 문제를 해결하는 방법을 배우고 직접 문제를 해결해 보는 경험을 가지는 것은 즐겁고 가치 있는 일이다. 수학 문제를 해결해 보는 경험은 일상생활에서 접하는 수많은 문제를 해결하는 기초가 된다.

이 장에서는 각 영역의 여러 가지 문제를 제시하여 문제해결력을 신장시킬 수 있는 기회를 제공하고자 한다.

9.1 수와 연산 영역

1. 어떤 수에서 5를 빼고 2를 곱하고 40을 더하여 $\frac{2}{3}$를 곱했더니 60이 되었다. 어떤 수를 구하여라.

2. 연속된 세 자연수를 곱하였더니 2730이 되었다. 이 세 수를 구하여라.

3. AB × 6 = BBB 일 때 두 자리 수 AB를 구하여라.

4. 1에서 1000까지의 수중에서 1이 쓰인 모든 수의 개수를 구하여라.

5. 1에서 300까지의 수중에서 각 자리수의 합이 10이 되는 수의 개수를 구하여라.

6. 모든 세 자리 수에 있는 0의 개수를 구하여라.

7. 11로 나누면 9가 남고, 9로 나누면 7이 남으며, 5로 나누면 4가 남는 수 중에서 500보다 큰 가장 작은 수를 구하여라.

8. 1에서 240까지의 수중에서 3의 배수이거나 4의 배수인 수의 개수를 구하여라.

9. 두 자리 수가 쓰인 카드에서 십의 자리 수가 일의 자리 수 보다 크거나 같다고 한다. 만약 33이 가장 큰 수이면 모든 숫자 카드의 개수를 구하여라.

10. 길이가 120m인 두 기차가 서로 겹치기 시작하여 서로 완전히 떨어질 때까지 8초가 걸렸다고 한다. 두 기차의 속도가 같을 때 기차의 속도를 구하여라.

11. 어떤 달의 월요일인 날의 수를 모두 더했더니 66이 되었다. 이 달의 둘째 목요일은 며칠인지 구하여라.

12. 첫날에 몇 페이지를 읽기 시작하여 매일 1페이지씩을 더 읽으려 한다. 총 600페이지인 책을 16일 동안 모두 읽으려면 첫날에 읽을 페이지 수를 구하여라.

13. 3, 4, 9점으로 표시된 과녁에 3개의 화살이 모두 맞았다. 세 화살이 얻을 수 있는 점수의 합을 모두 구하여라.

14. 여섯 개의 숫자 2, 3, 5, 6, 8, 9를 한 번씩만 사용하여
□□+□□=□□를 완성하여라.

15. 4자리 수 중에서 abba와 같이 좌우 대칭인 수의 개수를 구하여라.

16. 어떤 일을 하는데 경민이는 2시간이 걸리고, 현환이는 4시간이 걸린다고 한다. 두 사람이 같이 일을 할 때 일을 마칠 수 있는 시간을 구하여라.

17. $\frac{1}{1\times2}+\frac{1}{2\times3}+\frac{1}{3\times4}+\frac{1}{5\times6}+\cdots+\frac{1}{999\times1000}$의 값을 구하여라.

18. 1+2+3+4+ ⋯ +99+100의 값을 구하여라.

19. 1+3+5+7+ ⋯ +97+99의 값을 구하여라.

20. 네 개의 3과 수학 기호를 이용하여 24를 만들어라.

9.2 도형과 측정 영역

1. 다음 그림과 같이 6개의 점으로 만들 수 있는 모든 선분의 개수를 구하여라.

2. 아래 그림과 같이 5개의 반직선이 한 점에서 만나고 있다. 5개의 반직선이 만드는 예각의 개수를 구하여라.

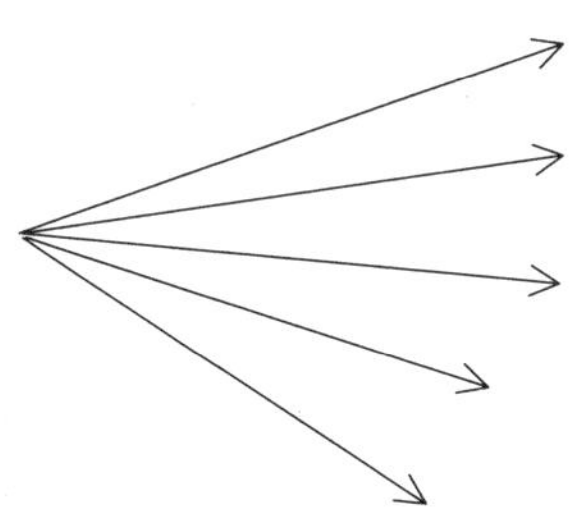

3. 다음 그림에 있는 모든 직사각형의 개수를 구하여라.

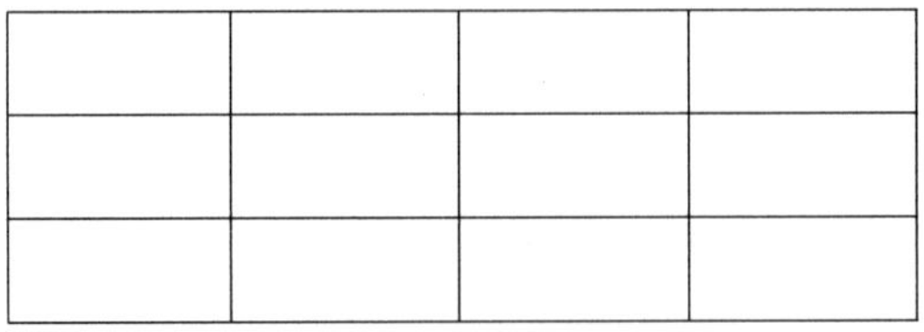

4. 다음 그림에 있는 모든 삼각형의 개수를 구하여라.

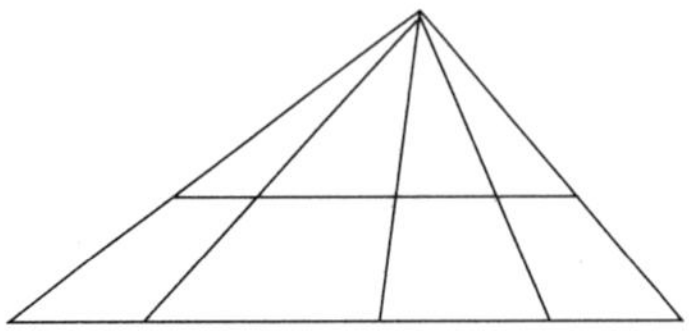

5. 다음 그림에 있는 모든 삼각형의 개수를 구하여라.

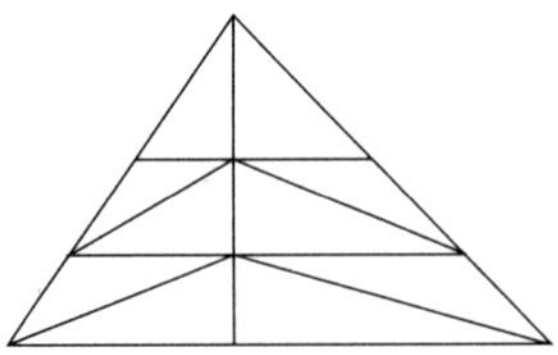

6. 다음 5×5인 정사각형 판에 있는 직사각형의 개수를 구하여라.

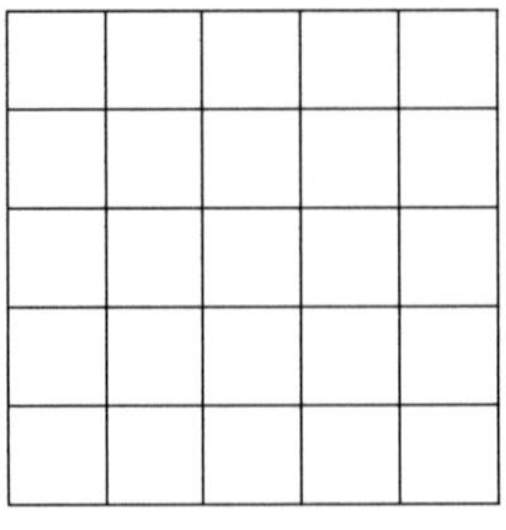

7. 가로와 세로의 길이가 10㎝인 두 정사각형에서 한 정사각형의 꼭지점이 다른 정사각형의 대각선의 교점에 놓여 있다. 이 때, 두 정사각형의 겹쳐진 부분의 넓이를 구하여라.

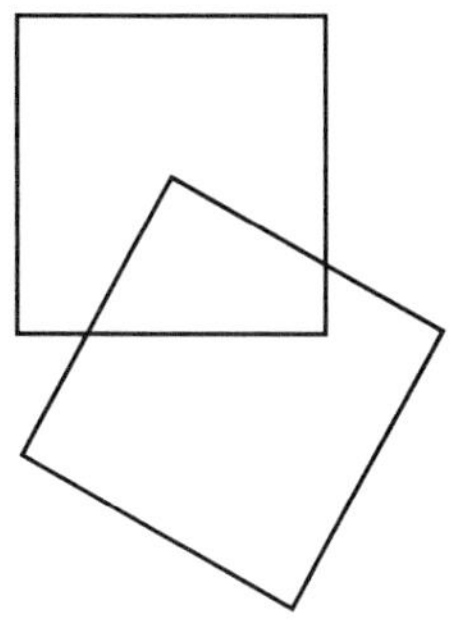

8. 변의 개수가 n개인 정다각형의 내각의 합을 구하여라.

9. 변의 개수가 n개인 정다각형의 한 내각의 크기를 구하여라.

10. 직육면체의 꼭지점을 끝 점으로 하는 모든 선분의 개수를 구하여라.

11. 어떤 직사각형을 4개의 선으로 나눌 때 최대로 나누어지는 영역의 수를 구하여라.

12. 둘레의 길이가 20㎝인 직사각형의 둘레의 길이가 자연수일 때 가능한 직사각형의 개수를 구하여라.

13. 한 모서리의 길이가 5㎝인 정육면체의 6면에 페인트를 칠한 후에 이 정육면체를 각 모서리의 길이가 1㎝인 작은 정육면체로 잘랐다. 이 때 어느 면에도 페인트가 칠해지지 않은 작은 정육면체의 개수를 구하여라.

14. 양팔저울과 1, 2, 4, 8, 16, 32g의 추가 1개씩 있다. 이 양팔 저울과 추를 이용하여 잴 수 있는 무게는 모두 몇 가지인가?

15. 아래 그림과 같은 칠교판의 7조각 모두의 넓이가 1㎠일 때 각 조각의 넓이를 각각 구하여라.

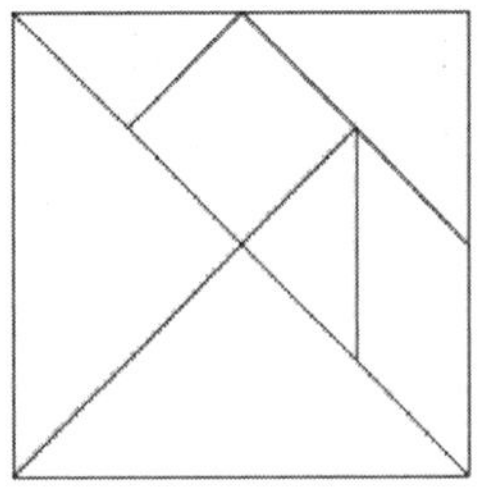

9.3 확률과 통계 영역

1. 100, 500, 1000원을 이용하여 2500원을 만드는 방법의 수를 구하여라.

2. 10원, 50원, 100원짜리 동전이 모두 10개 있는데 100원짜리 동전이 가장 많고 10원짜리 동전이 가장 적다고 한다. 모든 동전이 2개 이상일 때 각 동전의 수를 구하여라.

3. 5, 10, 25를 이용하여 50을 만들 수 있는 방법의 수를 구하여라.

4. 10개의 점들이 원형으로 배열되어 있다. 각 점들을 서로 연결하여 만들 수 있는 선분의 개수를 구하여라.

5. 둥근 테이블에 6명이 앉는 방법의 수를 구하여라.

6. 아래 그림과 같은 직사각형 테이블에 6명이 앉을 수 있는 방법의 수를 구하여라.

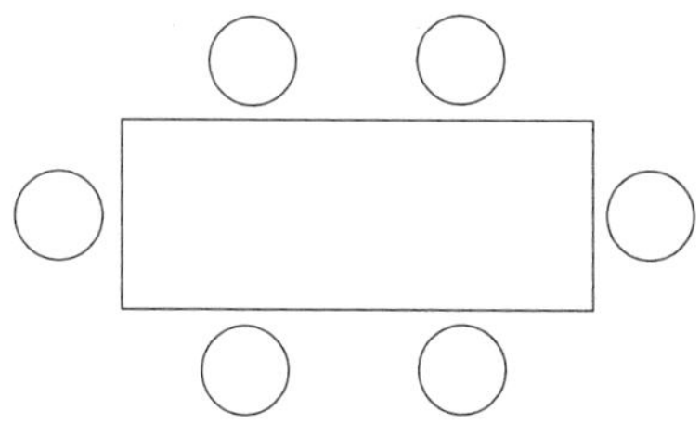

7. 4명의 학생이 나란히 서서 사진을 찍을 때, 나란히 서는 방법의 수를 구하여라.

8. 7가지 색깔의 구슬을 이용하여 염주를 만들었다. 만들 수 있는 염주의 개수를 구하여라.

9. 3가지 색의 블라우스, 4가지 색의 바지, 그리고 2가지 색의 양말이 있다. 3가지 종류를 다르게 선택하여 입을 수 있는 방법의 수를 구하여라.

10. 두 개의 주사위를 던져 나온 눈의 합이 3의 배수일 확률을 구하여라.

11. 세 개의 동전을 던질 때 앞면이 2번 나올 확률을 구하여라.

12. 서로 다른 2개의 동전을 던질 때 적어도 한 개가 앞면이 나올 확률을 구하여라.

13. 어떤 모임에서 두 학생이 같은 달에 생일이기 위하여 필요한 최소한의 구성원의 수를 구하여라.

14. 어느 학교에서 같은 날에 생일인 학생이 있기 위하여 필요한 최소한의 학생 수를 구하여라. 단 1년은 365일로 한다.

15. 어느 학교에서 같은 날에 생일인 학생이 3명 있기 위하여 필요한 최소한의 학생 수를 구하여라. 단 1년은 365일로 한다.

9.4 규칙성 영역

1. 3을 2005번 곱했을 때 일의 자리 수를 구하여라.

2. 1, 3, 2, 8, 3, 13, … 으로 주어진 수의 규칙에서 20번째 오는 수를 구하여라.

3. 1, 2+3, 4+5+6, 7+8+9+10, … 에서 20번째 항의 합을 구하여라.

4. 다음과 같이 나열된 수에서 다음 줄에 오게 되는 수를 써라.

1 1 1
1 2 3 2 1
1 3 6 7 6 3 1
1 4 10 16 19 16 10 4 1

5. 자연수에서 2005번째 홀수를 구하여라.

6. 1, 4, 7, 10, 13, 16, … 인 수열에서 100번째 수를 구하여라.

7. 어떤 일정한 수를 더해서 만들어지는 수열에서 첫 번째 항은 5이고, 10번째 항은 68이다. 20번째 항을 구하여라.

8. 어떤 일정한 수를 곱해서 만들어지는 수열에서 첫 번째 항은 2이고, 5번째 항은 162이다. 10번째 항을 구하여라.

9. 아래 그림에 있는 계단형 그림에서 모든 정사각형의 개수를 구하여라.

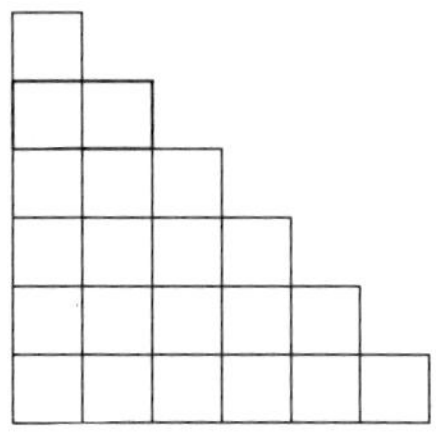

10. 아래 그림에 있는 모든 정사각형의 개수를 구하여라.

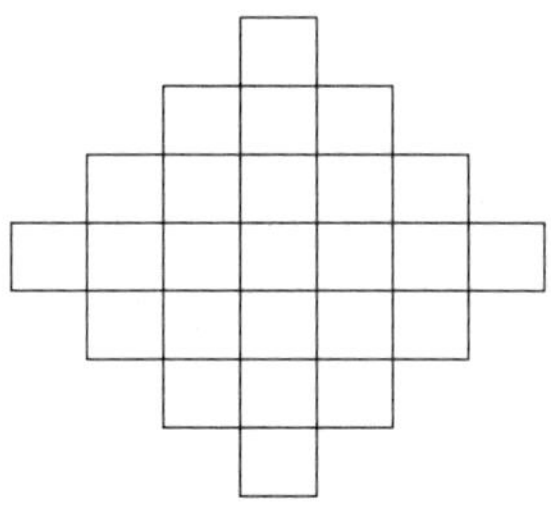

11. 사탕 10개를 나눌 수 있는 모든 방법의 수를 구하여라.

12. 사탕 10개를 나눌 때 각 모임의 크기가 다르게 나눌 수 있는 방법의 수를 구하여라.

13. 1, 1, 2, 3, 5, 8, 13, 21, 34, 55, 89, ⋯ 로 이어지는 수열에서 연속되는 두 수의 비로 이루어지는 수열은 어떤 값에 다가가는가를 소수 첫째 자리까지만 써라.

14. $\frac{1}{7}$을 소수로 나타낼 때 소수점 2010번째의 수를 구하여라.

15. 각각의 길이가 1cm, 2cm, 3cm, ⋯, 9cm인 9개의 빨대를 이용하여 만들 수 있는 삼각형의 수를 구하여라.

9.5 퍼즐 영역

1. 30개의 구슬을 가지고 두 사람이 교대로 다음과 같이 구슬을 집어 갈 때 마지막에 있는 구슬을 집어가는 사람이 지게 되는 경기를 한다고 한다. 각 경우에 이길 수 있는 방법을 써라.
   (1) 한 번에 1개나 2개를 집어 간다.
   (2) 한 번에 1개, 2개, 3개를 집어 간다.

2. 원숭이가 18m인 사다리를 3m 올라갔다가 2m 내려오는 재주를 부리고 있다. 이 원숭이가 18m인 사다리 끝에 도달하는데 필요한 시도의 수를 구하여라.

3. 닭과 개가 모두 25마리가 있는데 이들 다리의 수는 모두 76이라고 한다. 닭과 개는 각각 몇 마리인지 구하여라.

4. 2점짜리 문제와 3점짜리 문제로 구성된 시험에서 모두 17문제를 맞추고 43점을 받았다. 2점과 3점의 정답 수를 구하여라.

5. 한 자루에 600원인 연필과 한 개에 450원인 지우개를 합쳐서 10개를 사고 5100원을 지불하였다. 구입한 연필과 지우개의 수를 구하여라.

6. 흰 바둑돌과 검은 바둑돌이 10개씩 들어 있는 주머니에서 같은 색의 바둑돌을 꺼내려면 최소한 몇 개의 바둑돌을 꺼내야 하는가를 구하여라.

7. A의 수도꼭지에서는 통에 물을 가득 채우는데 1분이 걸리고, B의 수도꼭지에서는 통에 물을 가득 채우는데 30초가 걸린다고 한다. 두 수도꼭지를 동시에 이용하여 통에 물을 채울때 소요되는 시간을 구하여라.

8. 1부터 시작하여 마지막 페이지가 500인 책의 페이지 수에 있는 1의 개수를 구하여라.

9. 어느 학급의 30명 학생들은 방과 후에 학원을 간다. 10명은 피아노 학원을, 12명은 미술학원을, 3명은 피아노와 미술학원을 둘 다 다닌다. 어떤 학원도 다니지 않는 학생의 수를 구하여라.

10. 경민, 수현, 지윤이는 테니스, 야구, 골프를 좋아한다. 경민이는 야구나 골프를 좋아하지 않는다. 수현이는 야구를 좋아하지 않는다. 세 사람이 좋아하는 운동의 이름을 써라.

11. 철수, 삼수, 연수, 문수의 성은 정, 이, 김, 신이다. 그들은 앞쪽부터 1, 2, 3, 4로 번지가 붙여진 일렬로 지어진 집에서 산다. 신씨의 집은 김씨의 바로 앞집이다. 이씨의 집은 정씨의 집 바로 뒤에 있으나, 문수네 집보다는 앞에 있다. 영수네 집은 첫째가 아니고, 철수네 집에서는 앞쪽에 있다. 그리고 문수는 영수의 옆집에 살지 않는다. 이러한 조건을 만족하도록 성명과 집의 번지를 배열하여라.

12. 경민, 수현, 지윤이가 여름휴가를 갔는데, 한 사람은 동해로, 다른 사람은 서해로, 또 다른 사람은 남해로 갔다. 다음 진술 중 단 하나만이 참일 때 각각은 어느 지역으로 휴가를 갔는지 쓰시오.
① 지윤이는 동해로 갔다. ② 지윤이는 서해로 가지 않았다.
③ 경민이는 서해로 가지 않았다. ④ 경민이는 남해로 가지 않았다.

13. ①, ②, ③, ④, ⑤가 다음과 같은 규칙에 따라 차례로 나열되어 있다. ①은 ③앞에 있고, ④뒤에 있다. ②는 ④뒤에 있고, ①앞에 있

다. ⑤는 ②뒤에 있고, ③앞에 있다. ⑤는 가장 가운데에는 있지 않다. 5개의 수를 차례로 써라.

14. 덕이는 파란색, 환이는 흰색, 민이는 검은색 옷을 입고 있다. 세 사람의 모자와 신발은 파란색, 흰색, 검은색 중의 하나의 색이고, 세 사람 모두 자기가 입고 있는 옷과 같은 색의 모자와 신발을 사용하고 있지 않다. 그리고 세 사람은 서로 다른 색의 모자와 신발을 사용하고 있다. 덕이의 신발과 민이의 모자가 같은 색일 때 환이의 모자의 색을 구하여라.

15. 1에서 50까지의 서로 다른 두 수를 선택하여 두 수의 합 $(a+b)$을 두 수의 차 $(a-b)$로 나눈 값이 최대일 때 a, b의 값을 구하여라.

제10장

논술형 문제

이 장은 단순히 수학 공식만을 적용하여 답만을 구하는 형태에서 벗어나, 개념과 원리를 알고 그 연결고리를 찾아 답을 찾아가는 과정을 구체적으로 기술할 수 있는 능력을 기르기 위한 문제로 구성되었다. 학생들은 하나의 문제를 풀기 위해 하나의 공식만을 적용하는 것이 아니라, 개념과 원리, 법칙 사이의 연결 고리를 알고 더 넓은 범위로 적용할 수 있어야 수학의 재미를 느낄 수 있다.

10.1 수와 연산 영역

1. 1에서 50까지의 수를 곱했을 때 끝에 나타나는 0의 개수를 구하여라.

▶ **예시 풀이**

1에서 10까지는 5와 10만이 5를 인수로 갖는다. 5는 2와 곱해서 10이 되고 10은 다른 수와 곱할 필요가 없이 0을 갖는다. 따라서 2개의 0이 나타난다.
11에서 20까지는 15와 20만이 5를 인수로 가진다. 따라서 2개의 0이 나타난다.
21에서 30까지는 25와 30이 5를 인수로 가지지만, 25는 5라는 인수를 2개 갖는다. 따라서 3개의 0이 나타난다.
31에서 40까지는 35와 40만이 5를 인수로 가진다. 따라서 2개의 0이 나타난다.
41에서 50까지는 45와 50이 5를 인수로 가지지만, 50은 5라는 인수를 2개 갖는다. 따라서 3개의 0이 나타난다.
이처럼 모든 경우를 생각하면 1에서 50까지의 수를 곱했을 때 끝에 나타나는 0의 개수는 모두 12개이다.

▶ **다른 풀이**

1에서 50까지의 수중에 5의 배수는 10개가 있다. 그런데 25와 50에는 5라는 인수를 2개씩 가지고 있으므로 1에서 50까지의 수를 곱했을 때 끝에 나타나는 0의 개수는 모두 12개이다.

---

2. 1에서 999까지의 자연수에서 각 자리 수에 있는 수의 합을 구하여라.

▶ **예시 풀이**

이 문제는 1에서 999까지의 자연수에서 1, 2, 3,…, 9가 몇 번 나타나는가를 알면 쉽게 해결할 수 있다. 물론 0은 합에 영향을 주지 않으므로 고려하지 않아도 된다. 먼저 1에서 999까지의 자연수에 같은 수의 1, 2, 3,…, 9가 나타난다는 것을 알 수 있다. 따라서 하나의 수가 몇 개 있는가를 생각하면 된다.

예를 들어 5를 생각해 보자. 백의 자리 수에 나타나는 5의 개수는 500에서 599까지 100개가 있다. 십의 자리 수에 나타나는 5의 개수는 150에서 159까지 10개씩 매 100단위에 10개씩 모두 100개가 있다. 일의 자리 수에 나타나는 5의 개수는 5, 15, 25,…,95와 같이 매 100단위에 10개씩 모두 100개가 있다. 따라서 1에서 999까지의 자연수에서 각 자리 수에 있는 5의 개수는 300임을 알 수 있다.

마찬가지로 1에서 999까지의 자연수에서 각 자리 수에 있는 1에서 9까지의 수들은 각각 300개씩 있나. 그러므로 1에서 999까지의 자연수에서 각 자리 수에 있는 수의 합은 다음과 같이 구할 수 있다.

$$300(1+2+3+\cdots+9)=300\times\frac{9\times10}{2}=13,500$$

3. (디오판토스의 묘비) 그리스의 위대한 수학자 디오판토스의 묘비에는 다음과 같은 비문이 새겨져 있다.

"디오판토스는 생애의 $\frac{1}{6}$을 소년기로, $\frac{1}{12}$을 청년기로, $\frac{1}{7}$을 독신으로 살았으며, 결혼한지 5년 뒤에 아들을 낳았고, 아들은 아버지 나이의 $\frac{1}{2}$만큼 살았다. 디오판토스는 아들이 죽은 후 4년이 지난 뒤에 죽었다."

이 비문에서 디오판토스가 죽을 때의 나이를 구하여라.

▶ 예시 풀이

디오판토스가 죽을 때의 나이를 x라 하고 식으로 나타내면

$$x=\frac{x}{6}+\frac{x}{12}+\frac{x}{7}+5+\frac{x}{2}+4$$

이므로 이 식을 풀면 답은 84이다.

▶ 다른 풀이

나이는 자연수이므로 분수로 표현된 인생의 일정한 기간은 자연수임을 알 수 있다. 따라서 네 분수의 분모인 6, 12, 7, 2의 최소공배수를 구해 보는 것은 유용하다. 즉, 네 분수의 최소공배수는 84이고 이 수는 문제의 조건을 만족한다.

4. abcde×9=edcba를 만족하는 다섯 자리 수를 구하여라($a \neq 0$).

▶ 예시 풀이

먼저 $a=1$, $e=9$임은 분명하다. 그리고 $b=0$, $b=1$이어야 한다.

① 만약 $b=1$이라면 $9\times d+8$은 1로 끝나야 하므로 $9\times d$는 3으로 끝나야 한다. 따라서 $d=7$이고 7은 백의 자리로 옮겨진다. 그러나 $9\times c+7$은 c로 끝나야 하는데 이것은 불가능하다. 따라서 $b=0$이다.

② 앞 단계에서 $a=1$, $e=9$, $b=0$이 결정되었다.
다음에 $9\times d+8$은 0으로 끝나야 하므로 $d=8$이고 8은 백의 자리로 옮겨진다. 그러나 $9\times c+8$은 c로 끝나야 하고 천의 자리로 8을 옮겨야만 하므로 $c=9$이다.

③ 따라서 구하고자 하는 수는 10989×9=98901 이다.

5. 12321과 같이 앞에서부터 읽거나 뒤에서부터 읽어도 같게 읽어지는 수를 회문(palindromes)이라고 한다. 4자리 수의 회문은 11로 나누어떨어진다는 것을 보여라.

▶ **예시 풀이**

먼저 몇 개의 자리 수를 가지고 확인해 보면 다음과 같이 11로 나누어떨어진다는 것을 확인할 수 있다.

$$3003\div 11=273,\ 6996\div 11=636,\ 7557\div 11=687$$

그러면 네 자리 수인 회문 abba을 가지고 생각해 보자.

$$\begin{aligned} abba &= 1000a+100b+10b+a \\ &= 1001a+110b \\ &= 11\times 91a+11\times 10b \\ &= 11(91a+10b) \end{aligned}$$

따라서 4자리 수를 가지는 모든 회문은 11로 나누어떨어진다는 것을 알 수 있다.

6. 어떤 수가 3이나 9로 나누어떨어질 조건과 그 이유를 쓰시오.

▶ **예시 풀이**

어떤 수가 3이나 9로 나누어떨어질 조건은 각 자리수의 합이 3이나 9의 배수가 되는 것이다. 왜냐하면 각 자리 값에서 1을 빼면 그 수는 3의 배수이거나 9의 배수이기 때문에 빼어진 1의 개수가 각 자리 수가 된다. 따라서 어떤 수가 3이나 9로 나누어떨어질 조건은 각 자리 수의 합이 3이나 9의 배수가 되는 것이다.

예를 들면 234의 경우에 각 자리 수의 합은 2+3+4=9이므로 3의 배수임과 동시에 9의 배수이다. 이를 그림으로 나타내면 다음과 같다.

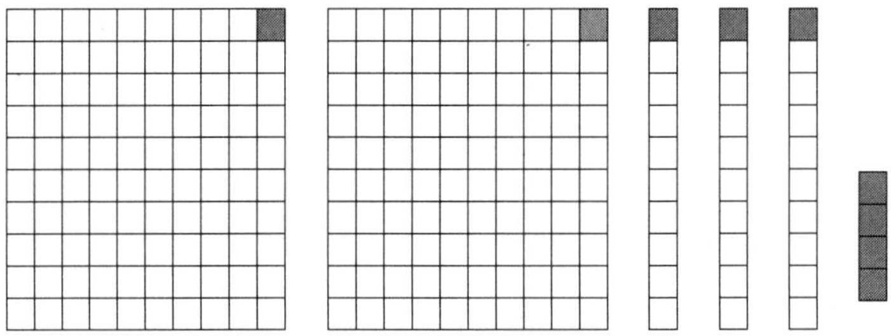

7. 1에서 100까지의 수에서 3이나 5로 나누면 나머지가 1이고, 7로 나누면 나누어떨어지는 수를 구하여라.

▶ 예시 풀이

어떤 수가 3이나 5로 나눌 때 나머지가 1이 되는 수는 15로 나눌 때 나머지가 1이 된다. 따라서 어떤 수는 15의 배수에 1을 더한 수가 된다. 1에서 100까지의 수 중에서 이런 조건을 만족하는 수는 16, 31, 46, 61, 76, 91이고, 이들 중 7로 나누어떨어지는 수는 91이다.

8. 1㎠ 정사각형이 가로에 54개, 세로에 96개로 구성된 54×96직사각형에 대각선을 그었다. 이 때 대각선이 1㎠ 정사각형의 변을 지나는 정사각형의 수를 구하여라. 예를 들면 2×3인 경우에 대각선은 4개의 정사각형의 변을 지난다.(단, 정사각형의 꼭지점을 지나는 경우에는 조건을 만족하지 않는 것으로 간주한다.)

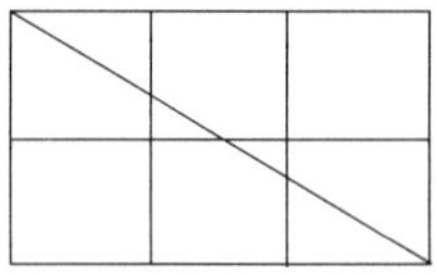

▶ **예시 풀이**

문제를 해결하기 위하여 귀납적으로 규칙을 발견해 보는 것이 유용한 전략이다. 먼저, 2×3인 경우를 확장하여 4×6인 경우에는 대각선이 4개의 정사각형의 변을 지나고, 6×9인 경우에는 대각선이 12개의 정사각형의 변을 지나며, 8×12인 경우에는 대각선이 16개의 정사각형의 변을 지남을 알 수 있다.

따라서 대각선이 정사각형의 변과 만나는 정사각형의 수는 두 수의 합에서 두 수의 최대공약수를 뺀 것과 같다. 이것은 대각선이 1㎠ 정사각형의 꼭지점을 지나는 수와 두 수의 최대공약수가 같기 때문이다.

문제에서 제시된 54×96직사각형에서는 54+96=150이고 54와 96의 최대공약수는 6이므로 144개의 1㎠ 정사각형의 변과 대각선이 만난다.

9. 다음 두 학생의 대화를 듣고, 삼식이가 답을 알아낸 이유를 설명하여라.

삼식 : 삼순아. 아무 숫자나 네가 좋아하는 숫자를 하나 생각해 봐. 아주 큰 수라도 상관없어.

삼순 : 응 생각했어.

삼식 : 네가 생각한 수에 5배를 하여 30을 더해 봐.

삼순 : 곱하기 5에 더하기 30이라 ……

삼식 : 다 됐니? 다 됐으면 그 답을 5로 나누어 봐.

삼순 : 응 했어.

삼식 : 그 다음, 그 답에서 네가 생각했던 수를 빼는 거야.

삼순 : 다 했어.

삼식 : 그럼, 이제 내가 답을 알아볼까? 답은 6이야. 어때, 맞았지?

삼순 : 응 맞았어! 그런데 어떻게 알았어?

▶ **예시 풀이**

삼순이가 생각한 수를 □라 하고, 이것을 식으로 표현하면,

$\square \times 15 + 30$이 된다.

이것을 5로 나누고 다시 본래의 수를 빼라고 했으므로,

$$(\square \times 5 + 30) \div 5 - \square = (5 \times \square + 30) \div 5 - \square = \square + 6 - \square = 6$$

위 식에서 삼순가 생각했던 수가 무엇이든지 답은 항상 6이다. 이 문제를 처음에 삼순가 생각했던 수를 문자 a로 대치하고 문제를 수식으로 전환하면 훨씬 쉽게 풀 수 있다.

---

10. 다음은 인호네 가족의 나이와 인호의 나이에 대한 정보이다. 아래의 정보를 보고 인호가 몇 살인지 알아보아라.

> · 인호의 나이는 짝수이다.
> · 인호 어머니의 나이는 36살이며, 인호는 어머니 나이의 약수이다.

> · 인호 할아버지는 72세이고 아버지는 42세이다. 인호는 할아버지와 아버지 나이의 공약수이다.
> · 인호 동생은 2살과 3살이다. 인호는 동생들 나이의 공배수이다.

▶ 예시 풀이

인호의 나이는 36의 약수이므로 1, 2, 3, 4, 6, 9, 12, 18, 36 중 하나이며, 72와 42의 공약수는 1, 2, 3, 6이고, 2와 3의 공배수는 6, 12, 18,⋯ 이므로, 이 정보들의 공통 나이를 찾아보면 인호의 나이는 6살이다.

11. 다음 풀이는 영수가 해결한 숙제의 일부이다. 계산에서 옳게 된 것과 옳지 않은 것을 구분하고 계산이 옳지 않은 문제를 바르게 풀어라.

① $\frac{1}{2}+\frac{2}{3}=\frac{1+2}{2+3}=\frac{3}{5}$　　② $\frac{4}{5}-\frac{2}{3}=\frac{4-2}{5-3}=\frac{2}{2}=1$

③ $\frac{2}{5}\times\frac{4}{3}=\frac{2\times 4}{5\times 3}=\frac{8}{15}$　　④ $\frac{3}{5}\div\frac{3}{4}=\frac{3\div 3}{5\div 4}=\frac{4}{5}$

▶ 예시 풀이

옳은 것은 ③,④이고, 옳지 않은 것은 ①,②이다. 옳지 않은 것을 옳게 바꾸면

① $\frac{1}{2}+\frac{2}{3}=\frac{3}{6}+\frac{4}{6}=\frac{7}{6}$, ② $\frac{4}{5}-\frac{2}{3}=\frac{12}{15}-\frac{10}{15}=\frac{2}{15}$ 이다.

12. 용준이와 지우는 계단 아래에서 가위, 바위, 보를 해서 이긴 사람이 한 칸 씩 올라가는 놀이를 하고 있다. 한 번 이기면 한 계단을 올라가지만, 두 번을 연속해서 이기면 두 계단을 오를 수 있고, 세 번을 연속해서 이기면 세 계단을 오를 수 있다. 마찬가지로 연속해서 이긴 횟수만큼 계단을 오를 수 있다. 따라서 가위, 바위, 보에서 몇 번을 연속해서 이기느냐에 따라 올라가는 계단의 수가 결정된다.

(1) 용준이와 지우가 놀고 있는 계단은 모두 100개이다. 둘 중 한 명이 계단 꼭대기에 이르기 위해서 최소한 해야 할 "가위, 바위, 보" 게임의 수를 구하여라.
(2) 현재 용준이는 12번째 계단 위에 있고, 지우는 7번째 계단 위에 있다. 지금까지 아이들이 한 "가위, 바위, 보" 게임의 최소한의 수를 구하여라.

▶ **예시 풀이**

(1) 한 사람이 연속해서 이겼다고 가정할 때 둘 중 한 명이 계단 꼭대기에 이르기 위해서 최소한 해야 할 게임의 수이므로 $1+2+3+4+\cdots+14=105$이므로 14번이다.
(2) 용준이가 12번째 계단 위에 있고, 지우가 7번째 계단 위에 있을 경우는 용준이가 $1+2+3+4+1+1=12$이고, 지우는 $1+2+3+1=7$이다. 따라서 10번이다.

13. 어떤 두 자연수를 더하고 곱해서 얻은 두 수를 더하여라. 이때 얻을 수 없는 50 이하의 최대의 수를 구하여라.

▶ **예시 풀이**

귀납적으로 문제를 해결하는 방법과 연역적으로 문제를 해결하는 방법이 있다. 귀납적인 방법으로는 먼저 1, 1에서부터 시작하여 차례로 수를 바꾸어 계산하고, 그 결과로 얻은 수들을 제거해 간다. 그러면 46이라는 답을 얻게 된다.

연역적인 방법으로는 두 수를 a, b라 할 때 얻을 수 있는 수는 $a+b+ab=(a+1)(b+1)-1$이므로 1보다 큰 두 자연수의 곱보다 1 작은 수는 얻을 수 있다. 따라서 50 이하의 수 중에서 얻을 수 없는 최대의 수는 소수 47보다 1 작은 46이 된다.

14. 홀수인 양의 정수 x, y, z, w에 대하여 $100=x^2+y^2+z^2+w^2$을 만족하는 x, y, z, w의 배열 가능한 표현의 개수를 구하여라.

▶ **예시 풀이**

100을 홀수인 양의 정수 4개로 나타낼 수 있는 방법은 다음과 같다.

100=81+9+9+1=49+49+1+1=49+25+25+1=25+25+25+25

그런데 100=81+9+9+1인 경우에 네 수 81, 9, 9, 1을 배열할 수 있는 방법의 수는 12가지가 된다. 마찬가지로 49, 49, 1, 1을 배열할 수 있는 방법의 수는 6가지, 49, 25, 25, 1을 배열할 수 있는 방법의 수는 12가지, 25, 25, 25, 25를 배열할 수 있는 방법의 수는 1가지이다. 따라서 100을 홀수인 양의 정수 4개로 배열할 수 있는 방법은 31가지이다.

15. 자연수 N을 몇 개의 자연수의 합으로 분해하여 그들 자연수의 곱을 최대로 할 조건을 구하여라. 예를 들면 10을 몇 개의 자연수의 합으로 나타낼 때, 그들 자연수의 곱은 3+7인 경우에는 21, 5+5인 경우에는 25, 3+3+4인 경우에는 36이 되며, 36이 최대가 된다.

▶ **예시 풀이**

N을 자연수의 합으로 분해할 때 1을 사용하는 것은 곱에 영향을 주지 않는다. 따라서 $N=1+a+b+\cdots$일 때 $1\times a\times b\times\cdots <$

$(1+a)\times b\times\cdots$이므로 1을 다른 수에 더하여 분해하는 것이 좋다. 다음에 5 이상의 수 a가 있다고 하면 $N=a+b+\cdots=2+(a-2)+b+\cdots$이고, $a\times b\times\cdots<2\times(a-2)\times b+\cdots$이 되므로 5 이상의 수를 사용하지 않아야 곱의 결과가 크다. 4를 이용할 경우에는 4는 2+2를 써도 곱의 결과는 같다. 따라서 2와 3만으로 분해하는 것이 곱의 결과를 크게 하는 것이다. 그런데 2를 세 개 이상 사용하여도 2+2+2=3+3이고 $2\times2\times2<3\times3$이므로 2를 두 개 이하만 사용하여야 한다.

따라서 $N=3n$일 때 최댓값은 3^n

$N=3n+1$일 때 최댓값은 $2^2\times3^{n-1}$

$N=3n+2$일 때 최댓값은 2×3^n 이 된다.

10.2 도형과 측정 영역

1. 다음 진술된 문장의 참, 거짓을 판정하고, 그에 대한 이유를 제시하여라.

'직사각형의 둘레의 길이가 늘어나면 넓이도 늘어난다.'

▶ **예시 풀이**

진술된 문장은 거짓이다. 경우에 따라서는 직사각형의 둘레의 길이가 늘어나면 넓이가 늘어나기도 한다. 그러나 둘레의 길이가 늘어나는 직사각형이 어떤 모양으로 변하는가에 따라 결과는 달라진다. 예를 들어 가로와 세로가 5㎝인 정사각형의 둘레의 길이는 20㎝, 넓이는 25㎠이다. 이제 가로가 8㎝, 세로가 3㎝인 직사각형을 생각하면 둘레의 길이는 22㎝로 늘어났지만, 넓이는 24㎠로 오히려 줄어들었음을 알 수 있다.

한편 가로가 8㎝이고 세로가 2㎝인 직사각형의 둘레의 길이는 20㎝이고 넓이는 16㎠이다. 원래의 정사각형과 둘레의 길이는 같지만, 넓이는 줄어들었음을 알 수 있다. 일반적으로 둘레의 길이가 일정할 때 최대의 넓이를 갖는 사각형은 정사각형이다.

---

2. 한 변의 길이가 1㎝인 정사각형 내부에 9개의 점이 있다. 이 점들 중에서 3개의 점을 뽑아 삼각형을 만들면 그 삼각형의 넓이가 $\frac{1}{8}$㎠보다 작은 삼각형이 반드시 존재한다는 것을 보여라.

▶ **예시 풀이**

먼저 문제해결의 원리를 알아보기 위하여 주어진 문제를 다음과 같이 간단히 변형하여 보자. '넓이가 1㎠인 직사각형의 내부에 3개의 점이 있다. 이 3개의 점으로 만들어지는 삼각형의 넓이는 $\frac{1}{2}$㎠보다 작다.' 이 경우에 세 점을 직사각형의 꼭지점에서 두 점과 두 꼭지점을 공유하지 않는 변위의 임의의 점으로 선택하면 삼각형의 넓이는 직사각형의 반이므로 $\frac{1}{2}$㎠가 된다. 따라서 세 점을 직사각형의 내부의 점으로 선택하면 삼각형의 넓이는 $\frac{1}{2}$㎠보다 작게 된다. 위 문제해결의 원리를 적용하기 위하여 정사각형을 합동인 4개의 직사각형으로 나누면, 각 직사각형의 넓이는 $\frac{1}{4}$㎠가 되고 직사각형 내부에 있는 9개의 점 중에서 최소한 3개는 반드시 하나의 직사각형 안에 존재하게 된다. 따라서 이 세 점으로 만들어지는 삼각형의 넓이는 $\frac{1}{8}$㎠보다 작게 된다.

3. 다음과 같은 두 지점 A, B에서 두 사람이 동시에 천둥소리를 들었다고 한다. 번개가 친 지점을 나타내 보아라.

▶ **예시 풀이**

두 지점 A, B에서 두 사람이 동시에 천둥소리를 들었다면 번개가 친 지점은 두 지점 A, B에서 같은 거리의 위치라는 것을 알 수 있다. 두 점에서 같은 거리는 두 지점을 잇는 선분의 중점뿐만이 아니라, 두 점을 잇는 수직이등분선 위의 모든 점이 될 수 있다. 따라서 번개가 친 지점은 여러 지점일 수 있다.

4. 선분 $\overline{AB}$ 위의 점의 집합과 직선 l위의 점을 생각하자. 선분 $\overline{AB}$ 위의 점과 직선 l 위의 점을 각각 하나씩 대응시킬 수 있는가를 써라(단, 한번 이상 점을 사용하는 것은 금한다).

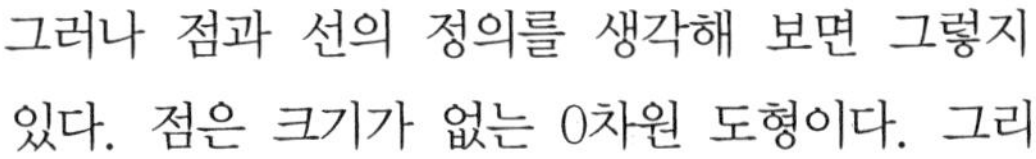

▶ **예시 풀이**

얼핏 보기에는 직선 위의 점이 선분 위의 점보다 많은 것 같이 보인다. 그러나 점과 선의 정의를 생각해 보면 그렇지 않다는 것을 알 수 있다. 점은 크기가 없는 0차원 도형이다. 그리고 선은 수많은 점들이 모여서 이루어진다. 결국 선분에 있는 점이나 직선에 있는 점의 수는 같은 것이다.(수학적으로 농도가 같다고 한다.)
예를 들어 길이가 다른 두 선분 위의 점을 생각해 보자. 그리고 한 광원에서 빛이 발사되면 그 빛은 길이가 다른 두 선분을 고르게 비추어 준다. 이 빛에 의해 대응되는 상황을 점들의 대응으로 보면 쉽게 인식할 수 있다.

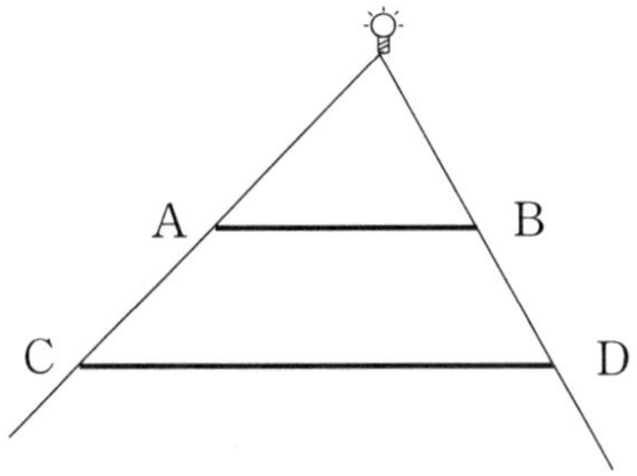

5. 서로 평행인 두 직선 l, m에 대하여 $\overline{AB} // \overline{CD}$이고, $\overline{AB}$와 $\overline{CD}$ 사이의 거리와 곡선 EF와 HG 사이의 거리가 같을 때, 두 영역의 넓이를 비교하여라.

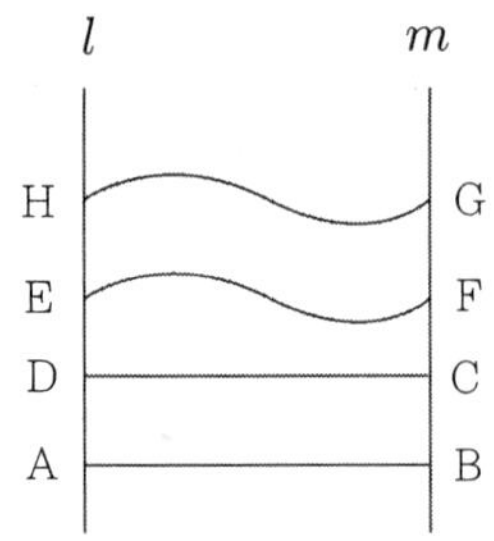

▶ **예시 풀이**

두 도형은 폭이 같고 굽은 도형을 길게 펴면 아래 직사각형보다 길게 되기 때문에 넓이가 넓을 것으로 보인다. 그러나 두 도형의 넓이는 같다. 왜냐 하면 H와 E에서 $\overline{AB}$에 평행인 선을 그으면 폭과 길이가 아래 직사각형과 같은 직사각형이 생긴다. 이제 이 직사각형의 윗부분을 평행이동 하여 아래로 밀어 넣으면 그 넓이가 같음을 알 수 있다.

6. 4ℓ 들이 용기와 6ℓ 들이 용기가 있다. 이 두 용기를 이용하여 3ℓ의 물을 만들 수 있는 방법을 구하여라.

▶ 예시 풀이

3ℓ를 만드는 방법은 불가능하다. 왜냐하면 두 개의 용기를 이용하여 할 수 있는 것은 용기를 채우거나 비우거나 한 용기를 다른 용기에 붓는 것뿐이다. 이것은 4와 6의 배수를 더하거나 빼어서 3을 만드는 것과 같다. 그런데 4와 6의 짝수이므로 어떤 방법을 이용하여도 홀수인 3을 얻을 수는 없다.

7. 테셀레이션(tessellation)이란 틈이나 포개어짐이 없이 평면이나 공간을 도형으로 완벽하게 채우는 것을 말한다. 합동인 정다각형으로 테셀레이션을 하려할 때 가능한 정다각형을 구하여라.

▶ 예시 풀이

정n각형의 한 내각은 $\dfrac{(n-2)\times 180^\circ}{n}$이므로 테셀레이션이 가능하려면 정$n$각형이 m개 모여서 360°가 되어야 한다.

즉 $\dfrac{(n-2)\times 180^\circ}{n}\times m = 360^\circ$라는 식을 얻을 수 있다. 이 식을 정리하면 $mn-2m-2n=0$이고 m, n은 자연수이므로 차례로 수를 대입하면 정삼각형, 정사각형, 정육각형임을 알 수 있다.

8. 응준이는 크기가 10㎝×7㎝인 마분지를 이용하여 뚜껑이 없는 상자를 다음과 같이 3가지로 만들었다. 다음 물음에 답하여라.(마분지에서 4개의 귀퉁이를 잘라내면 상자가 만들어진다.)

> 상자 1: 마분지의 네 꼭지점에서 0.5cm씩 잘라낸 다음 상자를 만든다.
> 상자 2: 마분지의 네 꼭지점에서 1cm씩 잘라낸 다음 상자를 만든다.
> 상자 3: 마분지의 네 꼭지점에서 2cm씩 잘라낸 다음 상자를 만든다.

(1) 겉넓이가 가장 작은 상자는 어떤 상자이며, 그 이유를 설명하여라.
(2) 부피가 가장 큰 상자는 어떤 상자이며, 그 이유를 설명하여라.
(3) 상자를 만드는데 필요한 마분지 가격은 1㎠당 100원이라고 한다. 가장 싸면서도 부피가 큰 상자는 어느 것이며, 그 이유를 설명하여라.

▶ **예시 풀이**

표를 이용하여 각각의 물음에 적합한 상자를 선택한다.

(1) 상자 3

넓이 \ 상자	상자 1	상자 2	상자 3
앞면의 넓이	4.5 ㎠	8 ㎠	12 ㎠
뒷면의 넓이	4.5 ㎠	8 ㎠	12 ㎠
좌측면의 넓이	3.0 ㎠	5 ㎠	6 ㎠
우측면의 넓이	3.0 ㎠	5 ㎠	6 ㎠
밑면의 넓이	54 ㎠	40 ㎠	18 ㎠
겉 넓 이	69 ㎠	66 ㎠	54 ㎠

(2) 상자 2

상자 \ 길이	가 로	세 로	높 이	부 피
상자 1	9 cm	6 cm	0.5 cm	27 ㎤
상자 2	8 cm	5 cm	1 cm	40 ㎤
상자 3	6 cm	3 cm	2 cm	36 ㎤

(3) 상자 3

계산식 \ 상자	상자 1	상자 2	상자 3
$\frac{(\text{겉넓이})\times(1㎠\text{ 당 드는 비용})}{(\text{부피})}$	2.6(원)	1.7(원)	1.5(원)

9. 평행사변형 ABCD 모양의 토지를 소유하고 있는 부자가 두 아들에게 땅을 분배해 주기로 하였다. 땅 안에는 O점에 우물이 하나 있는데, 큰 아들에게는 △AOB와 △COD를 주었고, 작은 아들에게는 나머지를 주었다. 우물은 공유 재산으로 하였을 때 분배는 공평한지 써라.

▶ **예시 풀이**

공평하다. 왜냐하면 O에서 AB에 수선을 그으면, 수선은 M과 L에서 각각 AB와 CD와 만난다. 이를 이용하여 큰 아들의 땅의 넓이를 구해보면 평행사변형 ABCD의 반이 된다는 것을 알 수 있다.

10. 책상 위에 한 개의 동전을 고정시켜 놓고, 고정시킨 동전의 둘레를 따라 같은 크기의 동전으로 한 바퀴 돌렸다. 이때 움직인 동전은 몇 바퀴를 돌았는지 구하여라. 그리고 크기가 같은 동전 두 개를 붙인 채로 고정해 놓고, 이 두 개의 동전 주위를 같은 크기의 동전으로 한 바퀴 돌리면 움직인 동전은 몇 바퀴를 돌았는지 구하여라.

▶ **예시 풀이**

실제로 실험을 해 보면 고정된 동전을 따라 움직이는 동전은 두 바퀴를 돌게 된다. 왜 그런 결과가 나오는가를 살펴보면 다음과 같다. 원의 둘레의 길이는 $2\pi r$이므로 직선을 따라 굴러가면 원은 한 바퀴 돌게 된다. 그런데 움직이는 동전이 꺾여서 움직이게 되면 꺾여서 돌아간 각도만큼 돌아가게 된다. 만약 한 점에서 α만큼 꺾이면 동전은 $\frac{\alpha}{360}$만큼 돌아간다. 고정되어 있는 동전을 한 바퀴 도는 것은 변의 숫자가 무한히 많은 다각형을 도는 것과 같으므로 움직이는 동전은 실제로 두 바퀴를 돌게 되는 것이다. 마찬가지로 크기가 같은 동전 두 개를 붙인 채로 고정해 놓고, 이 두 개의 동전 주위를 같은 크기의 동전으로 한 바퀴 돌리면 움직이는 동전은 한 동전 주위를 $240°$ 돌아서 아래 위치로 오고, 이어 다른 동전 주위를 돌아서 원래의 위치로 온다. 따라서 움직이는 동전은 $960°$를 돌게 된다.

11. 크기가 같은 정사각형 모양의 두 장의 색종이를 한 개의 꼭짓점이 일치하도록 붙여서 겹쳐 놓았다. 겹친 부분의 넓이가 색종이 넓이의 $\frac{1}{2}$이 되도록 하려면 어떻게 해야 하는지 써라.

▶ **예시 풀이**

한 개의 색종이 ABCD와 꼭짓점 A를 공유하는 색종이가 E에서 교차할 때 AB=1, BE=x라고 하면 겹친 부분의 넓이는 $2\triangle ABE = x$이다. 따라서 $x = \frac{1}{2}$이므로 E는 BC의 중점에 오게 하면 된다.

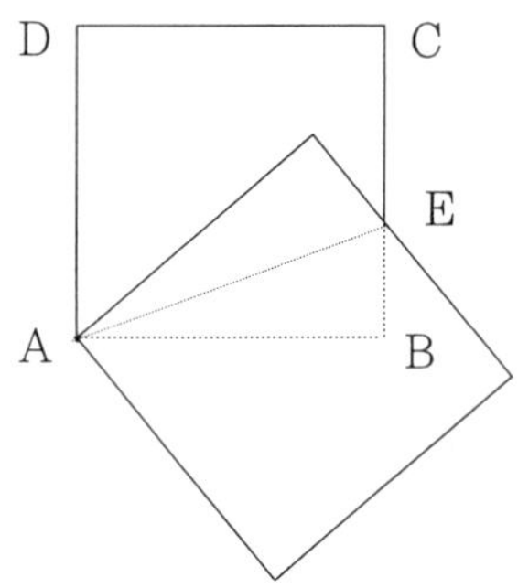

12. 직육면체 모양의 그릇에 물이 가득 들어 있다. 직육면체의 가로, 세로, 높이를 알 수 없을 때 물의 $\frac{5}{6}$를 버리고 $\frac{1}{6}$만 남도록 하여라.

▶ **예시 풀이**

직육면체 그릇을 비스듬히 뉘어 천천히 물을 흘러 버리면서 물의 표면이 △EBD가 될 때까지 버리면 남은 물은 그릇 전체의 $\frac{1}{6}$이 된다. 왜냐하면

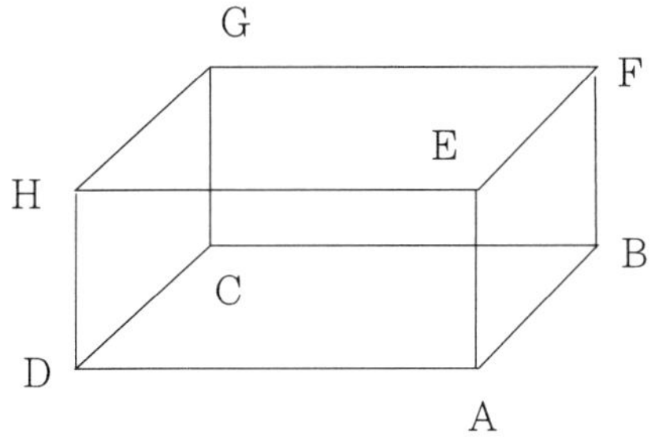

$$S_{\triangle ABD} = \frac{1}{2} S_{\square ABCD}$$

$$\begin{aligned} V_{E-ABD} &= \frac{1}{3} \cdot S_{\triangle ABD} \cdot AE \\ &= \frac{1}{6} \cdot S_{\square ABCD} \cdot AE \\ &= \frac{1}{6} V_{\square ABCD-EFGH} \end{aligned}$$

10.3 확률과 통계 영역

1. n명에서 r명을 뽑아 일렬로 세우는 방법의 수를 구하여라.
(단, $0 < r \leqq n$)

▶ **예시 풀이**

각각의 사람을 일렬로 세울 수 있는 r개의 위치가 있다고 하자. 그러면 첫 번째 위치에 사람을 세울 수 있는 방법의 수는 n가지이다. 첫 번째 위치에 한 명을 선택하여 세우게 되면 두 번째 위치에 세울 수 있는 방법의 수는 $(n-1)$가지이다. 따라서 처음 두개의 위치에 사람을 세울 수 있는 방법의 수는 두 경우를 동시에 만족시켜야 하므로 $n(n-1)$가지가 된다. 마찬가지로 처음부터 3번째 위치까지 사람을 일렬로 세울 수 있는 방법의 수는 $n(n-1)(n-2)$가지이다. 이러한 방법으로 계속해 나가면 r개의 위치까지 세워야 하므로 그 수는 $n(n-1)(n-2)\cdots(n-r+1)$임을 알 수 있다.

2. 다음과 같은 게임이 있다.

'게임 참여자는 단 하나의 문에 선물이 놓여 있는 3개의 문에서 하나의 문을 선택해야 한다. 먼저 게임 참여자가 하나의 문을 선택하면, 사회자는 게임침여자가 선택하지 않은 문 중에서 선물이 놓여있지 않은 하나의 문을 열어 선물이 없음을 확인시켜준다. 그런 후에 게임 참여자는 본인이 처음에 선택한 문과 공개되지 않은 문중에서 하나의 문을 선택할 기회를 다시 갖는다. 게임 참여자는 어떤 문을 선택해야 선물이 있는 문을 선택할 가능성이 높은가?'

이 게임의 참여자라 생각하고 판단을 써라.

▶ **예시 풀이**

위의 문제는 확률의 성질에 관한 것이다. 선물이 있는 문과 없는 문을 각각 ○, ×라 하고 문 3개를 대상으로 가능한 경우를 나타내면 (1) ○ × ×, (2) × ○ ×, (3) × × ○인 세 경우가 있다. 만약 게임 참여자가 처음에 첫 번째 문을 선택했다면 사회자는 (1)의 경우에는 두 번째 문이나 세 번째 문을 공개할 것이고 이 경우에 게임 참여자는 선택을 바꾸는 것이 도움이 되지 않는다. 그러나 사회자는 (2)의 경우에는 세 번째 문을, (3)의 경우에는 두 번째 문을 공개할 것이다. 이 경우에 게임 참여자는 선택을 바꾸는 것이 유리하다.

따라서 각각의 경우를 분석해 보면, 게임 참여자는 사회자가 선물이 없는 문을 공개한 후에 자신의 선택을 바꾸는 것이 그렇지 않은 경우보다 2 : 1로 유리하다.

---

3. 1에서 250쪽까지 쪽 번호를 매긴 책에 사용된 숫자의 개수를 구하여라.

▶ **예시 풀이**

1에서 9쪽까지 이용된 숫자의 개수는 $1\times9=9$개, 10쪽에서 99쪽까지 이용된 숫자의 개수는 $90\times2=180$, 100에서 250쪽까지 이용된 숫자의 개수는 $151\times3=453$개이므로 모두 642개의 숫자가 있다.

---

4. 1, 3, 5, 7, 9인 다섯 개의 숫자를 이용하여 1000보다 작은 자연수를 만들려고 한다. 만들 수 있는 자연수의 개수를 구하여라.

▶ **예시 풀이**

1000보다 작은 수를 만들 때 한 자리의 수, 두 자리의 수, 세 자리의 수는 각각 동시에 일어날 수 없다. 따라서 한 자리의 수, 두 자리의 수, 세 자리의 수를 만들 수 있는 경우의 수를 구하면 된다. 먼저 한 자리 수는 5개가 있다. 두 자리 수는 $5\times5=25$개가 있다. 세 자리 수는 $5\times5\times5=125$개가 있다. 따라서 구하고자 하는 답은 $5+25+125=155$개이다.

---

5. 당첨 카드가 있는 여러 장의 카드에서 카드 뽑기를 할 때 당첨 카드를 뽑기 위하여 카드를 먼저 뽑는 것이 유리한가? 나중에 뽑는 것이 유리한가? 아니면 순서에 관계없이 가능성은 똑같은가를 판정하여라.

▶ **예시 풀이**

10장의 카드 중에 3장의 당첨 카드가 있는 경우를 예로 하여 생각해 보자. 첫 번째 뽑는 사람이 당첨 카드를 뽑을 확률은 $\frac{3}{10}$이다. 그렇지만 두 번째 뽑는 사람이 당첨 카드를 뽑을 확률은 첫 번째 뽑은 사람이 당첨 카드를 뽑았는가, 뽑지 못했는가에 따라 달라진다. 첫째, 둘 다 당첨 카드를 뽑는 경우의 확률은 $\frac{3}{10}\times\frac{2}{9}=\frac{1}{15}$이다. 둘째, 첫 번째 사람은 당첨 카드를 뽑지 못하고 두 번째 사람이 당첨 카드를 뽑는 경우의 확률은 $\frac{7}{10}\times\frac{3}{9}=\frac{7}{30}$이다. 두 번째 사람이 당첨 카드를 뽑을 확률은 두 경우의 합이므로 $\frac{1}{15}+\frac{7}{30}=\frac{3}{10}$이다. 따라서 먼저 뽑든 나중에 뽑든 그 확률은 같음을 알 수 있다.

---

6. A, B, C 세 명의 후보 중에서 대표 한 명을 선발하려고 한다. 여론조사 결과, $\frac{2}{3}$의 유권자는 B후보보다 A후보를 지지하였고, $\frac{2}{3}$의 유권자는 C후보보다 B후보를 지지하였다. 이런 여론조사 결과에 따라 A가 당선될 가능성이 높은지 확인하여라.

▶ **예시 풀이**

$\frac{1}{3}$	A	B	C
$\frac{1}{3}$	B	C	A
$\frac{1}{3}$	C	A	B

$\frac{2}{3}$의 유권자들이 A후보보다 C후보를 지지할 수 있다. 그림에서 첫 줄은 $\frac{1}{3}$의 유권자가 B 후보보다 A후보를 지지하였고, 두 번째 줄은 다른 $\frac{1}{3}$의 유권자가 C후보보다 B후보를 지지하였으며 A후보보다 C후보를 지지하였다. 세 번째 줄은 나머지 $\frac{1}{3}$의 유권자가 A후보보다 C후보를 지지하였으며 B후보보다 A후보를 지지하였다.

결과를 정리하면, $\frac{2}{3}$의 유권자는 B후보보다 A후보를 지지하였고, $\frac{2}{3}$의 유권자는 C후보보다 B후보를 지지하였으며, $\frac{2}{3}$의 유권자는 A후보보다 C후보를 지지하였음을 알 수 있다. 이 문제는 '애로역설'로 알려져 있는데, 미국의 경제학자 애로(Arrow, K.)는 이 역설에 근거하여 완전무결한 선거 방식은 존재하지 않는다고 하였다.

10.4 규칙성 영역

1. 평면 위에 10개의 직선이 있다. 어느 2개의 직선도 서로 평행하지 않으며, 어느 3개의 직선도 같은 점을 지나지 않을 때 10개의 직선으로 나누어지는 평면의 수를 구하여라.

▶ **예시 풀이**

이 문제를 해결하기 위하여 직선의 수가 1인 경우부터 차례로 나누어지는 평면의 수를 구하여 규칙성을 찾는 것이 유용한 전략이다. $n=1$인 경우에는 2개, $n=2$인 경우에는 4개, $n=3$인 경우에는

7개, $n=4$인 경우에는 11개임을 알 수 있다.
즉, 직선의 수에 따라 나누어지는 평면의 수는 2, 4, 7, 11, 16, … 임을 알 수 있다. 이 규칙을 바탕으로 확장하면 직선의 수가 10인 경우에는 56개임을 알 수 있다. 참고로 직선의 수가 n인 경우에는 평면을 $\frac{n^2+n+2}{2}$개로 나눌 수 있다.

---

2. 태어난 모든 한 쌍의 토끼는 생후 2개월째부터 매 달에 한 쌍의 토끼를 낳기 시작한다고 한다. 이러한 조건 속에서 한 쌍의 토끼로부터 시작하여 12개월째에 있는 토끼는 몇 쌍인지를 구하여라. 단, 토끼는 죽지 않는다고 하자.

▶ **예시 풀이**

1개월째의 한 쌍의 토끼는 2개월째가 되어도 한 쌍인 상태이다. 3개월째가 되면 1개월째 있던 토끼가 1쌍의 토끼를 낳아 토끼는 2쌍이 되고, 4개월째가 되면 1개월째의 한 쌍의 토끼가 다시 한 쌍의 토끼를 낳게 되어 3쌍이 된다. 5개월째가 되면 3개월째 있던 토끼 2쌍이 각각 2쌍의 토끼를 낳아 5쌍이 된다.
이와 같이 매달마다의 토끼의 쌍을 구하면, 1, 1, 2, 3, 5, 8, 13, 21, 34, 55, 89, 144, … 가 된다. 따라서 12개월째에는 모두 144쌍의 토끼가 있게 된다.
매 달 토끼의 쌍의 수와 같이 배열된 수열을 피보나치 수열이라고 한다. 피보나치 수열의 n번째 항 a_n은 $a_n+a_{n+1}=a_{n+2}(n \geq 1)$인 관계가 성립한다.

---

3. 다음 파스칼 삼각형의 20번째 줄에서 왼쪽으로부터 세 번째에 있는 수를 구하여라.

1

1 1

1 2 1

1 3 3 1

1 4 6 4 1

1 5 10 10 5 1

▶ **예시 풀이**

위의 파스칼 삼각형을 오른쪽 위에서 왼쪽 아래로 긋는 선에 따라 나누어 보면 첫 번째는 1, 1, 1, 1, 1, … 이고, 두 번째는 1, 2, 3, 4, 5, … 이며, 세 번째는 1, 3, 6, 10, 15, … 이다. 계속적으로 수들은 규칙을 따라 재배열할 수 있다.

문제에서 요구하는 파스칼 삼각형의 20번째 줄에서 왼쪽으로부터 세 번째에 있는 수는 세 번째 수의 배열에서 18번째의 수(시작되는 1이 세 번째 줄이므로 20번째 줄은 18번째에 해당된다.)임을 알 수 있다. 따라서 규칙을 찾아 적용하면 171임을 알 수 있다.

4\. 다음과 같이 배열된 수열에서 150번째 수를 구하여라.

1, 2, 3, 11, 12, 13, 21, 22, 23, 31, 32, 33,

111, 112, 113, 121, 122, 123, 131, …

▶ **예시 풀이**

수들을 자리 수에 따라 나누어 다시 배열하면 다음과 같다.

(1, 2, 3), (11, 12, 13, 21, 22, 23, 31, 32, 33), (111, 112, 113, 121, 122, 123, 131, …

즉, 첫 번째 모임에는 3개, 두 번째 모임에는 9개, 세 번째 모임에는 27개, 네 번째 모임에는 81개 … 가 있게 된다. 따라서 네 번째 모임까지의 수들의 개수는 120개가 되고, 다섯 자리 수 모임까지의 수들의 개수는 363개이므로, 구하고자 하는 150번째의 수는 다섯 자리의 수임을 알 수 있다. 다섯 자리의 수 중에서 앞의 두 자리 수가 11인 수의 개수는 27개이므로 11333은 147번째 수이고, 이후의 수는 12111, 12112, 12113, 12121,12122, 12123, … 이므로 150번째 수는 12113임을 알 수 있다.

5. (계산기 이용) 다음 첫 번째 그림은 직각삼각형에서 각 변의 중점을 잡아 4개의 삼각형으로 나누고 가운데 삼각형을 오려낸 것이다. 두 번째 그림은 남은 세 삼각형의 각 변의 중점을 잡아 각각 4개의 삼각형으로 나누고 가운데 삼각형을 오려낸 것이다. 다음 단계에서도 남은 삼각형을 이용하여 같은 과정을 계속 반복한다고 한다.

1단계 2단계 3단계

(1) 이와 같은 과정을 계속할 때 7번째 단계에 있는 구멍의 수를 구하여라.

(2) 처음 시작하는 큰 삼각형의 넓이를 1㎠라 할 때, 7번째 난계에 남은 부분의 넓이를 구하여라.

▶ **예시 풀이**

일정한 규칙을 가지고 변화하는 도형에서는 규칙을 발견하여 적용하는 것이 문제를 해결하는 유용한 전략이다. 먼저 7번째 단계에 있는 구멍의 수를 계산해 보자. 각 단계에 있는 구멍의 수를 차례로 나타내면 1, 4, 13, 40, … 임을 알 수 있다. 따라서 7번째 단계에 있는 구멍의 수는 1093이다.

다음으로 처음 시작하는 큰 삼각형의 넓이를 1㎠라 할 때, 7번째 단계에 남은 부분의 넓이를 구하기 위하여 각 단계에 남은 부분의 넓이를 차례로 나타내면 $\frac{3}{4}, \frac{9}{16}, \frac{27}{64}, \frac{81}{256}, \cdots$ 임을 알 수 있다.

따라서 7번째 단계에 남은 부분의 넓이는 $\frac{2687}{16384}$이다.

---

6. 다음 그림과 같이 각 변의 길이가 1㎝인 정사각형 64개로 이루어진 8×8 도형에 있는 모든 정사각형의 개수를 구하여라.

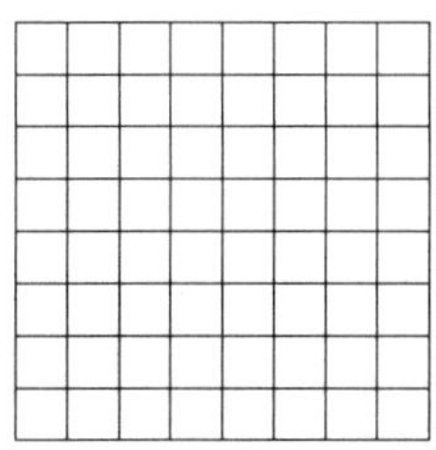

▶ **예시 풀이**

위 도형에 있는 정사각형의 개수를 구하기 위하여, 각 변의 길이가 1㎝인 1×1 도형에서부터 차례로 정사각형의 개수를 구하는 것이 유용하다. 이를 위하여 표로 정리하면 다음과 같다.

정사각형의 크기	도형의 유형				
	1×1	2×2	3×3	4×4	5×5
1	1×1	2×2	3×3	4×4	5×5
4		1×1	2×2	3×3	4×4
9			1×1	2×2	3×3
16				1×1	2×2
25					1×1
계	1	5	14	30	55

위의 표에서 $n \times n$ 도형의 유형에 따라 정사각형의 개수에 대한 규칙을 발견할 수 있다. 이 규칙을 적용하면 8×8 도형에 있는 모든 정사각형의 개수는 8×8+7×7+6×6+ ⋯ +2×2+1×1=204(개)임을 알 수 있다.

10.5 퍼즐 영역

1. 숫자카드 1, 2, 4와 여러 가지 수학 기호를 이용하여 1에서부터 10까지의 수를 만들어 보아라.

▶ **예시 풀이**

1, 2, 4와 수학 기호를 이용하여 수를 만들기 위하여 체계적으로 정리해 보면 다음과 같은 것을 제시할 수 있다.

1=4−(1+2), 2=4−(1×2), 3=1−2+4, 4=4×(2−1), 5=2−1+4

6=4+2×1, 7=1+2+4, 8=1×2×4, 9=1+2×4, 10=(1+4)×2

이 외에도 1에서 10가지의 수를 만들 수 있는 방법은 여러 가지가 있을 수 있다.

2. 다음과 같은 규칙을 가지는 놀이를 생각해 보자.

> 이 게임은 1에서 6까지의 수와 같이, 1부터 어떤 자연수까지의 수를 이용하며, 경기자와 주인으로 역할을 나누어 한다. 먼저, 경기자는 표 안의 어떤 수도 선택할 수 있는데, 반드시 그 표 안에 선택한 수의 약수가 있어야만 가능하다. 경기자는 자신이 선택한 수를 갖게되고, 주인은 경기자가 선택한 수의 약수들을 모두 가지게 된다. 경기는 경기자가 더 이상 수를 선택할 수가 없을 때까지 계속되며, 경기자가 선택할 수가 더 이상 없으면 주인은 남은 수를 모두 가져간다. 각자가 가지고 있는 수들의 합이 큰 쪽이 승자가 된다.

> 예를 들어 1에서 6까지의 수를 가지고 해 보자. 먼저, 경기자는 4를 선택하면 주인은 1, 2를 가져간다. 다음으로 6을 선택하면(6의 약수 3이 있으므로 가능) 주인은 3을 가져간다. 경기자는 더 이상 수를 선택할 수 없고(5의 약수가 없다), 주인은 남은 5를 가져가고 경기는 종료된다. 경기 결과는 경기자가 10점, 주인은 11점이 되어 경기자는 게임에서 지게 된다.

이러한 경기에서 경기자가 게임에서 이기기 위해서는 어떤 수를 먼저 선택하는 것이 유리한가? 만약에 1에서 95까지의 수를 가지고 경기를 한다면 경기자는 이기기 위해서 어떤 수를 제일 먼저 선택해야 하는가?

▶ 예시 풀이

경기자가 선택한 수의 약수를 주인이 가져가기 때문에 경기자는 약수가 가장 적은 수를 선택해야 유리하다. 이것을 만족하는 수는 소수임을 알 수 있다. 따라서 주어진 수 중에서 가장 큰 소수를 선택하는 것이 유리하다.

1에서 95까지의 수가 주어진 경우에는 가장 큰 소수는 89이다. 이 경우에 91은 소수가 아니라는 점을 상기해야 한다.

---

3. 노랑과 빨강으로 된 두 가지 색깔 큐브를 가지고 3층의 탑을 쌓으려고 한다. 만들 수 있는 방법의 수를 구하여라. 단, 두 가지 색깔을 모두 이용할 필요는 없다.

▶ 예시 풀이

두 가지 색깔의 큐브로 2층의 탑을 쌓을 수 있는 방법은 노랑-노랑, 노랑-빨강, 빨강-노랑, 빨강-빨강으로 쌓는 4가지 방법이 있다. 2층의 탑 위에 노랑과 빨강 큐브를 각각 올려놓을 수 있는 2가지 방법이 각각 있으므로 모든 방법의 수는 8가지이다.

4. 엄마, 아빠와 아이 2명이 강을 건너려고 한다. 강을 건널 수 있는 보트는 단 한 척이 있는데, 이 보트는 어른 1명이나 어린이 2명만을 태울 수 있다. 이 보트를 이용하여 강을 건널 수 있는 방법을 써라.

▶ 예시 풀이

먼저 아이 2명이 보트를 타고 강을 건너 1명은 내리고 다른 1명이 되돌아온다. 그리고 나서 엄마가 강을 건너고 먼저 가 있던 아이가 되돌아온다. 이제 처음 상황과 같다. 다시 아이 2명이 보트를 타고 강을 건너 1명은 내리고 다른 1명이 되돌아온다. 그리고 나서 아빠가 강을 건너고 먼저 가 있던 아이가 되돌아온다. 남아있는 아이와 같이 강을 건너면 모두 건널 수 있다.

5. A, B 두 경기자가 카드 뽑기 게임을 하는데 항상 A에서 시작하기로 되어있고, 마지막 카드를 뽑는 경기자가 승자가 된다. 각 경기자가 뽑을 수 있는 카드의 수는 1, 2, 3장 중 하나이며, 앞에서 뽑은 수의 카드를 연달아 뽑아서는 안 된다. 999장의 카드를 가지고 뽑기를 할 때, A가 승자가 되기 위한 방법을 써라.

▶ 예시 풀이

문제를 해결하기 위하여 카드의 수가 작을 때부터 A가 승리할 수 있는 전략을 구안하여 카드의 수에 따라 각 경기의 결과를 나타내면 표와 같다.

카드의 수	1	2	3	4	5	6	7	8	9	10	11	12	13	14	15	16
승자	A	A	A	B	A	A	A	B	A	A	A	B	A	A	A	B

예를 들어 카드가 15장인 경우를 생각해 보자. A는 처음의 3장의 카드를 가져와야 한다. 다음에 B가 몇 장의 카드를 가져가든 남은 카드의 수가 항상 4의 배수가 되도록 A는 다음 카드를 가져가면 마지막에 남는 카드를 A가 가져오게 되어 승자가 된다. 즉 카드의

수가 4의 배수인 경우를 제외하고 A는 남은 카드의 수가 항상 4의 배수가 되도록 가져오면 승자가 될 수 있다.
따라서 999장인 경우에는 996=4×249이고 3장의 카드를 먼저 가져오면 A가 승자가 된다.

---

6. 다음 문장을 수식으로 표현하고 각자의 생일을 이용하여 표현한 수식이 성립함을 보여라.
'자신이 태어난 달에 2를 곱하고 그 값에 5를 더한다. 다시 그 값에 50을 곱하고 자신이 태어난 날을 더하고 250을 뺀다.'

▶ **예시 풀이**

자신이 태어난 달을 a, 태어난 날을 b라 하면,
주어진 문장은 50(2a+5)+b−250=100a+b와 같이 표현된다.
따라서 세 자리 수인 경우에는 백의 자리수가 태어난 달을, 십의 자리수와 일의 자리수가 태어난 날을 나타낸다.
마찬가지로 네 자리 수인 경우에는 천의 자리와 백의 자리수가 태어난 달을, 십의 자리수와 일의 자리수가 태어난 날을 나타낸다.
예를 들면, 7월 2일인 사람은 그 값이 702가 된다.

10.6 논리 영역

수학은 논리적으로 추론하는 힘을 기르는 학문이다. 논리적으로 추론한다는 것은 앞에 한 말과 그 다음에 한 말이 서로 거짓인지 아닌 지를 판단하는 것과 같이, 이치에 맞게 사고하는 것이다. 다음의 예제를 읽어 본 후, 주어진 문제에 논리적으로 옳은 대답을 써 보아라.

〈다윈의 인사〉
영국의 과학자 다윈은 연구를 위해 한 섬에 들르게 되었다. 그 섬에는 X부족과 Y부족이 살고 있었다. X부족의 말로는 "예"가 "메라"이고, "아니오"가 "타테"인데, Y부족은 거꾸로 "예"가 "타테"이고 "아니오"가 "메라"이다. 다윈이 이 섬 어귀에서 두 부족의 젊은이를 만나 인사를 했다. "오늘 정말 좋은 날씨군요." 그러자 한사람은 "메라"라고 하고, 다른 한사람은 "테타"라고 했다. 무엇이든 그 둘은 다르게 대답했다. 그런데 어떤 질문을 했더니 두 사람 모두 "타테"라고 대답하였다. 그 질문은 무엇일까?

〈예시 풀이〉
"당신은 Y부족입니까"와 같이 다른 답이 나올 수 있는 의문형으로 물으면 된다. 예를 들어 한 사람은 수영을 잘하고 한사람을 수영을 못할 때, "당신, 수영을 잘 합니까?"하고 묻는다면 역시 같은 말로 대답할 것이다. 즉, 한쪽은 부정이 되고, 다른 한쪽은 긍정이 되는 말로 물을 때 같은 말로 대답할 것이다.

1. 병속의 약육강식

어느 연구소에서 한 개의 병 속에 어떤 A라는 생물 한 마리와 B라는 생물 24마리를 집어넣었다. 1분 동안 A는 B를 한 마리씩 잡아먹는다. 그리고 동시에 병 속의 모든 A와 B는 각각 분열하여 두 배의 숫자가 된다고 한다. B생물이 A생물에게 모두 잡아먹히게 되는 것은 몇 분 째 인지 구하여라.

▶ **예시 풀이**

24분. 간단하게 생각하면 된다. 양쪽이 같은 속도로 분열하기 때문에 A생물 한 마리가 B생물 24마리를 1분에 한 마리씩 잡아먹기 때문이다.

2. 동인도 회사 사람들

인도의 동인도 회사에는 영국인 A, 프랑스인 B, 네델란드인 C가 근무하고 있고, 세 사람은 같은 도시에 살고 있었다. 그런데 어느 날 어느 장소에서 중요한 일을 의논하기로 하였다.

A는 맑거나 흐리면 몰라도 비가 오면 나가지 않겠다고 했고, B는 흐리거나 비가 오면 의논하기가 좋지만 맑은 날에는 의논하기가 좋지 않다고 했다. 그리고 C는 비가 오거나 맑은 날이면 의논하기가 괜찮지만 흐린 날은 역시 의논하기엔 질색이라고 했다.

이제 예정일은 내일인데 유별난 이 세 사람은 무사히 모여 의논을 할 수 있는가를 써라. 단, 내일 날씨는 전혀 알 수 없고, 어떤 날씨든 하루 종일 똑같은 상태가 계속되는 것으로 한다. 또 인도는 보통 진눈깨비나 눈은 잘 내리지 않는다고 한다.

▶ **예시 풀이**

할 수 있다. 예를 들어 그날 비가 온다면 B와 C는 A의 집으로 가면 된다. 그 이유는 문제를 주의 깊게 읽어보면 비가 오게 되면 A는 외출을 하기 싫다고 했지만, B와 C는 외출에는 문제가 없다. 이러한 문제는 날씨에 얽매여 중요한 실마리를 놓치기 쉬운 경우이다.

3. 복권을 차지하는 방법

오랜 친구사이인 두 사람은 반씩 부담하여 구입한 복권이 1,000만 원에 당첨되었다. 이 금액은 모든 세금을 뺀 순수 금액이다. 두 사람은 서로 상대방이 알지 못하도록 복권 값을 매긴 뒤 종이에 써서 동시에 내보이기로 했다. 그래서 많은 액수를 쓴 사람이 복권을 차지하는 것이다. 대신 많은 액수를 적어 복권을 차지한 사람은 적은 액수를 적은 상대방에게 적어놓은 액수만큼 지불해 주기로 하였다. 두 사람이 같은 금액을 적은 경우에는 500만 원씩 나누어 갖기로 했다. 같은 금액을 나누는 경우를 제외하고는 상대방보다 적게 갖지 않으려면 얼마를 써야 좋을지를 써라.

▶ **예시 풀이**

501만 원. 501만 원을 쓰게 되는 경우 상대방과 나누는 500만 원 이상을 얻을 수 있다. 즉 이 경우 상대방이 만일 502만 원을 쓴다고 한다면 자신은 1,000만 원 복권을 주고 501만 원을 받게 되고, 상대는 499만 원을 받게 되므로 최소한 2만 원은 더 받게 된다.

---

4. 입장권 가격은?

희윤이는 공연장에서 입장권을 사려고 만 원짜리 지폐를 내었다.
그러자 직원이 그에게 물었다.
"A석입니까? B석입니까?"
그러나 희윤이의 옆사람 역시 똑같이 만원을 내었는데도 표 파는 사람은 아무 말 없이 A석 표를 주었다.
그 이유를 설명해 보아라.(단, 자기자신의 표만을 구입한다고 한다.)

▶ **예시 풀이**

예를 들어 A석이 7천원, B석이 5천원이라고 하자. 희윤이는 만 원권 지폐를 1장 내었기 때문에 어느 쪽인가 하는 질문을 받았을 것이다. 그러나 옆사람의 경우 5천원 권 2장을 제시했다면 직원은 A석이라는 것을 미루어 짐작했을 것을 것이다. 만약에 옆사람이 B석을 원했다면 5천원 권 1장을 내었을 것이다.

---

5. 교통 혼잡

달봉씨는 오전 9시에 집을 나와 목적지에 가서 업무를 마친 뒤 같은 길로 정오까지 돌아올 예정이었다. 계산상으로 왕복할 때 같은 시간이 걸리면 정확하게 정오까지 돌아올 수 있었다. 그런데 도중에 교통이 혼잡해서 목적지에 도착해 보니 예정보다 두 배의 시간을 허비하였다. 그러나 다행히 돌아올 때는 도로가 한산하여 갈 때보다 네 배의 속력으로 달렸다.

과연 정오까지 집에 돌아올 수 있었을까? 단, 목적지에서 업무시간은 예정대로 단축할 수 없는 것으로 한다.

▶ **예시 풀이**

정오에 도착할 수 없다. 갈 때 예정보다 두 배 이상 시간을 허비했다면 이미 정오에 임박했을 것이고, 아무리 빨리 일을 마쳤다 하더라도 이미 오전 중에 차를 타고 갔다 오는 시간 이상 걸리게 된다. 결국 돌아가려고 목적지를 나왔을 때는 이미 정오가 지나있게 된다.

6. 벽을 보고 서 있는 세 사람

눈을 가린 세 사람에게 3개의 붉은 색 모자와 2개의 검은색 모자 중에 한 모자를 선택하게 하여 각자 색을 모르는 채 쓰도록 했다. 그리고 세 사람이 벽을 보고 일렬로 서있게 했다. 이들의 눈가리개를 제거하고 자신이 쓰고 있는 모자의 색깔이 무엇인지 물었다.

맨 뒤 사람은 앞의 두 사람의 모자의 색을 보고 "무슨 색인지 알 수 없다"고 답하였고, 두 번째 서 있는 사람은 그 뒤 사람의 대답과 앞 사람의 모자 색을 보고 역시 자신도 무슨 색인지 알 수 없다고 답하였다.

그런데 맨 앞 사람은 이들 두 사람의 말을 듣고 다음과 같이 말하였다.

"나는 내가 무슨 색의 모자를 쓰고 있는지 안다."

그러면 맨 앞사람이 쓰고 있는 모자의 색은 무엇이며 어떻게 알 수 있었는가를 써라.

▶ **예시 풀이**

맨 뒤 사람은 두 개의 붉은 색 모자나, 한 개의 검은색과 붉은 색, 또는 두 개의 검은 색 모자를 볼 수 있다. 그런데 그가 2개의 검은 색 모자를 보았다면 자신이 붉은 색 모자를 썼음을 알 수 있었을 것이다. 가운데 사람은 붉은 색 모자를 보았을 것이다. 그가 검은 색 모자를 보았다면 뒤 사람의 대답에서 자신이 붉은 색 모자를 썼음을 알 수 있었을 것이다. 따라서 이 두 사람의 이야기를 들은 맨 앞사람은 자신이 붉은 색 모자밖에 쓸 수 없다는 것을 알게 된다.

7. 개와 고양이의 경주

개와 고양이에게 100m 달리기를 시켰다. 그랬더니 개가 고양이보다 10m 앞서서 골인하였다. 개와 고양이를 동시에 골인시키기 위하여 개를 출발지점으로부터 10m 뒤에서 출발시키기로 했다. 예상대로 개와 고양이는 동시에 골인할 수 있는가를 써라.

▶ **예시 풀이**

개와 고양이는 동시에 골인하지 않는다.

개가 100m 달릴 때 고양이는 90m를 달렸다. 개를 10m 뒤로하면 개가 100m 달릴 동안 고양이는 99m를 달리게 된다. 따라서 개가 달린 110m에서 10m를 빼더라도 고양이 보다 1m 앞서 골인하게 된다.

8. 웨스트민스터 사원의 시계

영국의 웨스트민스터 사원의 종탑에 있는 시계는 종소리가 느리게 울리기로 유명하다. 그래서 12시를 알리는 종이 울릴 때에는 상당히 오랜 시간 종소리의 수를 세어야 12번의 소리를 확인할 수가 있다. 종소리가 울리는 간격을 5초라고 할 때, 12시를 알리기 위해 걸리는 시간을 구하여라. 그리고 6시를 알리기 위해 걸리는 시간을 구하여라.

▶ **예시 풀이**

12시의 경우 55초이고, 6시의 경우 30초이다. 12시의 경우는 12번

이상 울리는 경우는 없으므로 12번째 울릴 때 12시임을 알 수 있다. 따라서 처음부터 12번째의 종이 울릴 때까지의 간격은 11이고 5초마다 울리므로 11×5=55초이다.

그런데 6시의 경우는 마지막 6번째 이후 5초가 지나야 7번째 울리는지 안 울리는지 알 수 있으므로 6×5=30초이다.

---

9. 교차하는 버스

전주에서 서울까지 3시간이 소요되는 한 갈래의 길이 있다고 하자. 전주에서 정오에 승용차 한 대가 출발하여 서울을 향해 달리고, 동시에 서울에서 승용차 한 대가 출발하여 전주를 향해 달린다. 이 때 전주를 출발한 승용차가 서울까지 도착하는데 서울에서 출발한 승용차를 몇 대 만날 수 있는지 구하여라.

▶ **예시 풀이**

지금 전주에서 출발한 승용차가 처음 만나는 승용차는 3시간 전에 서울에서 출발한 승용차이다. 지금 전주에서 출발한 승용차는 3시간 후 까지 서울에서 출발한 승용차를 모두 만날 수 있다. 따라서 만날 수 있는 승용차 수는 7대이다. 이 문제를 해결하는데 시간 흐름도를 나타내는 그림을 그리는 것은 도움이 된다.

---

10. 불량 구슬 찾기

유리구슬 한 개의 무게가 10g인 구슬을 만드는 공장에서 10상자를 구입하였다. 그런데 이 안에는 무게가 9g인 불량 구슬로 구성된 한 상자가 섞여 있다고 한다. 저울을 한 번만 이용하여 불량 구슬이 있는 상자를 찾아낼 방법을 써라.

▶ **예시 풀이**

상자를 일렬로 배열하고 첫 번째 상자에서 1개의 구슬을, 두 번째 상자에서 2개의 구슬을, 세 번째 상자에서 3개의 구슬을, …, 열 번째 상자에서 10개의 구슬을 뽑는다. 뽑힌 모든 구슬을 모아 무게를 재면 9g인 불량 구슬로 구성된 상자를 알 수 있다. 왜냐하면 모두가 정품이라면 550g이어야 하는데, 불량 구슬로 구성된 상자에서 뽑힌 개수만큼 550g에서 부족한 무게가 되기 때문이다.

---

11. 진실과 거짓

네 명의 학생 중 한 명이 모임에서 탈퇴하였다. 다음 진술 중 하나만이 진실일 때 모임에서 탈퇴한 사람은 누구인지 찾아라.

대한: 민국이가 탈퇴했어.

민국: 나라가 탈퇴했어.

우리: 나는 탈퇴하지 않았어.

나라: 민국이가 한 말은 거짓이야.

▶ **예시 풀이**

대한이가 탈퇴했다면 우리와 나라의 말이 맞다. 민국이가 탈퇴했다면 민국이 말만 거짓이 된다. 나라가 탈퇴했다면 민국이와 우리의 말이 맞다. 따라서 우리가 탈퇴했고 나라의 말만 맞다.

제11장

창의력을 기르는 문제

이 장은 한 문제 상황에서 시작하여 그 문제 상황과 연관된 다양한 상황의 문제를 창의적으로 해결하는 문제로 구성되었다. 수학적으로 창의적인 학생들은 수학적 구조에 민감하고, 현상을 수학적으로 해석하는 능력이 뛰어나고, 학습한 내용을 새로운 상황에 적용시킬 수 있으며, 일반적인 수준의 문제해결에서 적용되는 알고리즘을 빨리 일반화할 수 있다. 또한 그들은 수학적 추론과정을 단축할 수 있고, 사고의 과정을 바꿀 수도 있으며, 문제해결에 대한 도전 의욕이 강하고 문제해결을 즐겨한다. 창의적인 수학적 능력을 기르기 위하여 학생들은 특정 수학적 사실을 아는데 그치지 말고, 이를 다양한 영역에 적용할 수 있는 사고의 유연성을 길러야 한다.

11.1 피보나치 수열의 탐구

사육장에 한 쌍의 토끼가 있다. 이 토끼는 두 달이 지나면 한 쌍의 토끼를 낳을 수 있으며, 한 달마다 한 쌍의 토끼를 계속 낳는다. 그리고 새로 태어난 한 쌍의 토끼도 두 달 째부터는 매달 한 쌍의 토끼를 낳을 수 있다. 이와 같은 과정을 계속할 때 매월 사육장에 있는 토끼 쌍의 수를 차례로 나열하면 수열을 얻을 수 있는데, 이 수열을 피보나치 수열이라고 한다. 이를 이용하여 다음 문제를 해결하여라(단, 토끼는 죽지 않는다고 생각하자).

1. 10달 뒤에 사육장에 있는 토끼는 몇 쌍이 있는지 구하여라.
2. 피보나치 수열을 첫 번째 항부터 차례로 F_1, F_2, F_3, F_4, F_5, $\cdots$으로 나타낼 때, 다음을 구하여라.

   (1) $F_1 + F_2 + F_3 + F_4 + \cdots + F_n$

   (2) $F_1^2 + F_2^2 + F_3^2 + F_4^2 + \cdots + F_n^2$

   (3) $F_1 + F_3 + F_5 + F_7 + \cdots + F_{2n-1}$

   (4) $F_2 + F_4 + F_6 + F_8 + \cdots + F_{2n}$

3. 계단 오르기 훈련을 받는 원숭이가 있는데, 원숭이는 한번에 1개나 2개의 계단만을 오를 수 있다고 한다. 이 원숭이가 10개의 계단까지 오를 수 있는 모든 방법의 수를 구하여라.

4. 1㎝, 2㎝짜리 수 막대만을 이용해서 11㎝ 길이의 막대를 만들 수 있는 모든 방법의 수를 구하여라.

5. 길이가 높이의 두 배인 벽돌이 있다. 이 벽돌을 가지고 아래와 같이 담을 쌓으려 할 때, 길이가 9인 담을 쌓을 수 있는 모든 방법의 수를 구하여라.

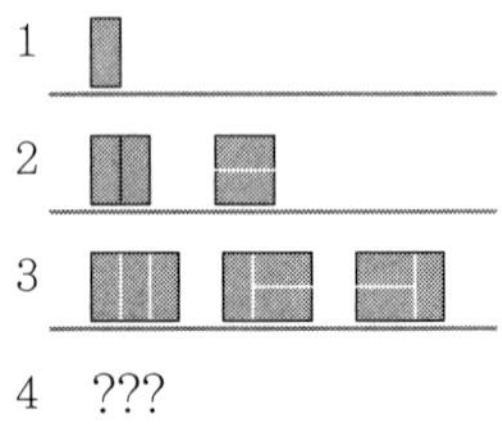

11.2 둘레와 넓이의 관계

다음 (도형 1), (도형 2)와 같이, 이웃한 모든 두 변이 직각을 이루는 육각형을 직각육각형이라고 하자. (도형 3)은 두 변이 만나서 직각을 이루지 않기 때문에 직각육각형이 아니다(Mathematical Science Education Board of the National Research Council, 1993).

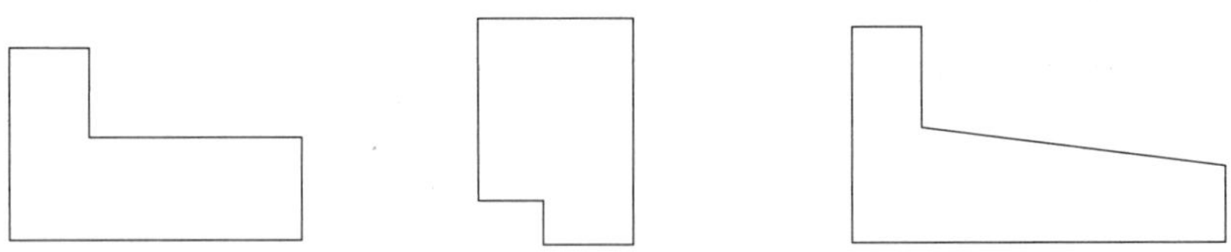

(도형 1) (도형 2) (도형 3)

1. 다음 도형은 직각육각형이 아니다. 그 이유를 써라.

2. 다음 그림은 직각육각형을 한 변이 1㎝인 정사각형인 모눈종이에 그린 것이다. 이 직각육각형의 둘레와 넓이를 구하여라.

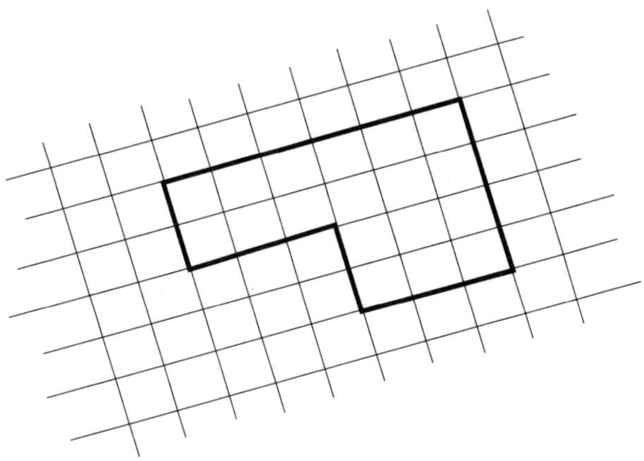

3. 다음 직각육각형은 둘레가 24㎝이다. 직각육각형의 넓이를 구하여라.

4. 둘레가 24㎝인 직각육각형은 여러 가지가 있다. 둘레의 길이가 24㎝인 서로 다른 직각육각형을 2개 더 그리고, 그 넓이를 구하여라.
5. 둘레가 24㎝인 직각육각형 중에서 넓이가 가장 큰 직각육각형을 그려 보아라. 그 넓이를 구하여라. 그리고 둘레가 24㎝인 직각육각형의 넓이에 대하여 알게 된 내용을 글로 써 보아라.
6. 길이가 36m인 밧줄로 말뚝 4개를 사용하여 가장 넓은 사각형 모양의 땅을 만들려고 한다. 어떻게 해야 하는지 쓰고, 그때의 넓이를 구하여라.

11.3 입체도형 탐구

유클리드 원론에 따르면 정사면체, 정육면체, 정십이면체는 피타고라스학파에 의해 발견되었고, 정팔면체, 정이십면체는 테아이테터스에 의해 발견되었다고 한다. 고대 철학자인 플라톤은 그의 저서 『Timaeus』에서 다섯 가지 정다면체를 우주의 근원으로 삼아, 다섯 개의 우주의 기본 원소와 정다면체를 연결시켜 의미를 부여하였다. 비록 플라톤이 다섯 개의 정다면체를 발견한 것은 아니지만, 정다면체를 우주와 연결시켜 해석한 것만은 확실하다.

정사면체-불, 정육면체-흙, 정팔면체-공기,
정십이면체-우주, 정이십면체-물

도형에서는 입체도형과 평면도형의 성질을 탐구하는데, 이를 통해 도형이 갖고 있는 불변의 성질과 공간에 대한 감각을 기르도록 한다. 예를 들어, 다면체에는 세상에서 수없이 변하는 과정에도 결코 변치 않는 진리가 있다는 사실을 알려준다. 굴러 떨어지며 깎이고 깎이는 돌에서도 찾을 수 있는 수학의 진리를 찾는 것이 기하학이다.

1. 한 종류의 정다각형으로 이루어진 다면체에는 어떤 것들이 있는지 알아보아라.
2. 정다면체를 만들 수 있는 다각형은 정삼각형, 정사각형, 정오각형뿐이다. 고대인들은 정다면체가 다섯 가지 밖에 없다는 것을 어떻게 알았을지 생각해 보고, 정다면체가 다섯 가지 밖에 없는 이유를 써라.
3. 한 종류의 정다각형만으로 만들어진 입체도형이 정다면체가 아닌 예를 들어 보아라.
4. 모든 정다면체의 꼭짓점의 수, 모서리의 수, 면의 수를 각각 구하여 표로 나타내어라. 표에 제시된 수들의 관계를 탐구해 보고, 이 들 사이에 어떤 규칙이 있는지 탐구해 보아라.
5. 평면에서 다각형의 내각과 외각의 크기의 합을 구하여라. 그리고 다면체에서 외각의 크기의 합을 구하여라.
6. 아래 그림과 같이 정다면체의 각 면의 중심을 이어서 생기는 입체는 어떤 모양인지 알아보아라.

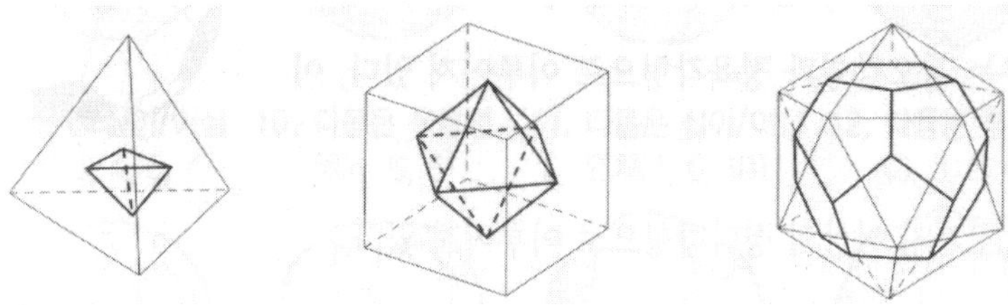

11.4 도형수

도형수는 도형에 수를 대응시킨 수를 의미한다. 도형수에는 다각수(polygonal number)가 있는데, 다각수는 정다각형에 대응시킨 수로 볼 수 있다. 그렇지만 정다각형에 놓이는 점의 수가 규칙적으로 늘어난다면 보통의 다각형이어도 된다. 다각수에는 삼각수, 사각수, 오각수 등이 있다.

1. 아래 그림과 같이 규칙적으로 점들이 배열되어 있다. 이때 10번째 그림에 있는 모든 점의 수를 구하여라.

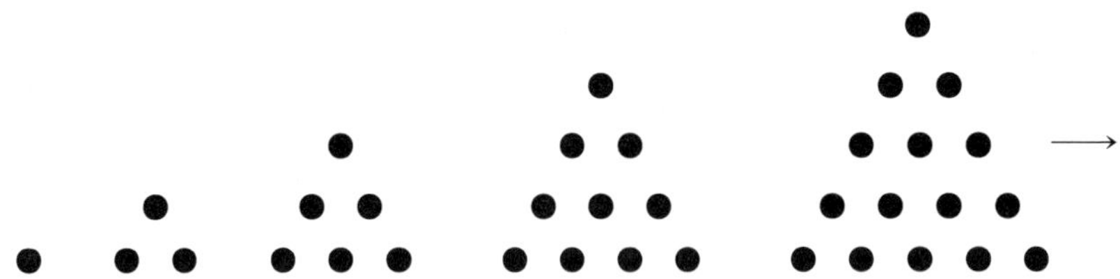

(참고) 위의 그림과 같이, 삼각형의 모양으로 배열된 점들의 수 1, 3, 6, 10, …을 삼각수(triangular number)라고 한다.

2. 삼각수에 관한 성질에 대하여 다음 □ 안에 알맞은 것을 써 넣어라.

① n번째 삼각수는 1부터 □까지 자연수의 합과 같다.

② $n+1$번째 삼각수는 n번째 삼각수와 □의 합과 같다.

③ n번째 삼각수는 $\frac{n(n+1)}{2}$과 같다. 이것을 그림을 이용하여 보여라.

3. 아래 그림과 같이 규칙적으로 점들이 배열되어 있다. 이때 10번째 그림에 있는 모든 점의 수를 구하여라.

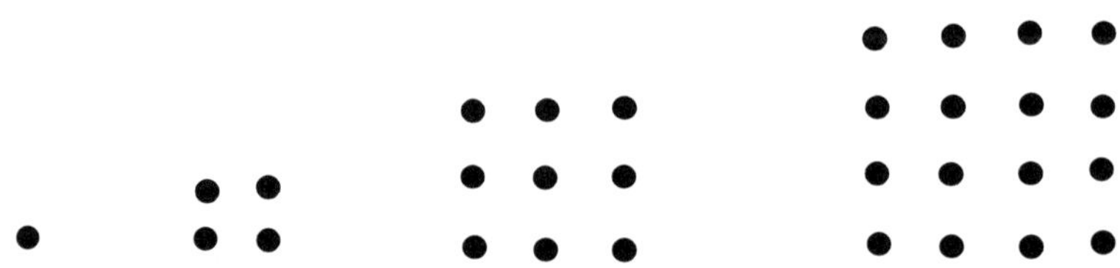

(참고) 위의 그림과 같이, 정사각형의 모양으로 배열된 점들의 수 1, 4, 9, 16, …을 사각수(square number)라고 한다.

4. 사각수에 관한 성질에 대하여 다음 □ 안에 알맞은 것을 써 넣어라.

① n번째 사각수는 1부터 □까지 홀수의 합과 같다.

② n번째 사각수는 n^2이다. 이것을 그림을 이용하여 보여라.

③ 1에서 $2n-1$까지 홀수의 합은 n번째 사각수와 같음을 보여라.

5. 아래 그림과 같이 규칙적으로 점들이 배열되어 있다. 이때 10번째 그

림에 있는 모든 점의 수를 구하여라.

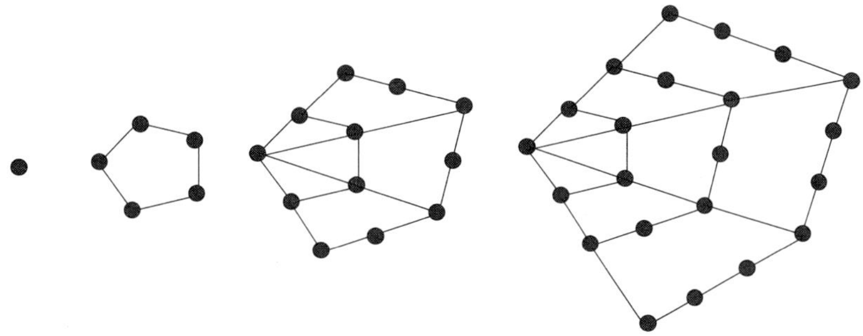

(참고) 위의 그림과 같이, 오각형의 모양으로 배열된 점들의 수 1, 5, 12, 22, 35, …를 오각수(pentagonal number)라고 한다.

6. 오각수에 관한 성질에 대하여 다음 □ 안에 알맞은 것을 써 넣어라.

① n번째 오각수는 $n-1$번째 삼각수의 □배와 n과의 합과 같다.

② n번째 오각수는 □번째 삼각수와 □번째 사각수의 합과 같다.

7. 다음 그림을 이용하여 다음 식의 값을 구하여라.

$1+2+3+\cdots+(n-1)+n+(n-1)+\cdots+3+2+1=\square$

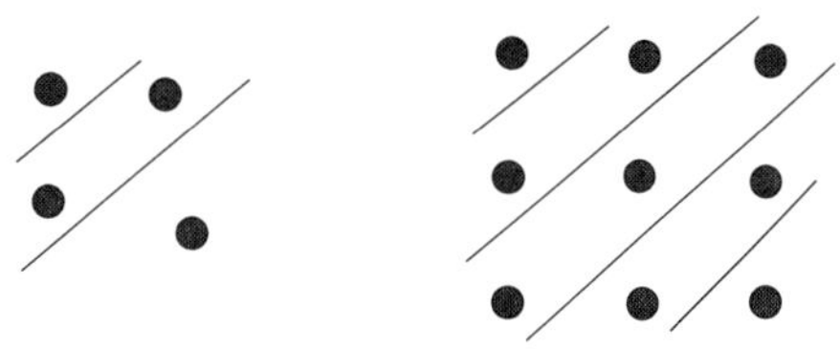

1+2+1=　　　　1+2+3+2+1=

11.5 대각선이 지나는 모눈의 수

모눈종이에서 작은 정사각형 하나하나를 '모눈'이라고 하고, 모눈 4개가 만난 점을 '모눈점'이라고 한다. 또, 가로로 m개씩 n줄로 된 모눈종이를 '$m\times n$ 모눈종이'라고 하자. '$m\times n$모눈종이'에 그은 대각선이 몇 개의 모눈을 지나는지 알아보자.

모눈점을 지나지 않으면 반드시 가로선이나 세로선을 지나가게 된다. 아래 그림과 같이 세로선을 지나면 두 모눈을 지나게 되고, 가로선을 지나면 세로의 두 모눈을 지남을 알 수 있다.

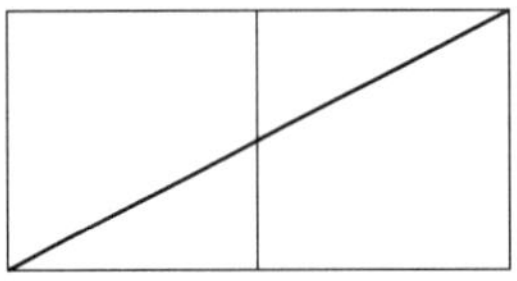

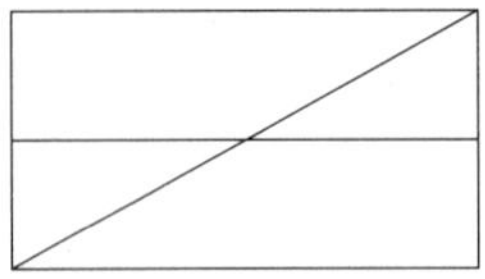

그러므로 가장 왼쪽 아래의 모눈부터 오른쪽 가장 위의 모눈까지 가로나 세로로 연결시켜 모눈에 색칠해 보면 제일 아래쪽과 오른쪽의 모눈이 모두 색칠이 된다.

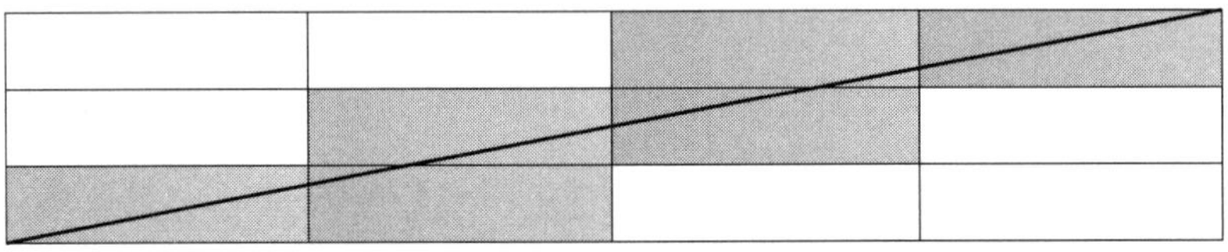

1. 다음 그림과 같이 가로로 7개씩 5줄로 된 모눈종이에 대각선을 그었다. 대각선이 지나는 모눈의 수를 구하여라.

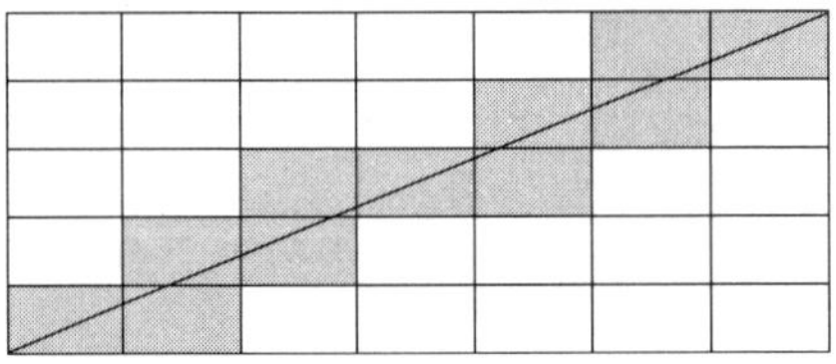

2. '11×7모눈종이'에 그은 대각선이 지나는 모눈 점은 하나도 없다. 그림을 그려 대각선이 지나는 모눈의 수를 구하여라.

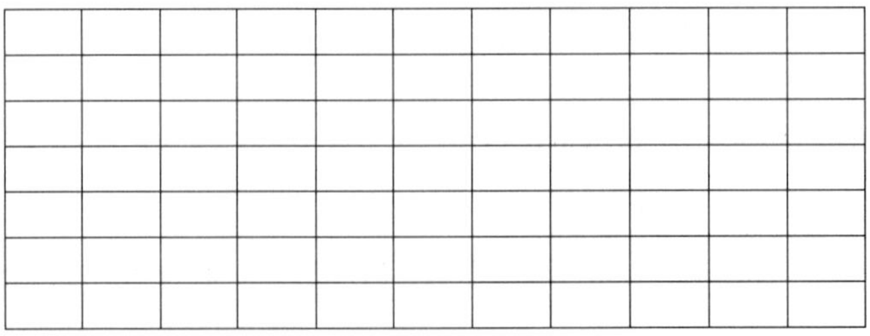

3. '11×7모눈종이'에 왼쪽에서 오른쪽으로 증가하는 선으로 여러 가지 그림을 그리고, 그 선이 지나는 모눈의 수를 구하여라. 그리고 활동을 통해 활동을 통해 m과 n이 서로 소일 때, 대각선이 몇 개의 모눈을 지나는지 알 수 있는 방법에 대하여 써라.

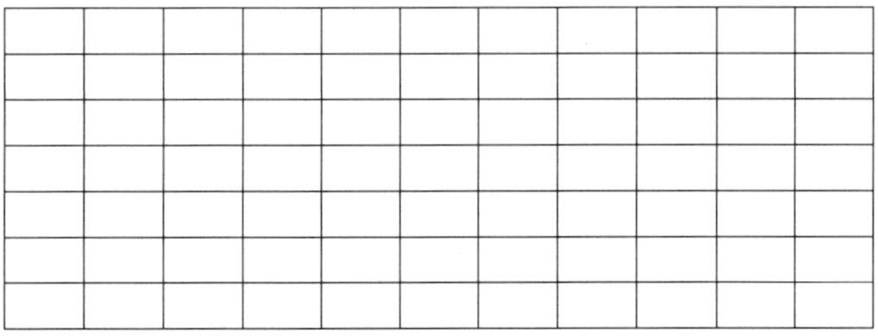

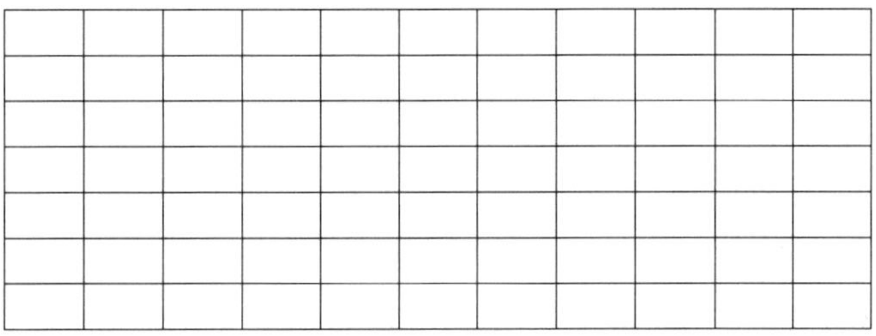

4. '8×12모눈종이'에 그은 대각선이 지나는 모눈의 수를 구하여라.

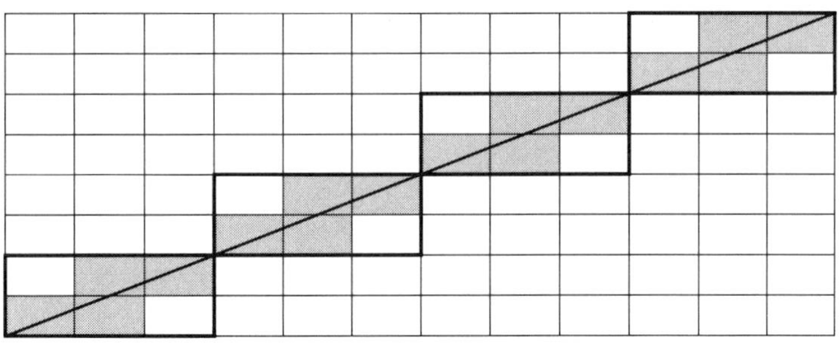

5. '16×12모눈종이'에 그은 대각선이 지나는 모눈의 수를 구하여라.

6. m과 n이 서로 소가 아닐 때, 대각선이 몇 개의 모눈을 지나는지 알 수 있는 방법에 대하여 써라.

11.6 선분, 평면, 공간을 나누기

점으로 선분을, 직선으로 평면을, 평면으로 공간을 분할하여 얻을 수 있는 최대의 분할된 개수를 구하여 보자. 먼저, 점 1개에 의해 선분은 2개로, 점 2개에 의해 선분은 3개로, 점 3개에 의해 선분은 4개로, 점 4개에 의해 선분은 5개로 분할되어, 점이 n개이면 선분은 $n+1$개로 분할된다는 것을 쉽게 알 수 있다. 다음 문제를 해결하기 위하여 평면, 직선, 점에 의해 분할되는 공간, 평면, 선분의 개수를 표로 나타내어 보는 것은 유익하다. 또한 평면에 의해 나누어지는 공간의 개수를 구하기 위하여 직선에 의해 나누어지는 평면의 수와 원리를 관찰하는 것은 도움을 줄 것이다.

1. 직선이 1, 2, 3, 4개일 때 최대로 분할된 평면의 개수를 구하여라.
2. 직선이 5개일 때 최대로 분할된 평면의 개수를 구하여라. 그리고 직선이 n개일 때 최대로 분할된 평면의 개수를 구하여라.
3. 평면이 1, 2, 3, 4개일 때 최대로 분할된 공간의 개수를 구하여라.
4. 평면이 5개일 때 최대로 분할된 공간의 개수를 구하여라. 그리고 평면이 n개일 때 최대로 분할된 공간의 개수를 구하여라.

◈ 해 답 ◈

▌제3장▐ 문제해결 전략

3.1 거꾸로 풀기

1. 10
2. 30
3. 12000
4. 18개
5. 7개

3.2 그림이나 도표 그리기

1. 9+11−6=14
2. 24
3. 14경기
4. 15경기
5. 10가지
6. 19가지
7. 31가지(예시(6)+6번(19)+2장씩 2묶음(3)+두 개와 낱장 두 장(2)+낱개(1))

3.3 규칙성 찾기

1.

cm	4	5	6	7	8	9	10
방법의 수	5	8	13	21	34	55	89

2-1. 55개
2-2. 100개
3. 21개
4. 46개
5. 56개
6. 57개

3.4 조직화된 목록 만들기

1. 19(10, 7, 2), 20(10, 7, 3), 22(10, 7, 5)
2. 14, 16, 17, 18, 19, 21, 23, 24 (3, 5, 6), (3, 5, 8), …, (6, 8, 10)
3. (A, B, C)=(1, 2, 9), (1, 3, 9), …, (1, 8, 9)
4. (1) 6가지 (2) 18가지 (3) 18가지

3.5 표 만들기

1. 돼지 : 7, 닭 : 3
2. 토끼 : 4, 닭 : 13
3. 비둘기 : 10, 사슴 : 12
4. 토끼 : 15, 닭 : 10
5.

3개 다리	7	3
4개 다리	2	5

6. 가로 8cm, 세로 6cm
7. 가로 3m, 세로 6m

3.6 좀 더 간단한 문제나 특수한 문제 풀기

1. 180°　　2. 20π
3. 2500　　4. 1
5. 2　　6. 24개
7. 33개(일의 자리 15, 십의 자리 18)
8. 70개(일의 자리 15, 십의 자리 18, 백의 자리 37)

3.7 시행착오(예상하고 확인하기)

1.

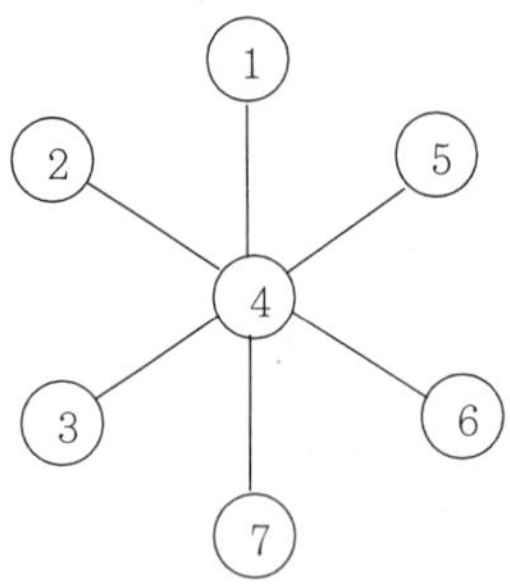

(1, 4, 7) (2, 4, 6) (3, 4, 5),
(2, 1, 7) (3, 1, 6) (4, 1, 5),
(1, 7, 6) (2, 7, 5), (3, 7, 4)

2.

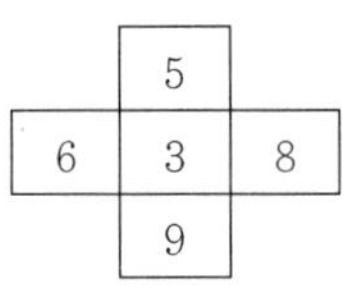

(5, 3, 9) (6, 3, 8), (3, 9, 8) (5, 9, 6)

3. $\frac{44}{44}, \frac{4\times4}{4\times4}, \frac{4+4}{4+4}$, 등

4. 4+4+4÷4

5. 1+2+3+4+5+6+7+8×9=100

3.8 실제로 해 보기

1. 500(1), 100(6), 50(2)
   500(2), 100(1), 50(1), 10(5)

2.

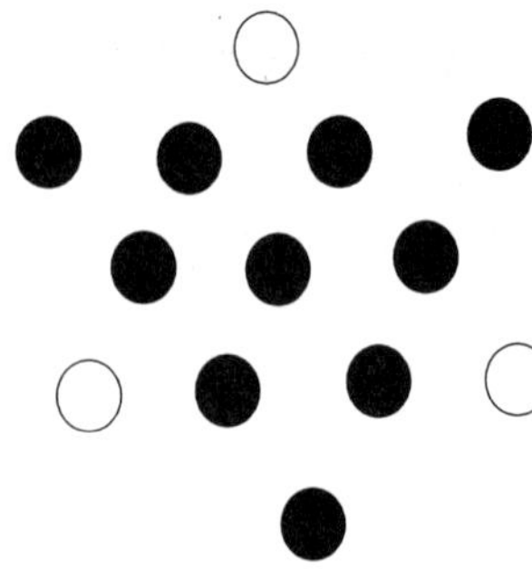

3.

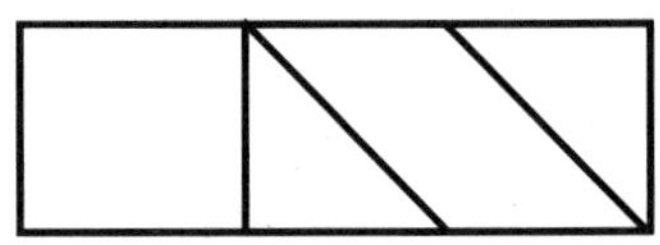

4. 9번　　5. 13번

3.9 식 세우기

1. 10　　2. 8
3. 가로: 8㎝, 세로: 6㎝
4. 10, 11, 12　　5. 35
6. 6, 7, 8, 9
7. 순이(18), 철이(10), 석이(22), 모두 50개

3.10 관점 바꾸기

1. 61
2. 달라진다. 왼쪽 사각형의 넓이가 크다. 오른쪽 사각형은 왼쪽 사각형보다 높이가 작아진다.

3. 10cm
4. 마개를 병속으로 밀어 넣고 지폐를 꺼낸다.
5. 75km　　　　6. 11초
7. 2.5배
8. 21회(오전과 오후의 1시~10시까지 20회+정오 1회)
9. B사

▌제4장▐ 수와 연산 영역

4.1 퀴즈네어 막대를 이용한 길이 측정

1. 5=6+9−10, 7= 6+10−9
2. 2, 4, 5, 2+4=6, 2+5=7, 4+5=9,
   2+4+5= 11
   답 : 2, 4, 5, 6, 7, 9, 11
3. 3, 5, 6, 8,
   3+5=8,　3+6=9,　3+8=11,
   5+6=11, 5+8=13, 6+8=14,
   3+5+6=14, 3+5+8=16, 3+6+8=17,
   5+6+8=19, 3+5+6+8=22
   답 : 3, 5, 6, 8, 9, 11, 13, 14, 16, 17, 19, 22
4. 2, 4, 5, 6, 7, 9, 11,
   4−2=2, 5−2=3, 5−4=1,
   2+4−5=1, 2+5−4=3, 4+5−2=7
   답 : 1, 2, 3, 4, 5, 6, 7, 9, 11
5. 측정 가능한 길이는 3, 4, 6, 7, 9, 10, 12, 13, 16, 19, 22, 25, 28cm이고, 이 중 20의 약수는 4와 10이므로 각각 5명과 2명에게 나누어 줄 수 있다.

4.2 다트 경기

1. (1, 1, 1) (3, 3, 3) (5, 5, 5)
   (1, 1, 3) (1, 1, 5) (3, 3, 1) (3, 3, 5)
   (5, 5, 1) (5, 5, 3) (1, 3, 5)
   →3, 5, 7, 9, 11, 13, 15
   M=15, m=3
2. (2, 2, 2) (4, 4, 4) (6, 6, 6) (8, 8, 8)
   (2, 2, 4) (2, 2, 6) (2, 2, 8)
   (4, 4, 2) (4, 4, 6) (4, 4, 8)
   (6, 6, 2) (6, 6, 4) (6, 6, 8)
   (8, 8, 2) (8, 8, 4) (8, 8, 6)
   (2, 4, 6) (2, 4, 8) (2, 6, 8) (4, 6, 8)
   →6, 8, 10, 12, 14, 16, 18, 20, 22, 24
   M=24, m=6, 10=(2, 2, 6), (4, 4, 2)
3. 6, 7, 8, ⋯ , 14, 15
   10=(5, 3, 2), (4, 4, 2), (4, 3, 3)
   11=(5, 4, 2), (5, 3, 3), (4, 4, 3)
4. (a) (10, 5, 3, 2) (9, 6, 3, 2)
   (b) (6, 6, 5, 3) (3, 3, 5, 9)
   (3, 3, 6, 8) (2, 2, 6, 10)
   (5, 5, 2, 8)
   (c) (6, 6, 6, 2)

4.3 암호 풀기

1. BC에서 B가 한 자리 수이므로 A에 가능한 수는 1, 2, 3이다. 만약 A=1이면 B에 가능한 수는 3, 4, 5이다. 따라서

13	14	15
13	14	15
13	14	15
39	42	×

만약 A=2이면 B에 가능한 수는 6, 7, 8이다. 따라서

26	27	28
26	27	28
26	27	28
×	×	84

만약 A=3이면 B에 가능한 수는 9이고, 불가능하다.

(2) A=1, B=8, C=5

(3) A=2, B=3, C=9

2. (1) A=2, B=5, C=1,
A=7, B=5, C=3
B×B의 일의 자릿수가 B이므로 B=1, 5, 6, 0 중에서 가능하다. 그런데 B≠0, 1 이다. B=5 이면 A=2, 7 이고, A=2 이면 C=1, A=7 이면 C=3 이 된다.

(2) A=1, B=2, C=4

(3) A=2, B=6, C=4, D=1

3.

$$
\begin{array}{r}
\boxed{1}\,\boxed{2} \\
\times \quad 8\,\boxed{9} \\
\hline
\boxed{1}\,\boxed{0}\,\boxed{8} \\
\boxed{9}\,\boxed{6}\phantom{\,\boxed{0}} \\
\hline
\boxed{1}\,\boxed{0}\,\boxed{6}\,\boxed{8}
\end{array}
$$

a b	ab×8 이 두 자리 수인데
× 8 c	ab×c 가 세 자리 수이므로 c=9이다.
d e f	ab×8 이 두 자리 수이므로
g h	a=1, b≦2 일 것이다.
i j k f	ab×9 가 세 자리 수이므로 b≧2 이다. 따라서 b=2이다.

4.

$$
\begin{array}{r}
21978 \\
\times \qquad 4 \\
\hline
87912
\end{array}
$$

① A×4가 한 자리 수이므로 A=1, 2이다.

② E×4가 A이므로 A=2이다.

③ 4를 곱하여 끝이 2가 되는 수는 3,8이고 E는 그 중 하나이다.

④ A×4가 3일 수 없으므로(두 자리 수는 안 됨) E=8이다.

⑤ 8×4=32로 3이 뒷자리의 D로 올라가므로 답 부분에서 D에 더해지게 된다. 한편 B×4에서 앞자리 E가 8이므로 B는 1이거나 2이다. 만약 B=2라면 아랫자리에서 올라온 3을 더해 D=11이므로 B=1이어야 한다.

⑥ 4를 곱하여 3을 합하면 1로 끝나는 수는 끝수가 8이 되는 2와 7이다. B=1, A=2이므로 D=7이다.

⑦ 윗자리의 B는 올라온 3을 더하지 않으면 7이 되지 않으므로 C 역시 아랫자리에서 올라온 3을 더해 30 이상이 되는 7, 8, 9 중의 하나이다. 따라서 D=7, E=8이므로 C=9이다.

5.

(1)
```
   354059
 + 402758
 --------
   756817
```

(2)
```
   9108
 - 1089
 ------
   8019
```

(3)
```
   76720
 + 76720
 -------
  153440
```

5-(3) 풀이과정

① S=1, L=0이므로 2I=O, 2P=10+O

② O은 짝수이고 십의 자리에서 반올림은 없다.

③ 천의 자리 덧셈에 자리올리기가 없다면 만의 자리의 덧셈으로부터

10+C=2P=10+O이므로 C=O가 되어 모순이다. 따라서 천의 자리 덧셈에는 자리올리기가 있다.

2U+1=10+H

2P+1=10+C 이므로

C=O+1이다.

I는 2, 3, 4 중의 하나이다.

I=2이라면 O=4, P=7, C=5

U=6, H=3이다.

I=3이라면 O=6, P=8, C=7 이지만

U, H가 미정이다.

I=4라면 P=9=C 이므로 모순이다.

6. T가 한 자리 수이므로 O=4이하이다. 따라서 E=1, 2, 6, 7이다. 식에 맞는 수를 넣어 보면 다음과 같다.

E=1이면

```
231   271   281   291
231   271   281   291
---   ---   ---   ---
462   542   562   582
```

E=2이면

```
432   482   452
432   482   452
---   ---   ---
864   964   904
```

E=6이면

```
216   236   286
216   236   286
---   ---   ---
432   472   572
```

E=7이면

```
417   427   457   467
417   427   457   467
---   ---   ---   ---
834   854   914   934
```

4.4 잉여류

1.

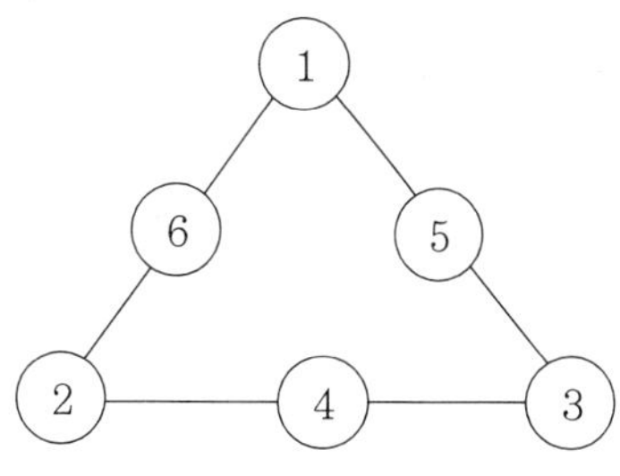

2.

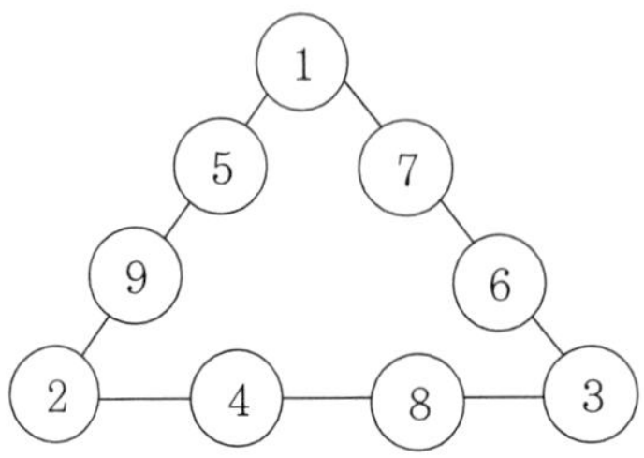

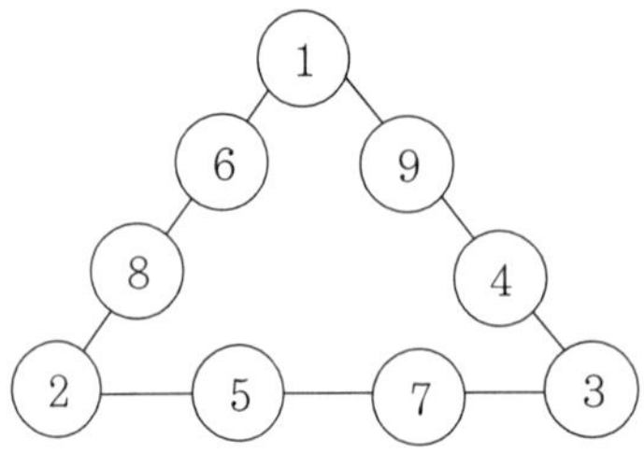

3. 11–12–1–2, 3–4–9–10, 5–6–7–8

4. (12, 11, 1) (9, 7, 5, 3)
(12, 9, 3) (11, 7, 5, 1)
(12, 7, 5) (11, 9, 3, 1)

5. (11, 2) (8, 5) (9, 4)

6. (9, 6) (8, 7) (5, 4, 3, 2, 1)
(9, 6) (8, 5, 2) (7, 4, 3, 1)
(9, 6) (8, 4, 3) (7, 5, 2, 1)
(9, 6) (7, 5, 3) (8, 4, 2, 1)
(9, 5, 1) (8, 7) (6, 4, 3, 2)
(9, 4, 2) (8, 7) (6, 5, 3, 1)
(4, 5, 6) (8, 7) (9, 3, 2, 1)
(7, 6, 2) (8, 4, 3) (9, 5, 1)
(8, 6, 1) (3, 5, 7) (9, 4, 2)

7. 목요일 8. 금요일

4.5 흥미 있는 수론 탐구

1. (1) 64, 144
(2) 연속하는 n개의 홀수의 합은 n^2

2. 직사각형 수가 0, 1, 2인 경우에 따라 나타내면 다음과 같다.

0	1, 2, 3, 5, 7, 11, 13, 17, 19
1	4, 6, 8, 9, 10, 14, 15
2	12, 16, 18, 20

3. (1) 완전수 : 28
부족수 : 10, 11, 13, 15, 16, 17, 19, 21, 22, 23, 25, 26, 27, 29, 30
과잉수 : 12, 14, 18, 20, 24
(2) 완전수
(3) 없다

4. (1) 끝자리 수가 0, 2, 4, 6, 8
(2) 끝자리 수가 0, 5
(3) 각 자리 수의 합이 3의 배수이거나 9의 배수
(4) 끝자리수가 00이거나 4의 배수
(5) 2와 3의 배수이므로 끝자리 수가 0, 2, 4, 6, 8이면서 각 자리수의 합이 3의 배수

5. 94–49=45, 472–274=198, 9의 배수

6. 3951, 3051

7. 524, 624, 652, 452, 264, 564, 256, 456

8. 각 자리수의 합이 3의 배수가 아닌 경우는(1, 2, 4), (1, 3, 4)인 경우이므로 124, 142, 214, 241, 421, 412, 132, 143, 314, 341, 413, 431이다.

9. 245, 254, 256, 265

425, 452, 456, 465

625, 645, 652, 654

10. 102, 120, 210, 204, 240, 402, 420

11. (1) 9, 365 (2) 84

12. (1) 81+16=97 (2) 83−21=62

(3) 37×4=148 (4) 732÷3=244

13. 642+531, 135+246

14. 41×32=1312

15. 61×52×43 14×25×36

16. 631×542 135×246

17. (36, 1369) (676, 729)

4.6 소수와 소인수 분해

1. 2, 3, 5, 7, 11, 13, 17, 19, 23, 29, 31, 37, 41, 43, 47
2. 11, 17, 37, 79
3. 20
4. 4=2+2, 6=3+3, 8=3+5, 10=5+5, 12=5+7, 14= 7+7, 16=5+11, 18= 7+11,⋯
5. 61 6. 59
7. 60 8. 168

4.7 분수

1. $\frac{2}{7}=\frac{1}{4}+\frac{1}{28}$, $\frac{2}{13}=\frac{1}{7}+\frac{1}{91}$
2. $\frac{1}{2}=\frac{1}{3}+\frac{1}{6}$, $\frac{1}{3}=\frac{1}{4}+\frac{1}{12}$
3. $\frac{1}{3}=\frac{1}{4}+\frac{1}{12}=\frac{1}{5}+\frac{1}{20}+\frac{1}{13}+\frac{1}{156}$
4. $\frac{9}{10}$ 5. $\frac{53}{210}$
6. $\frac{3}{7}=\cfrac{1}{2+\cfrac{1}{3}}$ $\frac{13}{30}=\cfrac{1}{2+\cfrac{1}{3+\cfrac{1}{4}}}$

4.8 인생을 100점짜리로 만들기

1. (1) 24 (2) 26 (3) 133 (4) 50 (5) 64
2. (1) 29 (2) 29 (3) 18 (4) 12 (5) 생략
3. 7(Z에서 A까지 1~26을 할당할 때 각 단어의 첫 알파벳에 할당된 값이 된다.)

▌제5장▌ 도형과 측정 영역

5.1 점판 위의 도형

1. 8개

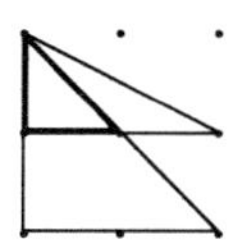

3개

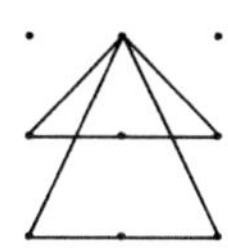

2개

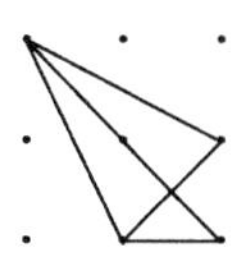

2개

1개

2. 8개

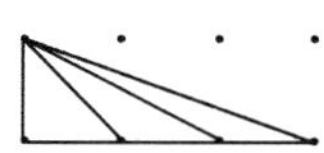

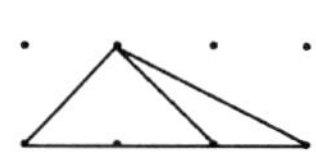

3개 2개

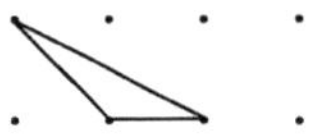

1개

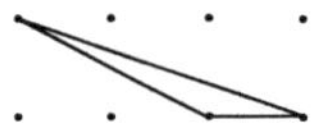

1개

1개

3. 36개(12+8+8+8)

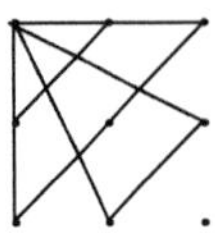

4×3=12개

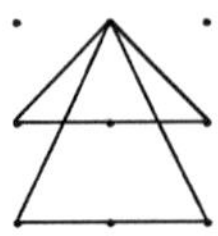

4×2=8개

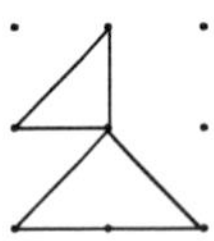

4×2=8개

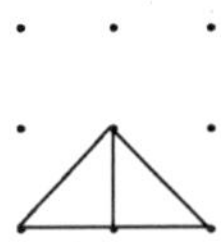

4×2=8개

4. 148개

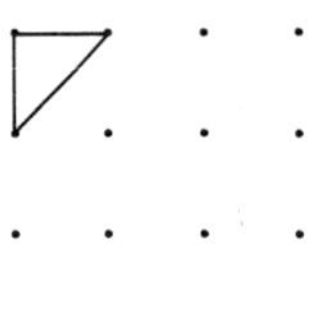

4×9=36개

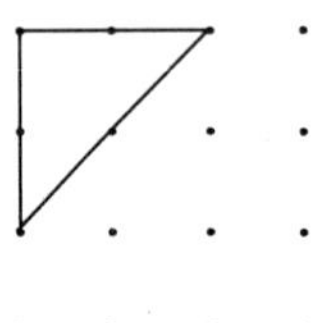

4×4=16개

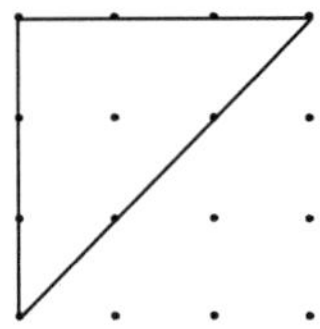

4×1=4개

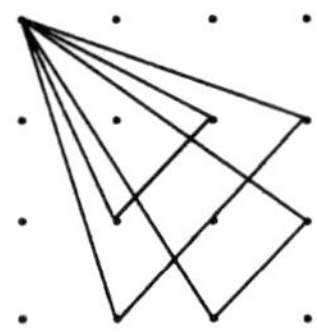

4×3=12개

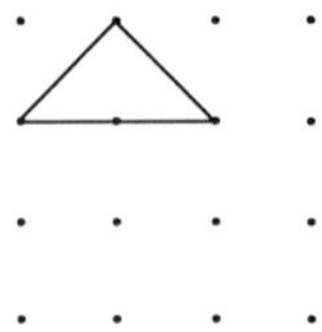

4×6=24개

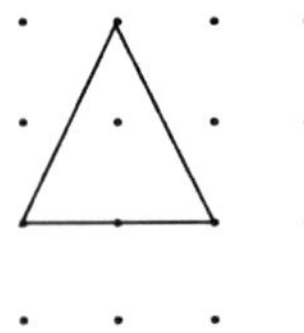

4×4=16개

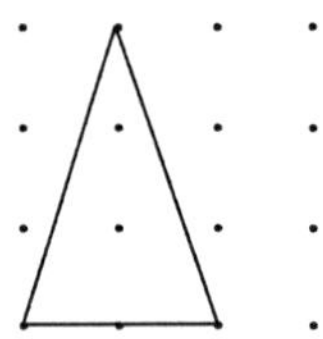

4×2=8개

4×3=12개

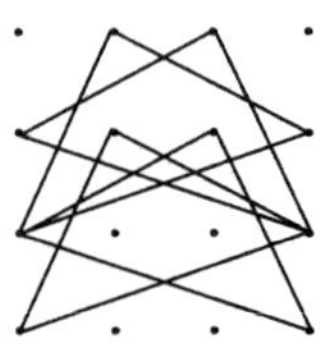

4×4=16개

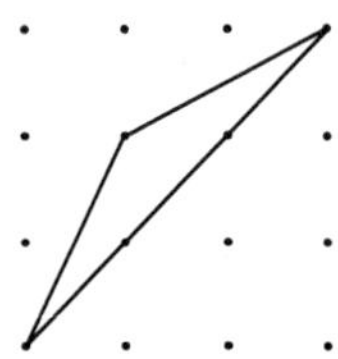

4×1=4개

5. 20개(9+4+1+4+2)

6. (1) 생략 (2) $\frac{8}{2}+5-1=8$

(3) 있다. (4) 있다.

5.2 그림에서 감추어진 도형 찾기

1. (1) 11 (2) 12 (3) 13 (4) 8 (5) 8 (6) 16
2. (1) 15 (2) 25
3. (1) 10 (2) 18
4. (1) 10 (2) 35
5. 40개

5.3 칠교판

1.

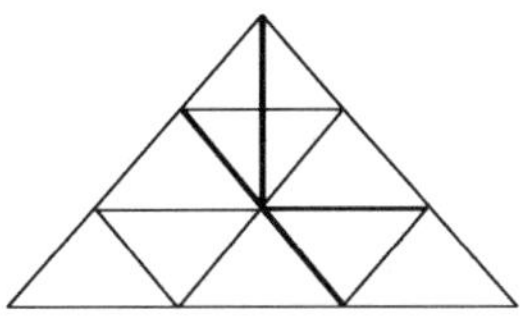

큰 삼각형 1개, 중간 삼각형 1개,
작은 삼각형 1개, 평행사변형 1개

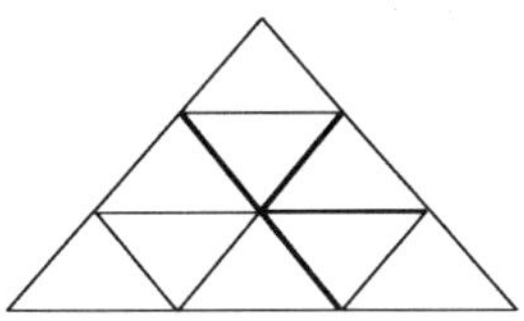

큰 삼각형 1개, 정사각형 1개,
작은 삼각형1개, 평행사변형 1개

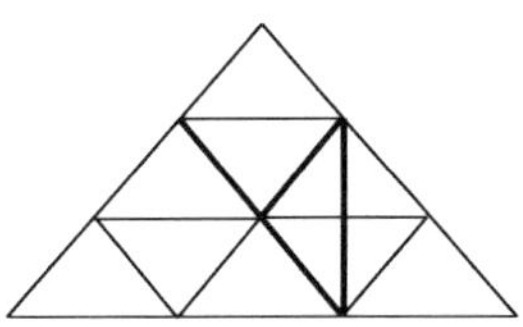

큰 삼각형 1개, 중간 삼각형 1개,
작은 삼각형 1개, 정사각형 1개

2.

3.

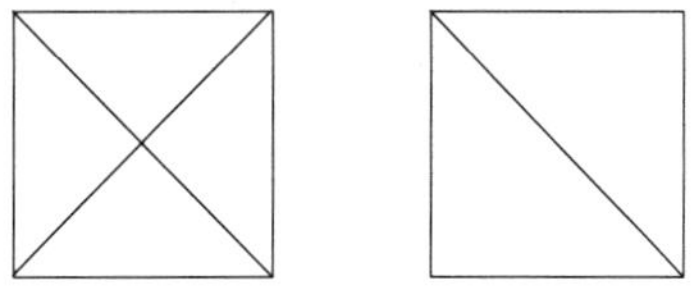

4.

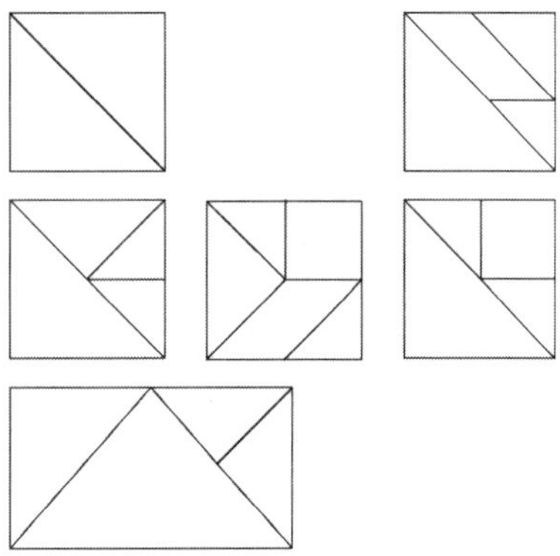

5.

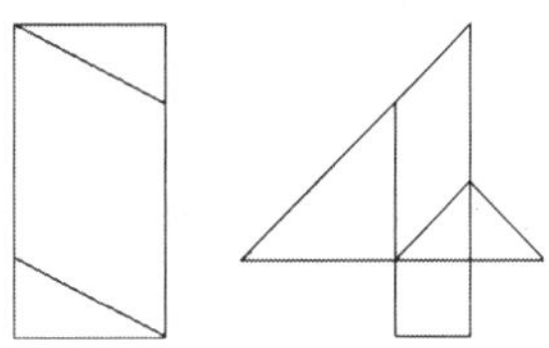

등.

6. 생략

5.4 테셀레이션

1. 정오각형의 한 내각의 크기가 108° 이므로 불가능하다.
2. 테셀레이션이 가능한 정다각형

정다각형	한 점에 모이는 n각형의 수	한 내각의 크기
3	6	60
4	4	90
6	3	120

3.

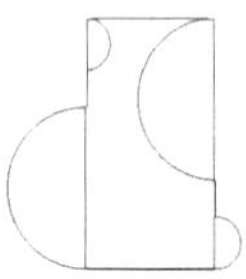

4.

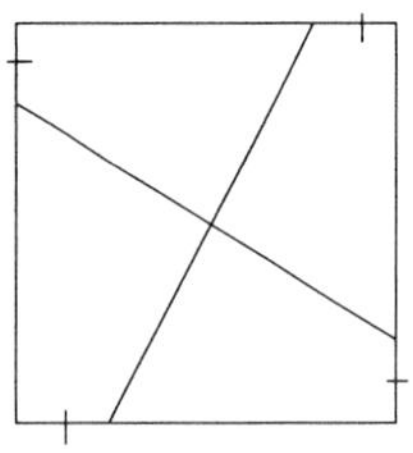

5.

(1)

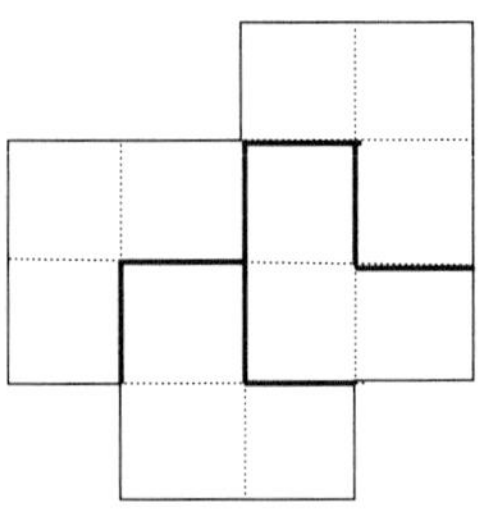

(2)

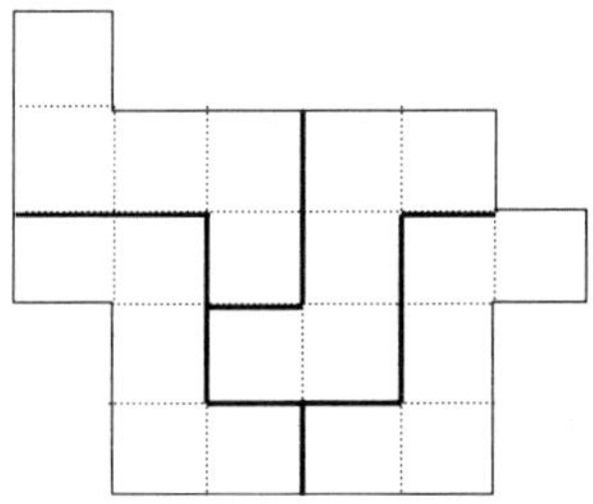

(3)

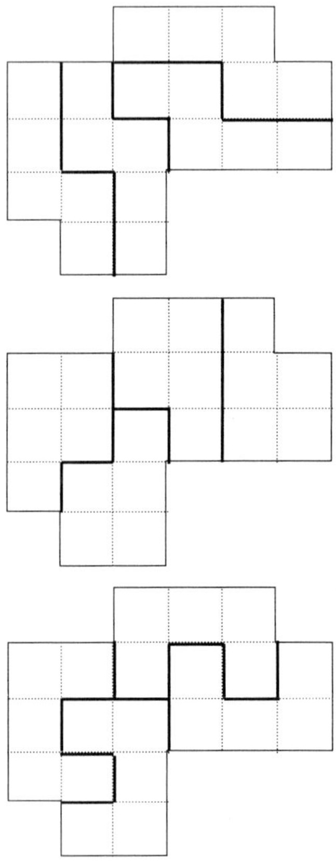

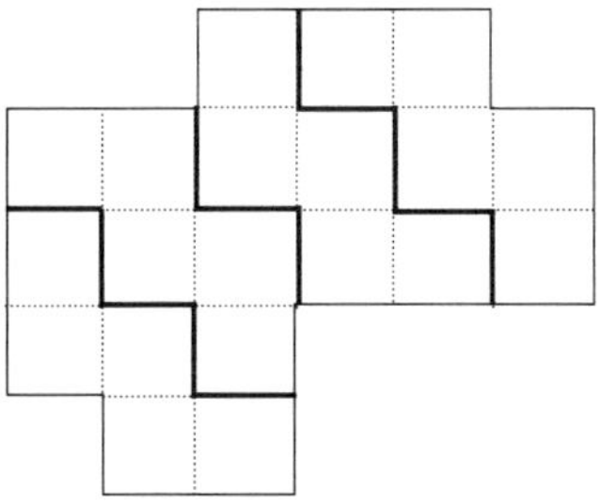

(4)

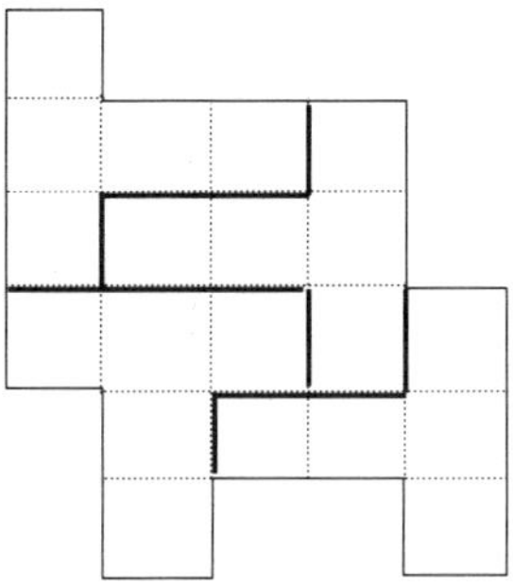

(5)

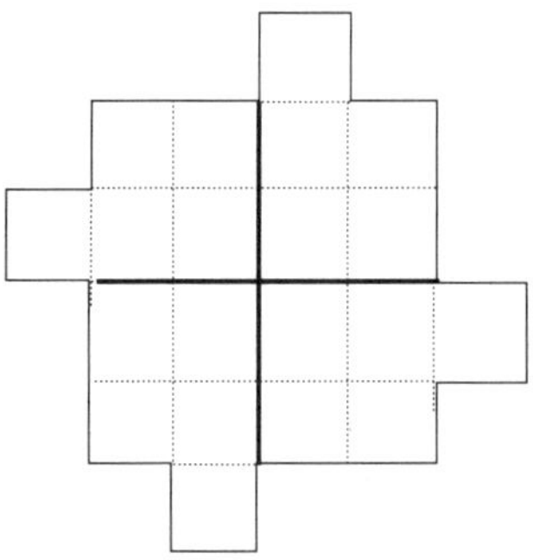

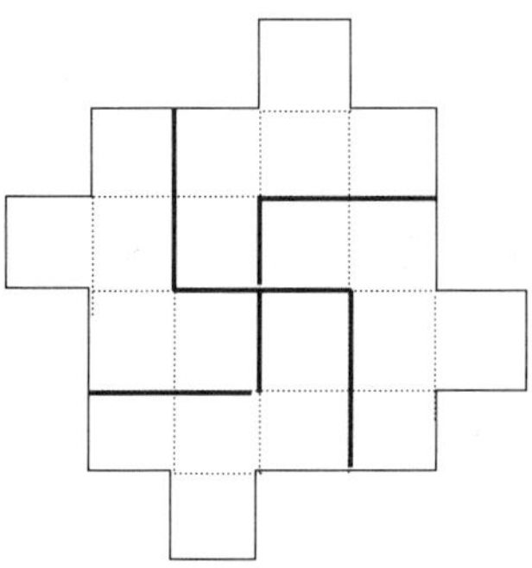

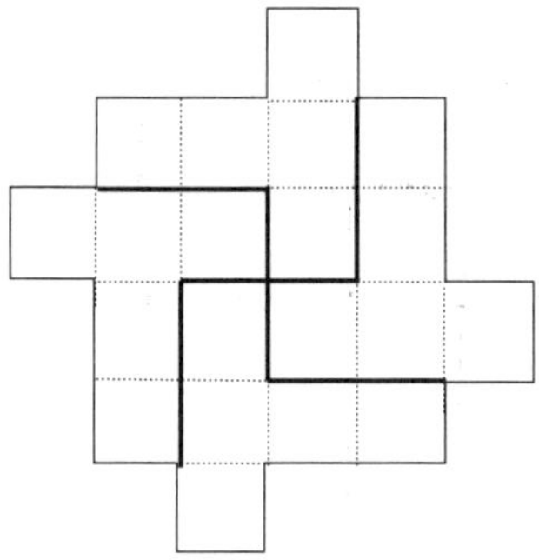

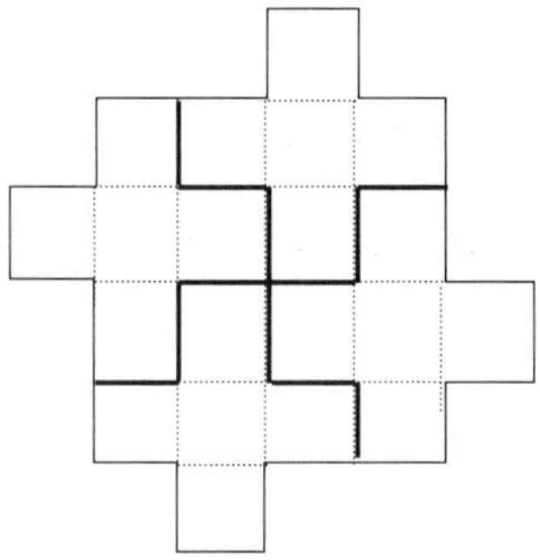

6.

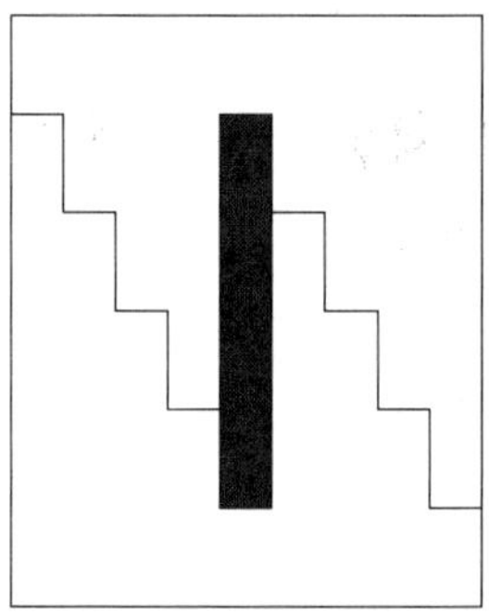

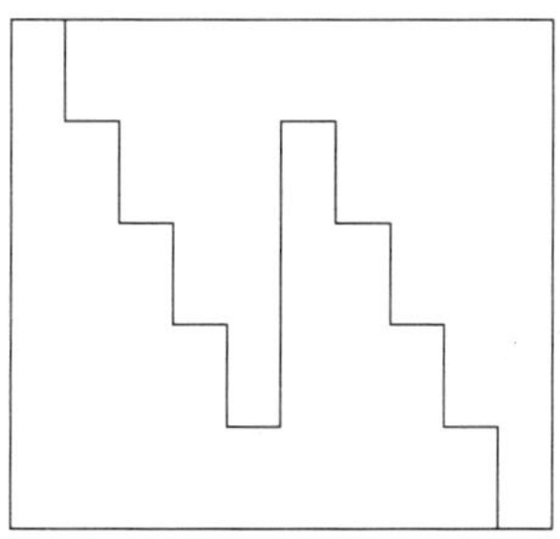

7.

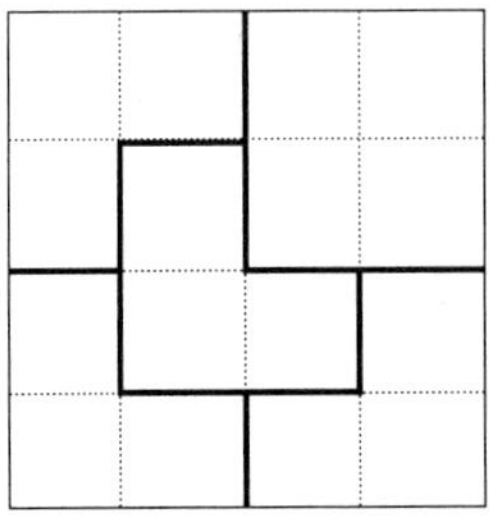

5.5 용액 측정하기

1. $3l \to 5l$, $3l \to 5l$; $3\times2-5=1l$
2. $3\times3-8=1$
3. 2번
4. 3번
5. 두 구슬이 같은 모임에 있는 경우: 2번
   두 구슬이 다른 모임에 있는 경우: 3번

▌제6장▌ 확률과 통계 영역

6.1 상금의 분배 문제

1. 갑 $\frac{11}{16}$, 을 $\frac{5}{16}$
2. (1) $\frac{1}{6}$ (2) $\frac{1}{9}$
3. $\frac{1}{2}$ 4. $\frac{3}{4}$ 5. $\frac{7}{36}$

6.2 경우의 수

1. 12가지 2. 30241
3. 500 100 50
   2 2 1
   2 1 3
   2 0 5
   1 5 5
4. A B C
   1 2 5
   1 3 4
5. 10 6. 20
7. 10개 8. 6가지
9. 12가지 10. 15가지
11. 6가지 12. 12가지
13. 20가지 14. 30가지

6.3 파스칼 삼각형

1. (1) 24 (2) 7
2. (1) 84 (2) 69
3.

앞면의 수	0	1	2	3	4
횟수	1	4	6	4	1

4. 위의 두 수의 합이 아래의 수이다, 좌우 대칭이다, 대각선에 있는 수들의 배열이 자연수열, 삼각수열 등의 규칙을 가지고 있다 등.

▌제7장▌ 규칙성 영역

7.1 패턴 찾기

1. (수열에서의 패턴)
   (1) 26, 29, 32
   (2) 50, 57, 64

(3) 79, 90, 101

(4) 64, 128, 256

(5) 34, 55, 89

(6) 64, 81, 100

(7) 36, 45, 55

(8) 38, 47, 57

(9) 50, 65, 82

(10) 66, 83, 102

(11) 137, 172, 211

(12) 169, 217, 271

(13) 197, 249, 309

(14) 191, 383, 767

(15) 94, 46, 18
(각 제곱수의 자리를 바꾼다.)

(16) 12, 42, 72
(3의 배수를 역으로 배열한다.)

(17) 96, 0, 0(앞 수에 4를 더한 후 자리수를 바꾼다.)

(18) 31, 33, 41
(세번째 더해지는 수가 증가한다.)

2. (도형에서의 패턴)

(1) 2, 5, 8, 11, 14,⋯
a_{10}=29

(2) 1, 5, 14, 30, 55,⋯
a_{10}=385

(3-1) 1, 3, 6, 10, 15,⋯
a_{10}=55

(3-2) 3, 9, 18, 30, 45,⋯
a_{10}=165

(3-3) 6, 18, 36, 60, 90,⋯
a_{10}=330

(4) 2, 5, 9, 14, 20, 35개,
대각선이 55개인 다각형은 없다.

(5) 91번

(6)

3	4	5	6	7	8	9	10
7	11	16	22	29	37	46	56

3. (일상생활과 패턴)

(1) 31 (2) 81가지

(3) 325가지 (4) 204가지

(5) 1, 4, 9, 16, ⋯, 961(제곱수)인 사물함만 열려 있다.

(6) ① 55개 ② 220개

(7) ① 100 ② 10000 ③ 385

(8) 앞의 두 수의 합의 결과에서 일의 자리수를 시계방향으로 배열한다.

(9) 100 (10) 1023 (11) 127

7.2 프렉탈에서의 패턴

1. ① $\frac{1}{3}$cm ② 64개 ③ $\frac{64}{3}$cm

2. (1) 1024 (2) 1022

3. (1) 1 (2) 1

▎제8장 ▎퍼즐 영역

8.1 방정식의 다양한 풀이 방법

1. 돼지: 7마리, 닭: 8마리

2. 토끼: 13, 닭: 4

3. 토끼: 4, 오리: 9

4. 두발자전거: 5 세발자전거: 2
두발자전거: 2 세발자전거: 4

5.

6개 바퀴	4개 바퀴
4	8
2	11
6	5
8	2

6. 세발자전거: 2, 두발자전거: 1, 외발자전거: 1

7. 42마리

8.2 추론 능력의 발달

1. 민경 〉 준우 〉 영수 〉 순이2. 윤아(8), 진주(12), 준우(20), 경민(24)
3. 윤아(검정) 〈 영수(파랑) 〈 준우(빨강)
4. 희수(흰색−파랑), 민이(녹색−갈색), 현아(분홍−회색)
5. 현아(검정머리−남색치마), 진아(갈색머리−녹색치마), 서희(금발머리−회색치마)
6. [3]−[1]−[4]−[2]
7. [3]−[1]−[5]−[2]−[4]
8. 철수(8), 영수(10), 민수(12), 천수(14)

8.3 수 만들기

1. $2+2\frac{2}{2}=5$, $2+2+2\div2$
2. $6\times6-6=30$
3. $(7\times7+7)\div7=8$
4. $\frac{55}{55}+5=6$, $5\times5\div5+5\div5$
5. $6\times6-5\times5=11$, $6+6-5\div5=11$
   $5+5+6\div6=11$, $66-55=11$
6. $\frac{44}{44}-\frac{4}{4}-\frac{4}{4}=9$
   $(4+4+4+4+4)\div4+4=9$,
   $4\times4\div(4+4)\times4+4\div4=9$
7. $(89+8-9\times9)\div(8+8)=1$,
   $9\div9+9\times8-8\times8+8=1$,
   $\{(9+9=9)\times8-8\}\div8\div8=1$
8. $555-555+3\div3+3\div3=2$,
   $5-5+5-5+5-5+3\div3+3\div3=2$
   $(5\times5-5-5)\div5\times5\div3-3+3-3=2$
9. $\frac{1}{1}+1+1-1=2$, $\frac{11}{11}+1=2$
10. $2\times2\times2+2=10$, $(2+2)\times2+2=10$,
    $(22-2)\div2=10$
11. $\frac{6\times6-6}{6}+(6-6)\times6=5$,
    $6-6\div6+6\div6-6\div6=5$,
    $6\times6\times6\div6\div6-6\div6=5$
12. $\frac{88}{88}=1$, $8-8+8\div8=1$, $8\div8\times8\div8=1$
13. $\frac{44+(4\times4)}{4}=15$
14. $888+88+8+8+8=1000$
    $(8888-888)\div8=1000$
    $(8\times8+8\times8)\times8-8-8-8=1000$
15. $1+2+\frac{35}{70}+96+\frac{4}{8}=100$,
    $0+1+2+3+4+5+6+7+(8\times9)=100$,
    $90+8+\frac{3}{6}+1+\frac{27}{54}=100$ 등.
16. $9\div[(2+1)\times(11-10)]=3$

8.4 쾨니스베르그의 다리

1. (2) (4) (5) (6)
2. 홀수점이 0이거나 2인 것은 가능
3.

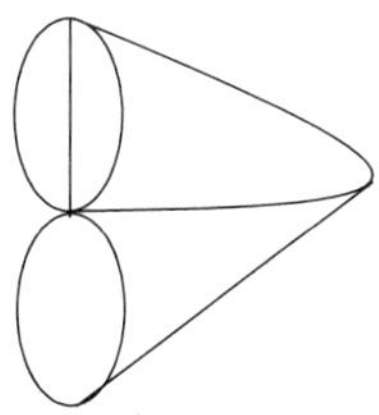

4. (2)
5. 중앙 제일 위나 아래에서 시작한다.

8.5 여러 가지 퍼즐

1.

2	7	6
9	5	1
4	3	8

2.

1	15	14	4
12	6	7	9
8	10	11	5
13	3	2	16

3.

17	24	1	8	15
23	5	7	14	16
4	6	13	20	22
10	12	19	21	3
11	18	25	2	9

4. 80번(1개씩 있는 경우−3,
   2개씩 있는 경우−8,
   3개씩 있는 경우−15,
   4개씩 있는 경우−24,…)
5. 41번(3, 5, 7, 9, 11,…)
6. 42(11☆20=2×11+20=42)
7. 4(두 수의 합을 15에서 뺀다)
8. $\frac{1}{8}+\frac{1}{56}$

   (일반적으로 $\frac{1}{n}=\frac{1}{n+1}+\frac{1}{n(n+1)}$)
9. 2178　　10. 7번
11. ♣=3, ◈=2, ☎=1, ☆=4,
    ①=9, ②=11, ③=10
12. 7　　13. 111111111(9개)
14. 오후 5시 ~ 5시55분
15. 2분　　16. 40km
17. 240시간(10일)

▌제9장▐ 문제해결의 실제

9.1 수와 연산 영역

1. 30　　2. 13, 14, 15
3. 74　　4. 301
5. 28　　6. 180
7. 594　　8. 120
9. 10　　10. 54
11. 9일　　12. 45
13. 9, 10, 11, 12, 15, 16, 17, 21, 22, 27
14. 68+25=93　　15. 90

16. $\frac{4}{3}$시간 17. $\frac{999}{1000}$

18. 5050 19. 2500

20. $3\times3\times3-3$

9.2 도형과 측정 영역

1. 15개 2. 10

3. 60개 4. 20개

5. 23개 6. 225

7. 25㎠ 8. $(n-3)\times180°$

9. $\frac{(n-3)}{n}\times180°$

10. 28 11. 11

12. 5가지 13. 27개

14. 63

15.

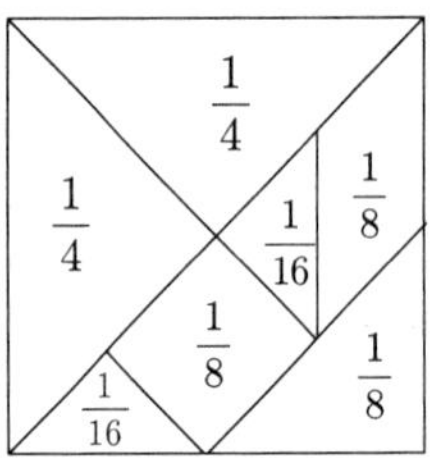

9.3 확률과 통계 영역

1. 12

2. 100원: 5, 50원: 3, 10원: 2

3. 10 4. 45

5. 120 6. 360

7. 24가지 8. 360가지

9. 24가지 10. $\frac{1}{3}$

11. $\frac{3}{8}$ 12. $\frac{3}{4}$

13. 13 14. 366

15. 731

9.4 규칙성 영역

1. 4 2. 48

3. 4010

4. 1 5 15 30 45 51 45 30 15 5 1

5. 4009 6. 298

7. 138 8. 39366

9. 34개 10. 42개

11. 42 12. 10

13. 1.6 14. 7

15. 34

9.5 퍼즐 영역

1. (1) 먼저 가져가되 상대가 1개를 가져가면 2개를 가져오고, 상대가 2개를 가져가면 1개를 가져온다.
   (2) 먼저 가져가되 상대가 1개를 가져가면 3개를 가져오고, 상대가 2개를 가져가면 2개를 가져오고, 상대가 3개를 가져가면 1개를 가져온다.

2. 16

3. 닭: 12, 개: 13

4. 2점: 8, 3점: 9

5. 연필: 4, 지우개: 6

6. 3개 7. 20초

8. 200 9. 11명

10. 경민–테니스, 수현–골프, 지윤–야구
11. 정삼수–1, 이영수–2,
    신철수–3, 김문수–4
12. ③만 참,
    경민–남해, 수현–동해, 지윤–서해
13. ④–②–①–⑤–③
14. 파란색
15. $a=50$, $b=49$

▌제11장▌ 창의력을 기르는 문제

11.1 피보나치 수열의 탐구

1. 55
2. ① $F_{n+2}-1$ ② $F_n \times F_{n+1}$
   ③ F_{2n} ④ $F_{2n+1}-1$
3. 89
4. 144
5. 55

11.2 둘레와 넓이의 관계

1. 변의 수가 8이므로 직각육각형이 아니다.
2. 둘레 20, 넓이 18
3. 긴 변의 길이를 9cm라고 하면, 넓이는 11cm²이다.
4. 긴 변의 길이를 6cm일 때, 넓이는 13cm², 15cm² 등이 될 수 있다.
5. 한 변의 길이가 6cm인 정사각형에 가까운 직각육각형일수록 넓이가 늘어난다.
6. 한 변의 길이가 6cm인 정사각형일 때, 넓이가 가장 넓다.

11.3 입체도형 탐구

1. 정사면체, 정육면체, 정팔면체, 정십이면체, 정이십면체
2. 정n다각형의 한 내각의 크기는 $\dfrac{(n-2)\times\pi}{n}$이므로 한 꼭짓점에 모이는 m개의 각의 합 $m(n-2)\times\pi$가 2π보다 작아야 한다. 이 식에 각각 수를 대입하여 풀면 구할 수 있다.
3. 정사면체 2개를 붙이면 육면체가 되는데, 모든 면은 합동이지만 한 면에 모이는 면의 수가 다르므로 정다면체는 아니다.
4. 꼭짓점의 수–모서리의 수+면의 수=2
5. n다각형의 내각의 크기의 합
   $= (n-2)\times\pi$
   n다각형의 외각의 크기의 합= 360°
   모든 다면체의 외각의 크기의 합
   = 720°
6. 정사면체–정사면체,
   정육면체–정팔면체,
   정십이면체–정이십면체

11.4 도형수

1. 55
2. ① n ② $n+1$ ③ 생략
3. 100
4. ① $2n-1$ ② 생략 ③ 생략
5. 145
6. ① 3 ② $n-1$, n
7. n^2

11.5 대각선이 지나는 모눈의 수

1. 11개
2. 생략
3. $m+n-1$
4. 16개
5. 24개
6. $m+n-d$(단, d는 m, n의 최대공약수)

11.6 선분, 평면, 공간을 나누기

1. 2, 4, 7, 11
2. 16, $n+1+\dfrac{n(n-1)}{2}$
3. 2, 4, 8, 15
4. 26,
$$n+1+\frac{n(n-1)}{2}+\frac{n(n-1)(n-2)}{6}$$

◈ 참고문헌 ◈

강옥기 외(1985). 『수학과 문제해결력 신장을 위한 수업 방법 개선 연구』. 한국교육개발원.

교육부(1997). 『수학과 교육과정』. 대한교과서주식회사.

______(2015). 수학과 교육과정 2015-74호[별책 8]. 교육부.

국립 교육 평가원(1996). 『수행 평가의 이론과 실제』. 대한교과서 주식회사.

김언주(1991). 『인지심리학』. 서울. 정민사.

남승인, 류성림(2002). 『문제해결 학습의 원리와 방법』. 서울: 형설출판사.

류희찬, 김진규, 김찬종, 임 형(1998). 『초등 학교 고학년용 수학 수행 평가 문항 개발연구』. 연구보고 RR 96-Ⅱ-1. 한국교원대학교 부설 교과 교육 공동 연구소.

박종현(1997). 『플라톤: 메논·파이돈·국가』. 서울: 서울대학교출판부.

신현성, 김경희(1997). 『수학적 문제해결』. 경문사.

우정호(1998). 『학교수학의 교육적 기초』. 서울: 서울대학교 출판부.

______(2000). 『수학 학습-지도 원리와 방법』. 서울: 서울대학교 출판부.

이대현, 이봉주(2002). 수학 문제해결 과정에서의 직관과 메타인지. 『수학교육학연구』. 12(2). 265-273쪽.

이용률, 성현경(1997). 『수학교육론』. 서울: 교학연구사.

장경윤, 권오남, 최명례(1998). 『중학교 수학 수행 평가 문항의 개발 및 그 활용 가능성의 탐색』. RR 96-Ⅱ-2. 한국교원대학교 부설 교과 교육 공동 연구소.

황혜정 외 5(2001). 『수학교육학신론』. 서울: 문음사.

Brown, S. I. & Walter, M. I. (1983). *The Art of Problem Posing*. Lawerence Erlbaum Associates, Publishers.

Charles, R. I. & Lester, F. K.(1982). *Teaching Problem Solving-What, Why & How*. Palo Alto, C. A.: Dale Seymour Publicating.

Davidson, J. E. & Sternberg, R. J. (1998). Smart problem solving: How metacognition helps. In D. J. Hacker, J. Dunlosky, & A. C. Graesser (Eds.), *Metacognition in educational theory and practice* (pp. 47-68). Manwah, NJ: Lawrence Erlbaum Associates.

Devlin, K. (1994). *Mathematics, the science of patterns: The Search for Order in Life, Mind and the Universe*. New York: Scientific

American Library.

Dewey, J. (1933). *How we think*. D. C. Heath and Co. 임한영 (역) (1986). 사고하는 방법. 서울: 법문사.

Dreyfus, I. (1991). The Psychology of Advanced Mathematical Thinking. In Tall, D. (Ed.), *Advanced Mathematical Thinking*(pp. 25–41). Dordrecht: Kluwer Academic Publishers.

English, L. D. & Watters, J. J. (2004). Mathematical Modeling with Young Children. *Proceedings of the 28th Conference of the International Group for the Psychology of Mathematics Education*, PME 28(2), 335–342.

Fischbein, E. (1977). Image and Concept in Learning Mathematics. *Educational Studies in Mathematics*, 8, 153–165.

______________(1987). *Intuition in science and mathematics*. D. Reidel publishing company.

Garofalo, J. & Lester, F. K.(1985). Metacognition, cognitive monitoring, and Mathematical performance. *Journal for Research in Mathematics Education*, 16(3). 163–176.

Hanson, N. R. (1958). *Patterns of Discovery: An inquiry into the conceptual functions of science*. Cambridge University Press.

Kantowski, M. G. (1981). "*Problem Solving*," *Mathematics Education Research: Implications for the 80's*. Alexandrai Virginia for Supervision and Curriculum Development.

Krulik, S., & Rudnick, J. A. (1984). *A Source for Teaching Problem Solving*. Allyn and Bacon.

Lenchner, G. (1983). *Creative Problem Solving in School Mathematics*. Boston: Houghton Mifflin Company.

Lester, F. K. (1978). Mathematical Problm Solving in the Elementary School: Some Educational and Psychological Considerations. In L. L. Hatfield & D. A.Bradbard(Eds.), *Mathematical Problm Solving: Papers from a Research Workshop*. Columbus, Ohio: ERIC/SMEAC.

______________(1994). Musings about Mathematical Problem-solving Research: 1970–1994. *Journal for Research in Mathematics Education*, 25(6), 660–675.

Lulli, H. (1989). Yearly Four Number Game. *School Science and*

Mathematics, 89(3), 239-243.

Mathematical Sciences Education Board of the National Research Council(1993). *Measuring Up: Prototypes for Mathematics Assessment*. National Academies Press.

NCTM(1980). *An Agenda for Action: Recommendation for School Mathematics of the 1980's*. Reston, VA: The National Council of Teachers of Mathematics, Inc.

______(1989). *Curriculum and Evaluation Standards for School Mathematics*. Reston, VA: The National Council of Teachers of Mathematics, Inc.

______(1995). *Assessment standards for school mathematics*. Reston, VA: The National Council of Teachers of Mathematics, Inc.

______(2000). *Principles and Standards for School Mathematics*. Reston, VA: The National Council of Teachers of Mathematics, Inc.

Niss, M. (1989). Aims and Scope of Applications and Modeling in Mathematics Curricula, In W. Blum et al(eds.), Application and Modeling in Learning and Teaching Mathematics, pp. 22-31. West Sussex: Ells Horwood Limited.

Osborn, A. F. (1963). *Applied Imagination: Principles and Procedures of Creative Problem Solving*: Vol. 3. Charles Scribner's Sons. 신세호 (역) (1984). 창의력 개발을 위한 교육. 서울: 교육과학사.

Poincaré, H. (1908). *Science et Méthode*. 김형보·오병승 (역) (1982). 과학의 방법. 단대출판부.

Polya, G. (1957). *How to solve it: Vol. 2*. New York: Doubleday. 우정호 (역) (1997). 어떻게 풀 것인가: 수학적 사고 방법. 서울: (주)천재교육.

__________(1962). *Mathematical Discovery: On Understanding, Learning, and Teaching Problem Solving*: Vol 1. John Wiley & Sons, Inc.

Posamentier, A. S. (1996). Unconventional Problem-Solving Strategies in Mathematics Instruction, In Posamentier, A. S., & Schulz, W. (eds.), *The Art of Problem Solving: A Resource for the Mathematics Teacher*, pp. 83-99. California: Corwin Press, Inc.

Reys, P. E., Suydam, M. N., Lindquist, M. M., & Smith, N. L. (1998). *Helping Children Learn Mathematics(5th ed.)*. Allyn and Bacon.

Scheffler, I. (1965). *Conditions of knowledge: An introduction to epistemlogy and education*. Chicago: Univ. of Chicago Press.

Schoenfeld, A. H. (1985). *Mathematical Problem Solving*. Academic Press, Inc.

Schroeder, T. L. & Lester, F. K. Jr. (1989). Developing understanding in mathematics via problem solving. In P. R. Trafton & A. P. Shulte(Eds.), *New Directions for Elementary School Mathematics*(pp. 31–42). Reston, VA.: The National Council of Teachers of Mathematics, Inc.

Silver, E. A. (1982). *Teaching and Learning Mathematical Problem Solving : Multiple Research Perspectives*. Hilssdale, N.J.: LEA.

Skemp, R. R. (1986). *The Psychology of Learning Mathematics*: Vol 2. Harmonsworth: Penguin.

Thorndike, E. (1922). *The Psychology of Arithmetic*. The Macmillan Compang.

Wallas, G. (1926). *The Art of Thought*. New York: Harcourt Brace.

Wertheimer, M. (1945). *Productive Thinking*. New York: Harper & Brothers Published. 矢 田部達郎 (譯) (1952). 生産的 思考. 岩波現代叢書.

◈ 찾아보기 ◈

11 초등수학교육

문제해결을 통한
수학적 경험 개정판

지은이 이대현·최승현
펴낸이 조경희
펴낸곳 경문사
펴낸날 2006년 9월 1일 1판 1쇄
2021년 3월 2일 개정판 2쇄
등 록 1979년 11월 9일 제1979-000023호
주 소 04057, 서울특별시 마포구 와우산로 174
전 화 (02)332-2004 팩스 (02)336-5193
이메일 kyungmoon@kyungmoon.com

값 18,000원

ISBN 978-89-6105-405-8
978-89-7282-760-3(세트)